O

THE PERFECT PREDATOR

完美捕手

与超级细菌搏斗的
惊魂之旅

Steffanie Strathdee
Thomas Patterson

[美] 斯蒂芬妮·斯特拉次迪 著

[美] 汤姆·帕特森 著

李芃芃 译

CTSK 湖南科学技术出版社

· 长沙 ·

图书在版编目（CIP）数据

完美捕手：与超级细菌搏斗的惊魂之旅 / （美）斯蒂芬妮·斯特拉次迪，（美）汤姆·帕特森著；李芃芃译 .—长沙：湖南科学技术出版社，2023.11
　　ISBN 978-7-5710-2148-1

Ⅰ . ①完… Ⅱ . ①斯… ②汤… ③李… Ⅲ . ①噬菌体—普及读物 Ⅳ . ① Q939.48-49

中国国家版本馆 CIP 数据核字 (2023) 第 067737 号

湖南科学技术出版社独家获得本书简体中文版出版发行权
著作权合同登记号：18-2023-225

WANMEI BUSHOU: YU CHAOJI XIJUN BODOU DE JINGHUN ZHI Lü
完美捕手：与超级细菌搏斗的惊魂之旅

著者	印刷
[美]斯蒂芬妮·斯特拉次迪	长沙超峰印刷有限公司
[美]汤姆·帕特森	厂址
译者	宁乡市金州新区泉洲北路 100 号
李芃芃	邮编
出版人	410600
潘晓山	版次
责任编辑	2023 年 11 月第 1 版
吴诗　李蓓	印次
营销编辑	2023 年 11 月第 1 次印刷
周洋	开本
出版发行	710 mm × 1000 mm　1/16
湖南科学技术出版社	印张
社址	19.75
长沙市芙蓉中路 416 号	字数
泊富国际金融中心 40 楼	288 千字
网址	书号
http://www.hnstp.com	ISBN 978-7-5710-2148-1
湖南科学技术出版社	定价
天猫旗舰店网址	108.00 元
http://hnkjcbs.tmall.com	（版权所有·翻印必究）

献给我的孩子们——卡莉，弗朗西斯，卡梅伦

每个人都知道，瘟疫总是一再发生；但不知为何，我们总不愿意相信瘟疫会降临到自己头上。历史上，瘟疫与战争同样频繁，而且它的暴发也和战争一样，让我们措手不及。

——阿尔伯特·加缪（Albert Camus），《鼠疫》（*The Plague*）

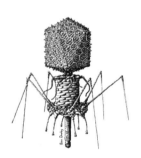

T4肌尾噬菌体，外形与治疗汤姆的几个噬菌体相似

本·达比（Ben Darby）绘

目　录

完美捕手：与超级细菌搏斗的惊魂之旅

第一部分　致命的不速之客

我们不再在床下找怪物了，因为我们意识到它们就在我们身体里。

——查尔斯·达尔文（Charles Darwin）

T7短尾噬菌体，外形与治疗汤姆的"超级杀手"噬菌体相似

本·达比绘

措手不及

加州大学圣地亚哥分校(UCSD)

拉荷亚市，桑顿医院(Thornton Hospital, La Jolla)

2016 年 2 月 15 日

我连做梦都没想到自己有一天会被细菌耍得团团转。我曾经走遍各个大洲找寻致命病毒，孜孜以求攻克艾滋病病毒的方法，曾风尘仆仆地在野外摸爬滚打，也曾西装革履地与高层领导人谈论全球政策制定。在我看来，病毒是一种可怕的东西。细菌？不值一提——至少这一种，真算不上什么。我是一名传染病流行病学家，是美国一所主流高校全球卫生研究所的所长。在所有人看来，我绝对应该有能力保护我的丈夫不受这种细菌的侵害。要知道，这是一种我在本科学习时就见过的细菌。那时候，我们就在普通实验室里毫无顾虑地观察、研究这种细菌。如果当年有人告诉我说，多年后的一天，这种微生物的一个突变种几乎会夺取我丈夫的生命，而我则将一大堆极具杀伤力的病毒注射到我丈夫的体内试图挽救他的生命，我一定会认为他疯了。然而一语成谶，事实真的如此。

感恩节，圣诞节，新年，情人节……日子匆匆而过。我简直认不出我的丈夫汤姆（Tom）了。纵横交错的输液管、导尿管、呼吸机管、生命维持装置几乎整个将他罩住，他那浓密得让理发师都抱怨连连的银白色头发如今乱糟糟地

完美捕手：与超级细菌搏斗的惊魂之旅

团在头上，手上和脚上的皮肤脆弱得几乎可以撕下来。汤姆是个1.95米的大高个，体重却掉了将近50千克。然而我和汤姆都没有放弃。就像过去的每一天一样，今天的我们在做的仍然是绞尽脑汁对抗微生物。唯一的区别是，这一次做这件事情的是我一个人。汤姆仍然昏昏沉沉，时而清醒，时而沉睡。这比昏迷强一些，但情况依旧不容乐观……

专家和其他医疗人员围绕着汤姆讨论着病情，但他们的口气仿佛有了些微妙的变化，一些我很难说清的变化。汤姆的化验结果和生命指标这3个月以来一直在波动，今天同样如此，所以医生们口气的变化与他的病情无关。然而我却总是感觉，他们的言谈话语背后仿佛隐藏着些什么我捉摸不透的东西。汤姆的病来得太快，让我始料未及。我虽然竭尽全力学了一些解剖学和医学的知识，也只能够勉强听明白医生们在讲什么。毕竟我不是临床医生，但我还是知道一些临床护理方面的基本常识。常识告诉我，他们对汤姆的态度绝对变了。

现在，这些医生和护士们低声交谈着，有些人甚至都不敢看我一眼。在与医护人员交流的短暂间隙，我打开电脑，连上网，在美国国家医学图书馆（PubMed）网站的搜索框里输入"替代疗法（alternative treatment）""多重耐药细菌（multidrug-resistant bacteria）"之类的词。PubMed网站是医学科研人员常用的数据库。一般情况下，我在上面搜索的词总是特定的那几个，比如"传染病预防""HIV感染""注射用药"等，因为我非常清楚地知道自己想要查找什么。现在，我不再是一名流行病学家，而只是一名生命垂危男人的妻子。我不知道应该搜索什么才能得到我需要的答案，也不知道这个答案长什么样子。最让我恐惧的是，那些正在医治汤姆的医生仿佛也不知道。

我将搜索到的科研文献草草地浏览了一遍。这些文献只是确认了一些我们已经知道的信息：正如其中一篇文献所言，汤姆正在对抗的，是一种"极难医治的病原体，这种病原体的抗药性为医疗人员带来了严峻的挑战"。这简直是废话。我们在对付的是一种对于人类而言最为致命的细菌，这种"超级细菌（superbug）"携带一些突变，使得所有已知的抗生素都对它无效。一切对这种超级细菌的治疗方法都停留在试验阶段，科研人员尚未找到足够的证据证明这些疗法有效，因而没有任何一种疗法被批准用于临床治疗，正因如此，汤姆的医生们毫无选择，无能为力。在所有这些创新的试验性疗法中，有一种我隐约记得曾经在本科时期简单地了解过：使用病毒对抗细菌。但这一疗法绝非现代医学的主流。

汤姆一动不动地躺着，沉重的呼吸声和监视器的滴滴声是他活着的唯一信号。我则坐在病房的一角给我的学生们发邮件讨论他们论文的进展，仅仅为了将自己从这种情绪中暂时抽离出来。汤姆的病情几乎耗费了我的全部精力，仅仅为了与真实世界保持些许联系，我接入一个电话会议，电话的另一端，我的同事们正在旧金山开年会。如果不是因为汤姆的病情，我本应该与他们在一起的。几个月来这场与病魔的战争完全改变了我生活的重心，所有认识我们的人都了解我和汤姆正在经历什么。在电话中，几位同事问起汤姆的现状，我简单地描述了一下，然后告诉他们我得去忙别的事了。我们相互道别，就在我即将挂断电话的时候，会议主席——我们的前任校长，同时也是一名退休的外科医生——以为我已经离开了电话会议，低声地向在场的同事们问出一个问题："有没有人告诉斯蒂芬妮，她的丈夫挺不了多久了？"

　　　　　　　　　　　　完美捕手：与超级细菌搏斗的惊魂之旅

1. 有毒气体来势汹汹

12 周之前

2015 年 11 月 23—27 日

事情一开始，一切看起来都再寻常不过。或者说，对于一对像我们这样满世界乱跑、时常出没于流行病疫区的夫妻来说，真的平常极了。

这是一个我们期待已久的假期。在最初计划的时候，埃及并不是一个充满危险的地方。但就在我们启程前一个月，一架飞机在埃及最著名的海滨城市沙姆沙伊赫（Sharm el Sheikh）解体失事。几周之后，一系列有预谋的恐怖袭击活动在法国上演，对欧洲核心造成了沉重打击。这些恐怖袭击的源头被指向中东和北非的极端主义者，埃及的旅游产业也因此一蹶不振。可在汤姆看来，这简直是去埃及的最好时机。

面对这种情况，我几次建议汤姆取消行程。不过当时汤姆和我都各自刚刚启动了好几个研究课题，的确亟需一个假期好好休整一下。我必须承认，我和汤姆对于风险的承受能力可能比普通人略高一些。我的研究课题围绕着艾滋病病毒传播的风险因子：性生活、药物滥用，诸如此类。为了进行这些研究，我常常去往一些疾病盛行或者街头暴力横行的地区，在那些地方，人们对死亡都见怪不怪了。而汤姆这 30 年来则专注于进化生物学的研究，这些研究使得汤姆经常在人迹罕至、环境恶劣的荒凉地带进行野外考察。

我和汤姆11年前各自结束了一段婚姻后走到一起，如今我们的孩子都已长大成人。像所有的空巢老人一样，我们都急切渴望着一场旅行。我和汤姆曾到过50多个国家，参加国际会议，报告我们的研究工作，然后在当地旅行，放松几天。这些旅程常常充满意料之外的挑战。我们曾在赞比西（Zambezi）河上坐在独木舟里与一只凶恶的河马搏斗，曾在印度的喀拉拉邦（Kerala）见到过一大群水蛭，在奥里萨邦（Orissa）遭遇过巨型跳蛛。我们差一点身陷孟买（Mumbai）的恐怖袭击中，也曾与廷巴克图（Timbuktu）的暴力分子擦身而过。在野外考察中，我们既遇到过警察，也遇到过毒品贩子。我们始终认为，我们的工作和旅行都充满了风险，而这也正是乐趣所在。

尤其是汤姆，他对埃及的历史、艺术、文化都深深着迷。他一直以来就期盼着能去埃及旅行，我们甚至早就计划过好几次，只是后来都因为种种原因未能成行。因此，我们对这次旅行的渴望压倒了一切顾虑。然而在沙姆沙伊赫和巴黎出事之后，当我们告诉朋友们，今年我们将会在埃及金字塔过感恩节，不能接受他们的晚餐邀请时，即便是那些最热衷于旅行的人也感到惊讶。而从多伦多赶来照看房子的我的父母，则更是直言不讳他们的担忧。

"别忘了，祸不单行。"我妈妈提醒我。她切完茴香球茎，在平板电脑上玩弄了两下糖果传奇（Candy Crush Saga），继续准备晚餐。"希望下一件坏事不要发生在埃及。"她用刀尖指着电视上美国有线新闻网（CNN）对巴黎袭击的报道，声音里带着些许不安。

我们喜欢用最自然的方式感受自然，常常在旅行中随性而发做一些事情。11年前，我们在德尔马（Del Mar）海滩的赤潮中漫步，一种发着蓝绿荧光的特殊浮游植物随着浪潮被成片地冲到海滩上。沙滩上闪烁着粼粼波光，将我们的脚印点亮，浪漫极了。然而这浪漫背后的事实却是，这些亮光警示着一种有害的浮游生物正在暗处潜藏繁衍，正是它们造成了这些有害海藻大量繁衍，形成赤潮。这一情景正是对我和汤姆生活哲学的绝好描述：先尽情享受荧光海滩的浪漫，当其背后潜藏的危险浮出水面时，再尽力应对。努力工作，尽情娱乐。

赤潮漫步后不久，我和汤姆结婚了。在孩子们的陪伴下，我们在夏威夷的一所海景房里举行了非传统的结婚仪式。那一年汤姆的两个女儿，卡莉(Carly)和弗朗西斯(Frances)分别21岁和17岁，我的儿子卡梅伦(Cameron) 12岁。我给卡莉和弗朗西斯准备了花环、草裙，以及椰子壳做的短上衣。卡梅伦看到后把嘴嘬得老高，抱怨说他也没有适合婚礼的衣服，于是我又给他买了一套礼服。那时候卡梅伦正因为我与他的父亲离婚而闷闷不乐，仿佛对我要再婚的计划并不太支持。幸好我听到他与学校同学的电话聊天，他在电话中说："太好了，我马上要有两个姐姐了，她们超级酷，其中一个还留着脏辫！"卡莉正是卡梅伦口中梳着脏辫的那一个，那时候她已经通过环球生活教会(Universal Life Church) 拿到了牧师执照。当我开玩笑地与卡莉聊起这件事时，才知道汤姆在几十年前为了躲避越南战争，也曾通过类似的方式做过牧师。当天，卡莉站在中间主持我和汤姆的婚礼，弗朗西斯和卡梅伦分别庄严地站在我们两侧。仪式结束后，掌声四起，草裙摇摆，汤姆和我举起香槟碰杯庆祝。两个出身平凡、历经生活磨难的人终于在此刻再次拥有幸福，我们都觉得美好的生活会从此重新开始并一直持续下去。

埃及之旅前一晚，我们收拾好行李，我将房子钥匙和车钥匙拿出来放好，写好如何照料猫、打理花园、喂鸟、堆肥的注意事项，将电视遥控器的说明书也找了出来。这之后，我做了一件从前从未做过的事情——我从笔记本上撕下一页纸，开始写："万一我和汤姆遭遇不测……"汤姆无奈地翻了翻眼睛，但还是跟我一起在这一页的最下面签上了名字。我又仔细地读了一遍，将遗嘱放在了厨房台面上，车钥匙的旁边。

听从朋友的建议，我们找到了一位口碑极好的埃及学家作为我们的向导，这次旅行不再像之前一样率性而为，更多地成为一次学习机会。航班将我们顺利送到埃及。第二天一早，我和汤姆一见到我们的向导哈立德(Khalid)就迫不及待地想开始这次旅行了。哈立德看起来40岁左右，身材瘦小。他穿着一件卡其色格子衬衫，一双虽有些旧但保养得很好的鞋。他脸上带着温暖的笑容，伸着右手向我们走来，欢迎我们来到开罗。哈立德曾为许多纪录片团队和科学考察团做过向导，而下一周，他将带领我们逐一探访金字塔、寺庙、古墓以及其他古迹。

每天早上，哈立德接上我和汤姆，然后和我们一起开车进入沙漠或者步行穿过废墟，同时滔滔不绝地向我们讲述上下几千年的埃及历史、考古和神话故事。他能够将法老的传说以及他们的墓穴金字塔通通融入故事中，行云流水，引人入胜。因此，旅程中的每一天，我们都沉浸在古埃及的王国里，那些恢宏的古代建筑和庄重的死亡仪式，那些尘封于历史中的木乃伊和记录着历史的象形文字，都鲜活地呈现在我们面前。

在圣地亚哥家乡的人们庆祝感恩节的时候，我们参观了几个距离开罗几小时车程的古墓遗迹。开罗是现代埃及首都，更是个容纳着700万人的充满活力的大都市（metropolis），而开罗周围的这几处遗迹，用埃及学者的话来说都是"大墓地（necropolis）"。

在其中一个博物馆里，哈立德指给我们看一段刻在石棺上的象形文字，这段文字概述了木乃伊的制作过程，也详细描述了阿努比斯（Anubis），这一有着男人身体和胡狼头的神是埃及的死神：他负责处理尸体，将尸体制作成木乃伊，将灵魂引向来世，并保护他们的坟墓免受强盗和恶魔的侵害。博物馆里还展示了一些复杂的、奇形怪状的工具，这些工具都是用来处理尸体的。埃及人认为，只有尸体经过妥善处理的人才能进入来生。汤姆看着这些工具，打了个寒战。他一点都不想知道这些可怕情景的细节，哪怕这都是5000年前的事儿，而我却觉得这些东西有意思极了。

"这个东西是干什么用的？"我指着一个小小的钩子问哈立德，在我的想象中，几千年前的牙医大概会用它拔掉坏牙。哈立德抬头看看我们，嘴角露出一丝坏笑。

"这是用来去掉人的脑子的，"哈立德回答，"通过鼻子将人的脑子一点一点勾出来，这样能够不损害脑壳。古埃及人认为，如果人的身体有破损的话，灵魂在来生无处安放，就会纠缠前世的家人。"

如果说古埃及人对于死亡和葬礼的准备似乎过于专注的话，那是因为他们相信灵魂通往来世和永恒的旅程无比艰险。我理解他们对旅程顺利的渴望，以及愿意为此付出的谨慎和努力。这就好像我总是为家庭保姆事无巨细地写下各种注意事项一样。汤姆总是嘲笑我的这一行为，但作为一个进化生物学家，他也不得不承认这是人的天性。

由开罗向南开车 1 小时，我们到达了代赫舒尔（Dahshur）皇家沙漠墓地和红色金字塔（Red Pyramid），这也是靠近军事基地的 3 座金字塔中最大的一座。由于距离军事基地较近，这座金字塔很多年以来一直未对公众开放，即便是现在也并未常年开放。但我们很幸运，今天它开门了，而且目光所及，我们是唯一的参观者。哈立德还告诉我们，我们可以沿着隧道爬进去更细致地看一看金字塔的里面。尽管天气炎热，红尘漫漫，我和汤姆仍饶有兴致地互相较量，看谁能够最先进入红色金字塔。为了到达入口，我们首先要爬上若干级陡峭的楼梯，这些楼梯呈之字形蜿蜒在金字塔的表面，通往距离地面几百米高的一个简陋的临时入口。汤姆比我大 19 岁，但从外表上一点都看不出来。他身材修长，肩膀宽厚，身形矫健。他一直以来都很注重保持身材——事实上，他是一名执着到有些顽固的冲浪爱好者，从来不怕在粗砺围墙般的汹涌波涛中一跃穿过巨浪形成的瀑布。从瘦弱的少年到更加结实的中年，无论风浪多大，汤姆始终是第一个走向大海的人，从未想过撤退。在他看来，撤退根本就不在考虑范围之内。

汤姆的大长腿现在成了极大的优势。尽管近几年他在变得"结实"的过程中也长了些体重，但他依旧一次迈上两级台阶，率先到达了金字塔门口，然后幸灾乐祸地等着我几分钟后气喘吁吁地赶上来。一个孤独的看门人蹲在低矮的大门前，饶有兴致地看着我们到来。他看起来像一个老兵，带着长期服役特有的倦态。他缠着头巾，一只手习惯性地抚摸着自己花白的胡须，另一只手则抓着一把枪。这枪看起来有些年头了，现在正懒洋洋地横躺在他的腿上。我的目光看向他身后的通道。哈立德绝没有夸张，与其说是可以爬进去，不如说必须爬着才能够进去。我深吸一口气，低头走下前几级台阶就决定放弃了。我钻出来后，汤姆给了我一个自信的微笑，背向着通道倒着爬了下去。

"不要呼吸那里面的空气！"看门的老兵对着汤姆喊道。在当地的传说中，通道内会有残余的有毒气体。汤姆不以为然地笑了笑。有毒气体？听起来像是编出来吓唬天真游客的。

"编得还挺像那么回事儿的。"汤姆回答。他很快从我的视线中消失,进入红色金字塔的内部,我连他头顶的银发都看不见了。我用力吞了下口水,试图摆脱这种突如其来的恐惧感。在埃及酷热的天气里,我忽然打了个寒战。看门人看热闹一般的欢呼让我更加不安。我转身面向沙漠,在成片的沙丘中搜寻哈立德的影子。在这个距离上,他就像是地平线上的一个小黑点。我又转回身来对着甬道高喊:"汤姆,快点上来!"

汤姆终于又重新出现在了我的视线中,气喘吁吁,全身都被汗水浸透,还沾着红色的灰尘。他的脸色有些发白,我赶快从背包中拿出一瓶水递给他。

"咱们赶快走吧。"我拉着他的衬衫袖子说。还有一座陵墓要看呢。

从代赫舒尔出发,驱车不远便是塞加拉(Saqqara)。这是古埃及首都孟菲斯的主要墓地,距今已有3000多年的历史,向前可追溯到罗马帝国时期。我们到达阶梯金字塔(Step Pyramid)时,汤姆好像没有从红色金字塔的攀爬中缓过来,看起来还有点疲倦。他在雪花石膏板搭成的几间墓室间来回徘徊,然后闭上眼,深吸了一口气。我可以看到他的额头沾满了汗水,呼吸也更加急促,就好像在爬山一样。

"你还好吗?"

他摇摇头叫我不要担心。

"没什么,只是这地方有些奇怪,"他心不在焉地嘟囔,"我好像对这里有一种诡异的熟悉感。"我们都清楚他之前从未来过埃及,汤姆也并不相信所谓的转世之说。

"大概这里阴气太重了吧。"我说。

当我们走过古墓的废墟时,哈立德赶上我们,又开始给我们讲故事。我们脚踩的地面下面是地下墓穴,也是木乃伊和国王的地下宫殿。在国王统治时期,他不余遗力地捍卫自己的领袖精神和统治地位,以保护自己的"ka"——也就是内在能量或者灵魂。如果他的"ka"减弱,他的国王地位可能会被其他人取代。塞加拉也是不同派别埃及朝圣者的共同圣地。近期在塞加拉的考古发掘中发现了将近800万个动物木乃伊，包括狗、猫、狒狒、猎鹰以及朱鹮。

汤姆苍白的脸上浮现出一丝好奇。

"杜立德医生[1]，"我用我最喜欢的昵称打趣哈立德，"也许你上辈子的工作就是把这些动物包成木乃伊。"

汤姆从很小的时候就表现出对动物的特殊喜好，他认为这种爱好可能遗传自他的曾祖父，据说他的祖父有可能有着切诺基（Cherokee）印第安血统。在汤姆身上，这种爱好先是成为他热爱的职业，之后又发展成他毕生追求的事业。他先是以灵长类动物学家的身份从事研究和教学工作，发表了有关低地大猩猩（lowland gorillas）的心理学和记忆研究，后来又成为鸟类学家，研究白冠带鹀（white-crowned sparrow）的鸣叫声是如何在旧金山的多个地区之间演变的，这一研究发表在了世界顶级期刊《科学》（Science）杂志上。汤姆很喜欢这样描述自己的职业发展道路：他的研究兴趣是沿着生物演化的道路逐渐从动物转变到人类的。当我们在住处附近的小湖边散步时，汤姆与狗问好的次数可能要比与狗主人的还多。

最终，汤姆的兴趣专注于研究行为是如何在漫长的历史中起源、进化的。他的研究对象是悠久的自然历史，以及我们——所有这些大大小小的生物体——是如何面对不断变化的环境，适应或灭亡。正是这种应对外界压力的能力帮助我们适应环境并生存下来。这就是汤姆的时间观和世界观。在这样的视角下，他从不以天、月甚至年为单位来考虑世界，而是以千年为单位。他曾经发现非洲一些极少有人关注的鸟类有着与亚洲另一种鸟类相似的头冠，并清晰而深刻地指出这正是"趋同进化（convergent evolution）"的现象——不同物种在适应相似环境时会发展出类似的形态特征。如果他感染了流感，甚至在哥伦比亚雨林中感染了某种厉害的寄生虫，他都不会为生病感到难过，反而会惊叹生命的精巧，它使得一个物种战胜面临的挑战，适应环境并生存下去。

1　杜立德医生(Dr. Doolittle)：休·洛夫廷(Hugh Lofting)所著的儿童文学作品系列，曾获美国纽伯瑞儿童文学奖(Newbery Medal)金奖。杜立德与哈立德发音相似。(本书脚注皆为译者注)

他总是提醒我进化生物学光明的一面："那些不能杀死你的，会让你变得更强大。"

在塞加拉的那个下午，汤姆就在我的眼前演变着。短短几秒钟，他似乎已经老了1000岁。他面色苍白，表情痛苦。这时候他的"ka"一定很弱。但即便如此，他依旧打算继续在地下墓地探险。我和哈立德不得不将他拖出来。

"只是天气太热了。"他说。第二天早上，汤姆似乎恢复得不错，并准备再次出发。我们乘汽车、骆驼、小型飞机或者步行，跟着哈立德参观了拉美西斯二世（Ramesses Ⅱ）神庙、奈菲尔塔利（Nefertari）神庙，以及阿斯旺水坝（Aswan Dam），最后登上梅菲尔号（MS Mayfair）游轮，它将带我们前往本次旅行的最后一站：卢克索的帝王谷（Valley of the Kings）。这艘船可容纳155人，通常在每年的这个时候早已经被预订满，但最近的恐怖袭击事件和旅游业的不景气使我们乘坐的这一班次乘客格外少。可我们一点也不在乎，我和汤姆早就期待着能够在一起安安静静地待上一段时间，好好放松一下，这艘空荡荡的游轮绝对可以保证这一点。

记得哈立德告诉过我们，希腊神话认为，每天结束时太阳神"Ra"会乘坐太阳船降入地下世界，并在那里遇到恶魔和地下神，比如混沌之神阿波菲斯（Apophys）。阿波菲斯会一点点吞下"Ra"，这就是我们每天看到的落日，第二天黎明阿波菲斯又会吐掉"Ra"，黎明就出现了。而我和汤姆结束一天的方式要简单得多：每晚我们返回舒适的舱房，并在睡前通过脸书（Facebook）给朋友和家人更新下当天的新见闻。

第二天，当我们的船到达卢克索时已经有好几艘船停靠了。码头的数量不足，船员就将梅菲尔号与一艘已经停泊的船拴在一起，而那艘船又与另一艘船系在一起。于是，汤姆和我手拉手跨过3艘船才上了岸，并在哈立德的带领下参观了卢克索神庙和卡纳克（Karnak）神庙。黄昏时分我们才回到船上，在顶层甲板的餐厅里享受星空下的浪漫晚餐——一盘丰盛的海鲜饭和一瓶我特意为今天的晚餐带来的红酒。在接下来的几天到几周里，我都以为这一顿在夜空下的盛宴是我和汤姆"最后的晚餐"。

2. 最后的晚餐

2015 年 11 月 28 日

我们并未想到能够享受到私人游轮一般的体验，更没有料到能有幸拥有这样一个美妙的夜晚——在游轮的顶层甲板，在如毯的星空下，在天鹅绒般和煦的暖风里。但今晚这场特别的晚餐确实是在我计划中的，我还为此特意从家里带了一瓶霞多丽（Chardonnay）白葡萄酒，提前让船上的厨师冰镇好，在晚餐的时候一起送过来。不仅因为这是我们这次梦幻假日的最后一晚，更因为我和汤姆正是在 14 年前的今天第一次约会的。这样重要的日子我如何能够错过。有条理、专注、有始有终，这些特点天生就写在我的基因里。汤姆对此深有体会。如果说"永不退缩"是他标志性的特质的话，我的特质则是"永不放弃"。正是这样的执拗使我从孩童时期一个聪明而胆怯的小女孩成长为如今的样子，以至于在我学术生涯的早期，他们都叫我"斗牛犬"。

有时候我会在一些并不重要的事情上过分固执或纠结于细节，汤姆常常对此无可奈何，但同时也会觉得这很有意思——难以想象，自然和环境的力量是如何将我们塑造成如此不同的两个人，又是如何让我们相互吸引并走到一起的。汤姆出生于 20 世纪 50 年代的南加州，在《雾都孤儿》（Oliver Twist）般贫困潦倒的环境下长大。我则出生于 20 世纪 70 年代，在多伦多斯卡伯勒（Scarborough）郊区一个主要由中产阶级家庭组成的社区长大。在父母的照顾下，我和我的两个姐妹衣食无忧，并理所当然地认为这一切都无比寻常，我们唯一的任务就是好好学习，取得好成绩。

我的父亲是一名高中理科老师，后来又专门负责指导有天赋的优秀学生，我想他大概从一开始就在用他的那套方法训练我。我从小就是个不太善于交际的孩子，甚至有些书呆子气。按照今天的定义，我大概就是那种所谓的"边缘型"人格——这是阿斯伯格综合征（Asperger's syndrome）[1]的委婉说法，尽管我从来没有被正式确诊过。我在学业上很优秀，但与同龄孩子的交往能力却并不强，因而在社交上永远处于边缘，只有屈指可数的几个志趣相投的女友。与此同时，我的父亲不遗余力地教我物理学和数学，告诉我如何进行假设检验，将"已知"一点点从"未知"中剥离出来——这是科学探索中最核心的分析方法。父亲要求我每天晚餐后必须学习两个小时；我和我的姐妹们每周只被允许看一个小时电视。当我告诉父亲我想成为一名科学家时，他认为这是因为我想要努力追随他的脚步。但事实上我是想向自己证明我可以做成一些真正具有挑战性的事情。而当我发现自己真的对解决科学难题充满热忱的时候，我知道自己找到了值得一生追求的事业。

汤姆对于解决棘手的科研问题有着与我相同的热情和动力，尽管我们的科学研究道路迥然不同。我的事业轨迹平淡无奇：上大学，读研究生，做博士后，然后成为科学家。汤姆的轨迹则比较曲折：他的博士后工作在开始后不久就中断了，他转而成为一名高中老师，3年后才重新获得研究资助回到学术界。我和汤姆走到一起组成家庭是许多许多年之后的事情了。然而早在生活道路交叉之前，由于我们都关注对艾滋病病毒及其流行病学的前沿研究，我与汤姆慢慢开始在一系列共同的学术出版和国际会议中相遇。

那时候汤姆已经将研究重点从动物和鱼类转移到人类。他重点关注心理压力对人类健康的影响。最初，他是在研究老年人为什么更容易患病，而这使他

1　阿斯伯格综合征（Asperger's syndrome）：自闭症谱系障碍的一种亚型，具有正常智商，甚至具有某方面天赋，但在社交和非言语交际方面存在障碍。

开始对心理神经免疫学产生了兴趣，这一学科主要研究心理状态对健康和免疫系统的影响。当汤姆逐渐接触到艾滋病流行病学这一领域后，立即被其吸引，想要研究心理压力是如何通过调控免疫系统来调节个人对艾滋病病毒的易感性、适应性，并在群体上对艾滋病发病率造成深远影响的。他十分困惑为何一些携带者会发展成艾滋病，而另一些则不会——而这也正是我的研究主题。他申请到一项研究经费用于研究压力对艾滋病病程的影响，并深入探讨了哪些风险行为会增加艾滋病易感性。他是这一领域中率先为艾滋病病毒携带者制订降低风险计划的人之一，是他最早认识到人们需要学习一些必要的技能来防止他们将病毒传染给别人。

在过去的20年中，我和汤姆都为着一个共同目标在各自的研究道路上不懈前行，试图搞清在艾滋病病毒感染的过程中有哪些行为风险因素。我们最终在2001年首次相遇。那是一个平淡无奇的研究经费审核会。汤姆当时正在为吸食冰毒的瘾君子开发降低风险计划，为此他经常要跑到墨西哥，并常常与当地的性工作者们接触。而我当时的研究课题是"9·11"事件后的阿富汗战争对艾滋病注射感染途径的影响，并刚刚从巴基斯坦回来。我与汤姆常开玩笑说，在全世界最乏味、最缺乏浪漫、最不可能产生爱意的地方，我们的爱情之火被点燃了。这次学术会议无疑正是这样一个地方。

结婚许多年之后，我和汤姆才忽然意识到，2001年并非我们第一次共同出席同一场会议，其实早在1997年亚利桑那州弗拉格斯塔夫（Flagstaff）的一次会议上我和汤姆就已经碰过面了——尽管那只是在拥挤房间里的一次短暂对视。在那次会议上，我报告了自己当时的研究进展。我和汤姆聊起这个纯属巧合。那天我们聊起一个刚刚发表的新研究时，我无意中提到自己在1997年那次会议上作的报告中有一些内容与之相关。汤姆忽然打断我："等一下，那次会议我也在！你当时是不是穿着一件黄色的西装？"

我仔细地想了一会儿。那次会议上我好像确实穿了一件干练的黄色小西装和一双细高跟鞋。和几年后相比，我当年在穿着打扮上花了不少心思，刻意让自己显得成熟一些。然后我好像想起来当时报告厅后排有一个不修边幅的男人。

"是的！你当时是不是坐在后排，穿一件红色的格子衬衫？"

"嗯，但你从我身边走过的时候，看都没看我一眼。"汤姆故意做出一副生气的样子。

"对啊，那时候我还没有准备好。"我打趣道。

"我当时也没有，"汤姆也笑了，"这倒是真的。"

几年后当我们真的开始约会时，我们去了芝加哥，在约翰·汉考克中心（John Hancock Center）九十五层的特色餐厅吃晚餐。当我们刚刚点完菜，漫无目的地欣赏窗外景色的时候，"砰"的一声，一只游隼忽然俯冲向一只鸽子，一瞬间羽毛四处乱飞。我和汤姆都脱口而出："你看到了吗？！"然而环顾四周，只有我们两个人捕捉到了这一幕。我们顺理成章地聊起了各自的观鸟经历。在汤姆写白冠带鹀论文的那几年里，他花了很长时间驻扎在旧金山双子峰（Twin Peaks）附近，只是为了寻找这些鸟的巢穴。看到这只游隼，汤姆立刻推测它的巢穴一定就在附近，并将脸贴在玻璃上四下张望，恨不得探出头去。我能够强烈地感受到他的好奇和急切。就在那一刻，我知道自己爱上了他。如今，在我和汤姆在加利福尼亚州的家附近，也住着一对游隼，它们常常在我家后院后面的峡谷里俯冲、捕食。

如此机缘巧合让我和汤姆都觉得我们的相遇和结合是命中注定的。这样的好福气怎能不用一顿周年大餐庆祝。当这顿海鲜大餐被端上桌子后，我们都惊叹得说不出话来。葡萄酒、香槟、丝绸般的蛋奶布丁，一切的一切。我不得不承认，即便我自己使出浑身解数来准备这场周年晚宴，也不会像现在这般完美。吃完晚饭后，我和汤姆一起回到休息舱室。此时此刻，我们满足而陶醉，并开始期待明天帝王谷的旅程，那将为我们的假期之行画上一个完美的句号。

我忽然感到床在震动，一睁眼，看到汤姆正一骨碌爬起来跌跌撞撞地往卫生间跑。我歪头看了一眼床边的手机，正好是半夜。汤姆勉强坚持到卫生间，立刻就对着狭小的马桶呕吐起来，将昨晚的美味吐了个精光。可即便吐到什么都吐不出来了，他的腹痛仍然丝毫不减，甚至还更厉害了。那天晚上他不知道跑了多少次厕所，我自然也一宿没睡。当第二天早上哈立德出现在我们的舱室门口时，汤姆还无力地蜷缩在卫生间地上，那姿势仿佛在向什么神灵祷告一般。哈立德敦促我们赶快给医生打电话，但汤姆坚决反对，我也没有坚持。也许他只是昨天不巧吃了个不新鲜的生蚝，引发了食物中毒，而这对我和汤姆来说早就见怪不怪了。

汤姆甚至还试着开了个玩笑："是不是我前两天真的在红色金字塔吸入了太多的有毒气体？"我想如果他还可以开玩笑，情况就还不算太差。

我也附和着开玩笑说："我刚刚在脸书上跟大家说了，按照这样发展下去，你可能要到自己的坟墓里去看真的帝王谷了。"这一次汤姆没有笑，他牙关紧咬，痛苦地呻吟着。

"咱们现在就回家吧。"

"回家？"这听起来似乎有点极端。在之前的旅行中我们也曾遇到过类似水土不服的情形，我和汤姆还专门给它起了个名字叫"德里肚（Dehli Belly）"。我们旅行时总是带着西普乐（Cipro）[1]，就像一般人带牙膏一样自然。那个平时从来不把小病小灾当回事，勇敢面对呼啸的海浪，从不后退的人去哪里了？我此刻好像不如平时那般感同身受，我打算就在当地找个医生或急诊室，给汤姆检查一下，开点药，相信24小时之内他就会好起来。

"别，别叫医生，"汤姆忽然喊道，仿佛知道了我在想什么，"你做什么都行，就是别把我送去医院，我不去。"

汤姆的讳疾忌医由来已久。坎坷的童年磨炼了他坚韧的意志。汤姆的父亲曾是一名功勋卓著的"二战"海军老兵，退役后成为摩托警察。他的生活哲学十分简单：不管发生了什么，挺一挺就过去了。汤姆十几岁时，有一次冲浪板被海浪冲飞，掉下来时不偏不倚地砸到了他的脸上，汤姆的牙和颌骨当场就断了。可当汤姆满嘴鲜血地回到家里时，他父亲看了看他的伤口，耸了耸肩，将伤口扒开，倒了点红药水在上面——这是那个年代的人眼中包治百病的神药。

1　西普乐（Cipro）：环丙沙星，广谱抗生素的一种。

几个月后，当汤姆到牙医那里做每年的例行口腔检查时，牙医看到汤姆的伤后差点坐倒在地，连连惊呼，问他多久前下颌骨折的，以及为什么没有被正确地复位和修复。与汤姆相比，我虽然也算是从小自立，但还是和大多数同龄人一样得到了父母妥善的照料。当然，我的父母对现代医学的了解和接受程度也比汤姆的父亲强多了。

一直以来，汤姆和我在绝大多数事情上观点都一致。可一旦我们在某件事情上观点不同，情况就会陷入僵局，因为我们俩都不知道该如何让步。我下定决心这次旅行中不会再因为类似的事情和汤姆闹别扭。但现在情况不同：汤姆病了，而我没有；他此时此刻也许思绪烦乱，但我必须保持清醒。对于医学方面的事情，汤姆信任我，因为我的流行病学学位毕竟是公共卫生学的一个分支。但博士学位（PhD）并非医学博士学位（MD），这意味着我对医学方面的了解粗浅而片面，而有时，这比一窍不通更糟糕。

3. 疑难杂症

　　流行病学的研究对象都是宏观的：疾病的表现形式、传播方式，以及如何使用生物医学手段或通过改变人们的行为方式来阻止它们的传播。我母亲常常这样形容我的职业："你知道成天在那儿危言耸听某某病菌正在蔓延、某某疾病正在流行的那帮人吧？我女儿就是其中之一。"

　　可我最初也并不是研究流行病学的。1985 年，我在多伦多大学微生物学专业读本科的时候，一个叫洛克·哈德森（Rock Hudson）的患者死于一种神秘的疾病。这种疾病最初被称为"同性恋相关免疫缺陷（gay-related immune deficiency）"，简称 GRID。我的教授斯坦·雷德（Stan Read）正是这一领域的早期开拓者之一，从他那里我了解了这种感染性疾病的标志性症状——盗汗、淋巴结肿胀，以及其他类似流感的现象，有时还伴有其他感染。在那些免疫系统被抑制的患者身上这些症状更加显著。这种疾病现在被叫作"获得性免疫缺陷综合征（acquired immune deficiency syndrome）"，简称艾滋病（AIDS）。1981 年，一批男同性恋者被诊断为 GRID，这也是世界上对艾滋病的第一次记录。这次疾病的暴发引起了美国疾病控制中心（US Centers for Disease Control, CDC）的流行病学家的关注，他们随即进行了一系列调查。随着在北美和欧洲对艾滋病研究的深入，人们发现血友病患者和注射吸毒者也是艾滋病的易感人群。那正是一个医药学磅礴发展的时代。短短几年时间，基于特异性识别病原性人类免疫缺陷病毒（HIV）的抗体被开发出来，相关的艾滋病诊断手段随即也被发明出来，而我则在其中看到了自己的事业和理想。

　　然而当我连续几个暑假守着实验室通风橱没日没夜地做实验后，我确信这样日复一日的实验室工作并非我的专长。恰巧这时，一位研究生助教建议我，既然我更喜欢与人而不是细胞打交道，对我来说流行病学可能是个完美的选择：它包含所有生物学的迷人之处，但研究对象却不是细胞，而是人群。流行病的视角是宏观的，它以鸟瞰的方式帮助人们制定对抗疾病的战略决策。当第一批艾滋病病例在我的家乡多伦多出现时，我意识到这仅仅是冰山一角，更加严峻的现实仍隐藏在黑暗中等待人们发现。这强烈地刺激了我。于是在取得硕士学位后，我立刻开始攻读博士学位，目标是成为加拿大为数不多的艾滋病流行病学家之一。我想在读博时就做些力所能及的事情帮助艾滋病患者，因此很早就参加了凯西之家（Casey House）的志愿者活动。凯西之家是北美最早的艾滋病专科医院之一，而我是首批志愿者。在凯西之家，我与许多人建立了深厚的友谊，却只能眼睁睁看着他们一个接一个痛苦而孤独地死去。20世纪90年代初期，我的博士生导师兰迪·科茨（Randy Coates）因感染HIV病毒而去世；不到一年后，我最好的朋友麦克（Michael）也因同样的原因去世。HIV病毒摧毁了他们的免疫系统，对于普通人而言毫无杀伤力的感染轻而易举就夺取了他们的生命。这对我的打击太大了。就这样，我开始致力于研究艾滋病是如何流行的，以及如何阻止它。这是我个人生活和职业生涯第一次相交，但并不是最后一次。

　　也是在同一时期，我意识到，即便作为一名科学家，感性的直觉对研究也是会有帮助的。在攻读硕士学位时，我兼职担任了艾滋病病毒研究的问卷调查员，调查对象是注射毒品与性交易的人群。我在调查中发现，行为风险最高的那些被访谈者常常主动谈起他们曾经在幼年遭遇过性虐待——即便这一问题并不包含在问卷中。我将这个发现告诉了这一研究的首席科学家，但是很可惜，由于调研已经开始，她无法对问卷再做更改，我们也无从对这一问题进行研究。但我从未忘记这些故事。多年后，当我自己成为首席科学家，对温哥华的注射毒品者和年轻同性恋者进行研究时，我在问卷中加入了有关童年时期是否遭遇过性虐待的问题，并由此发现，无论在注射毒品人群还是年轻同性恋人群中，儿童性虐待都是艾滋病风险行为的强预测因子。我的研究推动了艾滋病流行病学一个新领域的形成，人们逐渐发现，社会决定因素——包括经济、政治、法律方面的驱动力——有助于解释为何一些人会被社会误解甚至边缘化，从而成为 HIV 的易感人群。由于这项研究，我在 1996 年召开的关于国际艾滋病的会上被授予青年科学家荣誉。同时，这一关键性的发现也促使我将研究重点从个人行为转变到社会因素，我开始专注于研究哪些社会因素会增加人们暴露于 HIV 的风险，以及如何改变它们。比获奖更为重要的是，我开始意识到是什么推动了我的职业发展与成长：忠于你的直觉，不畏于未知，大胆假设，谨慎求证，永不停止探索的脚步。

此时此刻，汤姆正在卫生间里痛苦地弓着背蜷缩着，而我的直觉这一次仿佛没派上什么用场。唯一不断在我的脑海中回响的只有红色金字塔门口守卫关于坟墓里"有毒气体"的诅咒。直到 19 世纪末，大多数人，包括科学家和医生，都信奉所谓的"瘴气理论"，认为包括鼠疫、霍乱和梅毒在内的许多疾病都是由"糟糕的空气"引起的。现如今我们当然知道这些疾病都是由细菌引起的，但当时支持细菌理论的人却寥寥无几，并被主流学派极力排斥。这样的情形直到约翰·斯诺（John Snow）医生对伦敦霍乱进行了那次历史性的调查后才有所改变，而约翰·斯诺也被后世推崇为流行病学之父。斯诺对伦敦霍乱事件细致的调查工作令我惊叹不已，它吸引着我进入流行病学领域。这段历史在《幽灵地图》（The Ghost Map）一书中有着详细生动的描述，这本书后来也成为我最喜欢的书之一。

早在伦敦暴发霍乱之前，斯诺就对 19 世纪早期发生的第一次霍乱大流行进行了分析，并注意到该次霍乱的流行往往沿着贸易或者军事路线。他因而推测，这些患者可能是由于接触了被某种微生物污染的水。斯诺在 1849 年发表了这一研究，但却因为没有证据而遭受批评。随着伦敦疫情的暴发，他得到了为他的理论寻找证据的另一次机会。19 世纪的伦敦已经迅速发展成一个大都市，但却缺乏一个下水道系统来处理 200 万人以及牲畜产生的粪便。相反，这个城市的粪便都是由所谓的"夜间清道夫"收集的。他们将收集的粪便运到郊区的粪坑里进行填埋，那里臭气熏天。伦敦公共卫生部门的长官是瘴气理论的狂热信奉者，他打算建立一个卫生系统来清除市郊那将近30万个臭气熏天的粪坑。可唯一的问题是，他只关注于净化那里的空气，而不是水源。他的解决办法是清除粪坑，将大量粪便倾倒在泰晤士河（Thames River）中。一时间，泰晤士河污秽不已、肮脏不堪，这无意中导致了霍乱的发生，数千人因此丧生。

1854年，伦敦霍乱在苏荷区（Soho District）暴发了，来势汹汹却又悄无声息。苏荷区是伦敦最贫穷的地区之一。几天之内，成百上千的人被强烈的胃痛、难忍的绿色腹泻以及极度脱水所击倒，并在很短时间内迅速死亡。约翰·斯诺住在距离苏荷区不远的另一个街区，为了调查瘟疫的流行，他冒着极大的风险只身走入疫区。要知道，这里不仅被可怕的疾病所笼罩，更是一个犯罪率极高的贫困街区。

斯诺怀疑水源是瘟疫流行的始作俑者，于是从布罗德街（Broad Street）最近的水源里取了些水，在光学显微镜下检查。可惜的是，当时的显微镜精度并不足以让斯诺找到确凿的证据。事实上，尽管导致霍乱的霍乱弧菌（Vibrio cholerae）在同一年被意大利解剖学家菲利波·帕齐尼（Filippo Pacini）首次分离出来，但直到几十年后，人们才认识到它的重要性。显微镜观察毫无进展，一头雾水的斯诺将研究的视线扩展到更加广阔的地理空间。他挨家挨户地调查人们在哪里取水，追踪哪些水泵与城市的下水道系统相连，哪些水泵从泰晤士河取水。通过对比他的数据和对应社区的死亡统计数据，斯诺发现霍乱的死亡率因水源的不同而有着显著差异。在这些证据的支持下，他成功地使公共卫生部门相信布罗德街的水泵是此次疫情的主要来源。布罗德街水泵的手柄被取下，这一刻也成为医学史上一个象征性的关键时刻。从这一刻起，瘴气理论终于被细菌理论取代，流行病学就此诞生了。

"无论是追踪霍乱、艾滋病的起因，还是研究其他流行病的暴发，重大的突破通常源于简单而持久的侦探工作。"——我的一位教授朋友将流行病研究戏称为"刑侦流行病学（gumshoe epidemiology）"。此时是半夜，而我身处于航行在尼罗河的游轮上，如果有什么侦探工作是我此时此地可以做的，恐怕就只有"简单"的微生物学了，幸好我还没有把本科的微生物学知识忘干净。

我首先考虑的是我和汤姆吃过什么。鱼、蛤蜊、大虾，还有生蚝。贝类生物经常受到粪大肠菌落的污染，这类细菌广泛存在于人类和动物的粪便中。因此，汤姆目前面对的可能是一种毒性很强的大肠埃希菌(Escherichia coli)，或者某些种类的志贺氏菌属(Shigella)、沙门氏菌(Salmonella)，或者弧菌(Vibrio)。在智能手机上，我还搜索到了一些更加罕见的细菌，比如李斯特菌(Listeria)和巴氏梭菌(Clostridium)，并将它们也列在"怀疑名单"里。

接下来，我依据汤姆第一次出现症状的时间，进行了一个简单的计算：在多长时间之前，我们吃过什么东西？不同细菌在感染人体后具有不同的潜伏期。现在已经过了午夜，也就是说距离我们的晚宴已经过去了5个小时。但食物中毒并不一定是在晚餐时发生的。导致食物中毒的罪魁祸首可能是你在1小时之内到两周之前吃过的任何东西。究竟什么时候出现症状取决于你的机体。我在网站上搜索到一份清单，上面列出了各种食源性病原体的潜伏期信息。浏览了这一清单后，我排除了一些潜伏期较长的细菌，比如空肠弯曲菌(Campylobacter jejuni)以及霍乱弧菌，但怀疑名单依旧很长。

汤姆终于从卫生间无力地走了出来，但他还没等爬到床上躺下，就又立刻转身踉踉跄跄地走了回去，继续呕吐起来。

虽然我还没搞明白究竟汤姆被什么细菌感染了，但还是立刻跳下床，从行李深处翻出"旅行必备品"西普乐。它通常是万能的"神药"，几小时内就能解决大多数呕吐或者腹泻的情况。可现在的问题是，汤姆什么都咽不下去。晚餐，船上厨房送来的热汤、热茶，甚至一小口水，一切进入汤姆胃里的东西都立刻被吐了出来。我眼睁睁地看着我们唯一的一片西普乐被汤姆吐了出来，冲进了马桶里。更不用提我们从船上餐厅带回来的各种小吃甜点了，它们原封不动地在床头柜上放着，像祭祀的圣物一样。

汤姆会不会是吃了什么东西感染了病毒或者寄生虫？我们都接种了甲肝疫苗，所以甲肝被排除在外了。大多数寄生虫感染具有很长的潜伏期，也不太可能，至少现在我觉得可能性不大。在可能的病毒中，我第一个想到的是诺如病毒（norovirus），因为它会引起胃痛和呕吐，也常常是游轮上大多数食源性疾病暴发的原因。但我和汤姆是船上仅有的乘客，哈立德、我，以及其他船员都没有生病。

　　汤姆在旅行中对食物和饮水卫生总是大大咧咧、毫不在意。他感染的病菌可能来源于过去几天内我们去过的任何地方的任何东西。这并不是汤姆第一次上吐下泻，他之前甚至遭遇过好几次非常严重的痢疾发作。所以我承认，对于食物中毒这类事件我早就有点见怪不怪了。汤姆总喜欢吹嘘自己年轻时的冒险经历。他当时和一个朋友在下加利福尼亚州某个距离城镇千里之外的深山老林里露营。在经历过第一次"德里肚"后，他似乎觉得自己已经获得了对当地水源的免疫力，于是开始随便取用任何能够发现的水源。这场探险最终以汤姆的痢疾而告终。他住进了医院，医生在他身上鉴定出4种不同的病原体。这显然是个坏消息。但好消息是他活下来了，还能亲口给别人讲这个故事。在此之前，汤姆每一次的痢疾发作也都是如此。因而此时此刻，我脑子里始终回响着这样的声音："明天的这个时候，汤姆就一定好了，然后他一定会嘲笑我是个杞人忧天的家伙。"

　　天亮了。我也希望随着太阳升起，一切问题就会自动解决。然而情况并没有丝毫起色。汤姆还是什么也吃不下，而且越来越虚弱，脱水也越来越严重。

4. 第一急救

  我不想完全忽略汤姆不愿看医生的意见。因为我知道即使在现在这样的情况下，他也一定会大发雷霆。退而求其次，我做了第二选择。我给我们共同的朋友兼同事罗伯特·斯库里（Robert Schooley）博士发了个短信。他是我们UCSD感染科的主任，大家都叫他"奇普（Chip）"。奇普和我都是科室主任，常常由于工作的关系见面，因而私交甚好。他和汤姆也很熟。他和汤姆都具有非常独特的冷幽默性格，喜欢在一起畅谈各自旅行中的逸事。作为一名医生和科学家，奇普有着敏锐的洞察力，对待工作严肃而认真。这些品质使他成为传染病领域的国际领袖。而在生活中，他又是一个热情洋溢、才华横溢的人。

  奇普早在2008年就救过我和汤姆一次了。那一年我和汤姆去印度西部的果阿邦(Goa)过感恩节，结果双双感染了奇怪的皮肤病。在我们刚回到家的时候，我和汤姆的胳膊和腿上都长了好几个疖子。刚开始看起来只是像巨大的青春痘，后来就发展成了大脓包，那些脓包仿佛自己有着生命一般，不时跳动着隐隐作痛。更要命的是，它们对抗生素药膏完全没有反应。我立刻警觉起来。

  "我敢打赌这是'MRSA'。"我跟汤姆说。"哦，是吗。"汤姆故作紧张地嘲笑我，"如果真的是'MRSA'的话，那我们要赶紧看医生啊。"

  "那不就是葡萄球菌的一种吗？"汤姆一边看着自己小臂上绿色的大脓包一边漫不经心地回答，"你不能买点更强的药膏吗？"

  "MRSA"的确是葡萄球菌的一种，但它对于一直以来用于治疗它的抗生素

甲氧西林 (methicilin) 已经产生了抗药性，这也是为什么它被称作"MRSA"的原因——耐甲氧西林金黄色葡萄球菌 (Methicilin-Resistant Staphylococcus aureus)。它是20世纪60年代初在英国发现的第一种耐抗生素的"超级细菌"，从那之后，它迅速蔓延到全世界。我们很有可能是在阿拉伯海游泳的时候感染了这种细菌。现在回想起来，除了我们，没有任何一个人在那片水域游泳，可当时我们竟忽略了如此明显的警示信号。

我们在果阿邦住的酒店毗邻一大片贫民窟。远处，隐约可以看到几艘巨大的油轮正在将船里的废物往海里倾倒。可我们当时也并没有在意。说到底，这是海洋，对吧？这里是数千种海洋生物的栖息地。可谁又想过海洋更是微生物的繁衍圣地，海洋中细菌的数量可能是宇宙中恒星数量的一亿倍。我们早该意识到海水很容易就会被周围环境中的有害细菌污染。

在2008年左右，MRSA在当时的新闻中铺天盖地。其中一些备受关注的案例表明，这种细菌和其他对抗生素有耐药性的细菌有可能导致坏死性筋膜炎 (flesh-eating disease)[1]，不少人因此而死亡或者截肢。汤姆因而认为我有点小题大做。但由于感恩节假期即将到来，我说服他，我们至少应该找奇普来看看，听听他怎么说。那天下午，奇普来到了我家。如果你记得《疯狂杂志》(*Mad Magazine*) 的封面人物阿尔福瑞德·E.纽曼 (Alfred E. Neuman) 的话，奇普长得有点像上了年纪的纽曼。他并没有纽曼那样突出的耳朵，但脸上也总带着一丝笑意，让人如沐春风。他前一阵去了莫桑比克 (Mozambique)，并在那里建立了一个新的医学教育项目。我很少看到奇普不穿白大褂的样子，但他那天刚刚从莫桑比克回来，还穿着短裤和T恤，布满雀斑的脸上显出健康的古铜色。

奇普把手伸进口袋，掏出两只手套戴上。我把连衣裙的下摆稍微掀开一点，将腿上的疖子给奇普看。

"哇，那就是MRSA，"奇普一边咯咯笑着一边说，"我不需要再走近看了。当然，正式的诊断需要几天的时间，因为得做细菌培养。但你们需要立刻开始

1　坏死性筋膜炎 (flesh-eating disease)：又称噬肉菌感染。

对症使用一些抗生素。我估计这大概是阿拉伯海送给你们的超级细菌纪念品，但好消息是，像这种来自自然环境的MRSA通常对于口服抗生素依然敏感。真正棘手的是那些在医院里感染的超级细菌。因为那些细菌正是在最适宜发展耐药性的环境下繁殖出来的。"

还算幸运，口服抗生素两周后，我们的疖子就渐渐干了，尽管我们因为不想把病菌传染给别人而错过了那年的感恩节晚餐。6个月后，免疫系统彻底清除了细菌，我们痊愈了，并立刻将这段经历抛诸脑后。唯独在每年例行的牙科检查的时候，我总是不忘提醒牙医，我们曾经感染过MRSA——这是我们避免痛苦的深度口腔清理的必杀技。

7年后的今天，奇普又一次扮演了第一急救的角色。这一次他又是在去莫桑比克做项目的路上，手机信号不太好，但我还是从简短的对话中抓住了重要的信息：给医生打电话。他认为我关于食物中毒的推论听起来很合理，但即便只是食物中毒，以汤姆现在的情况，至少需要输液补水。汤姆当然还是不断抗议，我则顺理成章地假意将责任都推卸到奇普的身上，然后请哈立德立刻联系医生到船上来。

大概在1小时后，布西里（Busiri）医生来到了船上。他提着一个老式的黑色皮革医疗包，穿着一件崭新的白大褂。白大褂下面，深绿色的衬衫整齐地塞在熨烫得十分平整的西裤里。他又高又瘦，胡子刮得干干净净，看起来十分精干。要想到达我们的房间，得跨过3艘游轮，再爬上3层狭窄的旋转楼梯，但他丝毫没有抱怨。他与我握了握手，热情地笑了笑，然后转向汤姆。此时的汤姆面色苍白、一身虚汗，无力地躺在床上。布西里医生迅速而镇静地测量并记录了汤姆的生命体征——体温、心率、血压——然后拿出笔记本，开始询问汤姆的病史。

"心脏病史有吗？""糖尿病呢？"汤姆没有心脏病史，虽然血糖稍高，但没有迹象表明这与这次的肠道症状有任何联系。

"他需要静脉输液。"布西里医生总结道。他将听诊器从耳朵上拿下来，然后伸手去拿随身带来的一根折叠静脉输液杆。"我怀疑这是食物中毒，所以给他开了一些庆大霉素（gentamycin），这东西通常挺见效的。"他将止血带绑在汤姆的胳膊上，轻轻弹了弹注射器，将里面的气泡排出去，然后给汤姆臂弯处的静脉消了消毒。当针头插进汤姆的静脉时，他的胳膊微微缩了一下。"补液会让他舒服一些的。"布西里医生边说边将输液袋绑在输液杆上。"我觉得他晚饭前应该就能下床了。"

我松了一口气。布西里医生在我们这里待了将近1小时，直到最后一滴生理盐水和抗生素流进汤姆的手臂才起身要走。"如果他的情况还没有好转，就给我打电话。"他说。我把他送到门口，付了钱，又再次感谢了他。

汤姆又睡了几小时。晚餐时分我想叫醒他，他呻吟着将我推开，说还想睡。

"你觉得好一些了吗？"我问他。他摇摇头。我哄着他想让他喝点汤，但他什么都不想吃。

汤姆的胃现在看起来就像一个胀大的气球。在接下来的几小时里，他还在不停地呕吐。他已经有将近24小时什么都没吃了，却这样无休止地呕吐，这简直是件不可能的事儿。

"我的后背疼死了。"汤姆小声呻吟道。

"后背吗？"我有些吃惊，因为这绝对不是食物中毒的症状。他躺了一整天，难道是卧床太久的缘故？还是别的什么原因？我正想着，汤姆又流露出了十分痛苦的表情。

"嗯，那种疼，就好像……好像顺着一条线从我的胃辐射到后背。"

这种症状听起来有点熟悉，但我想不起在哪里听到过。过了一会儿，当我闭上眼想打个盹时，忽然想起来了。几个月前，我们的一只名叫居里夫人的猫忽然停止进食并不断呕吐。几天后，当我将它抱进小筐想带它去看兽医时，无意中碰到它的腹部和背部，它疼得不停地嚎叫。兽医的初步诊断是胰腺炎，虽然并不确定病因。没过几天，可怜的小居里就去世了。诚然，猫的解剖结构和人相差甚远，但会不会汤姆并非食物中毒，而是胰腺炎呢？我做了一件任何人此时此刻都会做的事——掏出手机，用搜索引擎搜索"胰腺炎"。几秒钟后，我的搜索有了结果，显示出以下症状：呕吐、胃痛、背痛。见鬼！

我赶快又给奇普发短信。

"有空吗？汤姆的情况更糟了，他现在开始背疼了。有可能是胰腺炎吗？"

奇普5分钟内就回了短信，让我给他打电话。当我把汤姆的情况跟他汇报后，他的语气一下子严肃起来。

"有可能是胰腺炎，也可能是肠扭转，还可能是其他更糟的情况。赶快送他去医院——记住，要去那些外国人和游客去的医院。听我说，斯蒂芬妮——现在就打电话，要快。"

我吓坏了。挂了电话，我叫醒汤姆，告诉他这次不能听他的了，我们得去医院。我不可能一个人把他从旋转楼梯上弄下去，穿过3艘游轮，再在一片漆黑中沿着楼梯爬到甲板上，叫一辆出租车去某个当地的医院。我们需要一辆救护车。可是在卢克索并没有急救电话这一说。事实上，整个镇子甚至都没有医院。我只好给哈立德打电话，哈立德又给布西里医生打了电话。他坚持要再对汤姆进行一次检查再确定下一步行动。当布西里医生到达时，已经是晚上11:30了。再次测量汤姆的生命体征后，他眉头紧锁。

"他的心率仍然非常高，血压也在下降，我们得马上送他去医院，"他镇静地低声对我说，"你的丈夫快要休克了。"

我也快休克了。

5. 交流困境

埃及，卢克索

2015 年 11 月 29 日—12 月 3 日

像是在执行某项疯狂的午夜任务一般，汤姆被绑在轮床上，8 个人像抬棺材一样紧紧抓住轮床，抬着汤姆爬过 3 艘停泊的游轮，爬上古老的石阶，来到装货码头。在码头的最高处，救护车在一片黄色的闪光灯中等待着。一群旁观者站在那里看着眼前的情境，在那些人将汤姆和担架都抬上救护车时，还好奇地往里面张望。哈立德帮忙将汤姆抬上救护车，然后又跑回自己旅行公司的车。他得开着自己的车前往医院与我们汇合。我则与布西里医生一起爬上救护车，坐在汤姆身边。

通往诊所的路坑坑洼洼，颠簸不平。车子每颠簸一下，汤姆都疼得叫唤。

"不能给他点止疼药吗？"我问布西里医生。

"得在确诊问题出在哪里之后。"医生回答。

想到马上就能得到诊断结果，我稍稍安心了一些。我的想法是，一旦知道问题是什么，总会有解决办法的，对吧？

凌晨 1 点，救护车终于开到了诊所。这条街看起来像是一条交通要道，但此时此刻，街上几乎空无一人。候诊室很小，在它后面是一条过道，通往几个较小的房间和一间用双开弹簧门隔开的手术室。我环视一圈周围简陋的环境，

完美捕手：与超级细菌搏斗的惊魂之旅

一种不祥的预感涌上心头。汤姆被担架抬进手术室，我和布西里医生紧随其后。房间里到处都是空床，其中几张铺着薄薄的床垫。

等在那里迎接我们的是诊所的胃肠科医生、放射科医生以及心脏科医生。他们是被紧急叫到医院来处理"涉及游客的紧急病例"的，因而都睡眼惺忪。他们都对布西里医生毕恭毕敬，因为他是这家诊所的医务主任。这家医院刚刚建成一个月，在附近一个更大的医疗中心完全建成之前，这个空间充当了临时的治疗中心。我不知道这里的简陋仅仅是因为它的临时性，还是反映了这里极为有限的医疗资源。

工作人员立刻忙碌起来，测量汤姆的生命体征，将他接到心电监测仪上，并开始抽血化验。

"为什么我们在手术室里？"我问。听到自己声音里的恐惧，我更加不安了。

"因为我们的心电监测仪放在这里。"布西里医生不好意思地回答。这是整个诊所唯一的一台心电监测仪。"但在这里，汤姆能够得到更尽心的护理，因为这旁边就是护士站。"布西里医生的话让我稍稍放心了些。

"你们在给汤姆做什么检查？"

"我们在抽血检测心肌酶。"布西里医生回答。我当时大脑一片空白，相信脸上也是。"为了排除心脏病的可能性，"看到我一脸茫然，他进一步解释说，"从他目前的体型来看，风险很大。"布西里博士指了指汤姆的肚子，它看起来比几个小时之前更大了。我之前完全没有考虑过心脏病发作的可能性。听了他的话，我又开始害怕起来。

"我们也会检测脂肪酶，用来诊断胰腺炎。这些结果应该1小时之内就能出来。"

在离开之前，他又做了个手势，指示胃肠科医生从汤姆的右鼻孔插入一根短而灵活的透明导管。

"那是用来干什么的？"我问。

"那是鼻胃管，可以防止他再呕吐。"布西里医生回答道。与此同时，胃肠科医生已经完成了这个简单的操作。管子从汤姆的食管蜿蜒伸到他的胃里。不一会儿，管子里出现了一种隐隐发绿的褐色液体，这些液体被虹吸到一个挂在他身边的透明收集袋中。

"胆汁。"布西里医生说。

看到这一幕我不禁打了个寒战，然后忽然发现汤姆在看着我。平时，即便在最坏的情况下，汤姆也总是第一个开玩笑打开局面的人。现在，我觉得自己什么忙也帮不上，唯一能做的只有试着让气氛稍微轻松一些了。

"嘿，亲爱的，你觉得这像不像阿努比斯神在用这个管子吸你的大脑。"听了我的话，汤姆吓得眼睛睁得大大的，好像没有发现我在开玩笑。我心念一动，仔细地观察他的表情，意识到他是真的害怕。现在想来，那时候，汤姆已经开始有些神志涣散了。

布西里医生看着我，对于我拙劣的幽默感表示怀疑，然后换了个话题。

"你有医疗保险，对吧？"

我点点头。

"最好还是给你的保险公司打个电话确认一下。"

这次旅行前，我和汤姆每人花了36美元买了我们学校提供的旅行保险。我现在只希望它能足够我们应付接下来的难关。此前，我们在旅行中还没用到过保险。我把手机插到手术室墙上的一个插座，想在打电话之前给手机充下电，但发现插头是坏的。又换了一个插头，依旧如此。我最终在房间的另一端找到了一个能用的插座，可需要一直举着手机才能接上电。

在UCSD，我是全球健康专家——奇普戏称我为"大佬"。可在这个资源极度紧张的小诊所里，再大的大佬也只能变成一个普通人。在我们的医疗体系和医疗结构中，人们很容易认为许多东西都是理所当然的。可在我现在身处的这个国家里，连医疗活动所需要的最基本的资源——比如可靠的电力供应或者常规药物供给——都并不是那样容易就能得到的。

一个小时过去了。汤姆时而清醒时而昏睡，电话信号和网络信号忽好忽坏。我开始意识到情况的严重性，自己的知识和经验又是多么有限，信心也开始动摇了。终于，布西里医生推开了那两扇门，带着胜利的口气喊着："诊断结果出来了！"

汤姆的脂肪酶水平是正常的3倍，这证实了是急性胰腺炎。布西里医生解释说他仍然需要进行CT扫描来排除肠梗阻，但这需要等到明天早上了。因为唯一能够做CT的诊所离这里大概有十几分钟路程，而且我们还需要等待其他人取消预约才能让汤姆补位上去。

"至于现在，"布西里医生说，"先好好睡一觉吧。"

布西里医生走出去的同时，一名女护士走了进来，用阿拉伯语和我打招呼。她穿着阿拉伯传统服饰，从头到脚裹得严严的。哈吉布盖住了她的头，遮住了她的脸，这让她黑黢黢的眸子更加明显。在她的帮助下，我给汤姆找到了一床被单和一个枕头，又拿自己的几件运动衫卷了卷做了个临时枕头。我在紧挨着汤姆的一张轮床上躺下来，勉强算是同床共寝吧。

汤姆被注射吗啡后，疼痛有所缓解，终于进入了深睡眠。我看着汤姆，耳边是他的呼吸声，监视器持续不断的滴滴声，护士们为了照料其他病人而来往进出时双开门的吱吱呀呀声，以及一个负责清洁的年轻人窸窸窣窣的拖地声。痛苦的声音不需要翻译。对于我们所有人来说，这都将是一个漫长的夜晚。

护士们每隔一段时间就会进来，测量汤姆的生命体征，再在病房外相互交谈商量。他们只会说阿拉伯语，而我不会，所以没办法从他们那里了解到汤姆的情况。医生们倒是都会讲流利的英语，因为他们大多数都是在开罗接受的医学训练。但即便如此，我还是发现，他们用来描述汤姆情况的医学术语还是像另外一门外语一样难懂，每一次检查都带来一张新的词汇表。抽血是为了测量血液中的生物标记物，也就是血液中自然存在的一些化学物质。还有一些术语，比如胆红素，肝功（也就是肝功能测试），也总出现在对话中。肌钙蛋白是一种心肌酶，需要定期检测。CRP全称C反应蛋白，标记了炎症情况，在汤姆身上远高于正常水平。在这门医学速成课上，生词意味着新的问题。

这里所有的护士都是女性，穿着传统的哈吉布。其中几名最年轻的护士还在长袍外套着一件短款毛衣，穿着高跟鞋，这些给她们带上了一点西方的时尚气息。虽然她们只有脸露了出来，但眼睛上都擦着黑色的眼影粉和睫毛膏，嘴唇上则涂着醒目的红色唇膏，闪耀着光泽。只要医生在场，她们就会卖弄风情般咯咯地笑，很少注意我们。她们的样子和我形成了鲜明的对比：此时的我素面朝天，扎着脏兮兮的马尾辫，穿着皱巴巴的T恤、休闲棉裙，还有人字拖。我的手包深处有一本《时尚》（Vogue）杂志，那可能是我这几天来能接触到的唯一与时尚沾边的东西。

为了不吵醒汤姆，我躲在手术室的角落里给旅行保险公司打电话，向他们解释我们的困境。我通过邮件将布西里医生介绍给他们，以便协商如何付款。然后，我给家中的卡莉和弗朗西斯发了短信，告诉她们爸爸病了，但目前为止一切尚在控制之中。我希望我的估计是对的。卡莉三十出头，弗朗西斯二十多岁，过去的十几年里，她们富有冒险精神的父亲进出医院的情形不在少数，她们对此也都并不陌生。运气好的话，汤姆在这里治好病，我们在一两天内飞回家。尽管表面上看起来有些不切实际，但从汤姆以往的运气记录来看，这期望倒也不是完全痴人说梦，毕竟他曾经有过不少次比这更糟糕的经历，但他都挺了过来，直到现在还活蹦乱跳的。

我闭上眼睛暗自在内心祈祷。上帝，求你了，求你让汤姆脱离险境，求你带我们平安回家。我能听到走廊上其他患者在呻吟或者呕吐。似乎每一个人都在痛苦地叫唤，汤姆也不例外。他每隔几小时就会醒来一次，痛苦地捂着肚子。如果我不主动申请，护士不会给他用任何止痛药。在美国，止痛药到处都是，甚至常常被过度使用，这造成了鸦片类药物的滥用危机。而在这里，由于药品短缺，他们对止痛药的使用节省到有些过分的程度。我已经尽量减少我的请求，但汤姆的痛苦越来越严重。

早上，布西里医生过来跟我们打招呼，他看起来好像也一宿没睡了。他帮忙搞定了保险公司，成功地用旅行保险来支付这笔治疗费用，我松了一口气。他又给汤姆进行了检查，然后给他开了新一轮抗生素。他把这种抗生素称为第三代头孢菌素（cephalosporin），但我知道这不过是青霉素的又一个衍生药物，而青霉素是苏格兰科学家亚历山大·弗莱明（Alexander Fleming）在1928年发现的第一种抗生素。这刚巧是科学史上我最喜欢的故事之一：弗莱明划时代的发现彻底改变了全世界对于细菌感染在20世纪的治疗方式，它的影响力是极为深刻和深远的。

1928年，弗莱明已经是一位受人尊敬的科学家，但他实验台的清洁程度可是不敢恭维。当然，我在这一点上做得也不怎么样。我很早就放弃成为微生物学家，就是因为从做暑期学生开始，我就不断地污染实验样本。在弗莱明的实验室里保存着一些琼脂培养基。琼脂培养基是一种像果冻一样的东西，是培养细菌所需的一种理想的营养物质。根据弗莱明的描述，他在度假前忘记将培养皿的盖子盖上。几周后他回来的时候，其中一个培养皿的培养基上布满了毛茸茸的绿色绒毛。大多数科学家可能会直接将那些培养皿扔掉，然后暗自提醒自己以后多注意。如果这样做，就恰恰与科学历史上的一个重大发现擦身而过了。弗莱明是个敏锐的观察者，他注意到了一些不同寻常的事情。在绿色霉菌周围的琼脂上，他发现一片没有细菌生长的干净区域。根据他后来的描述，周围的菌落看起来"正在溶解"。这一发现为弗莱明在1929年发表的一篇论文奠定了基础，这篇论文研究了青霉菌（Penicillium notatum）对革兰氏阳性细菌的抑制作用，他还将这种活性物质命名为青霉素（penicillin）。革兰氏阳性细菌（Gram-positive bacteria）以一位姓格莱姆（Gram）的科学家的名字命名。他发明了一种测试方法来对细菌进行分类。革兰氏阳性细菌包括葡萄球菌（Staphylococci）、链球菌（Streptococci）、炭疽杆菌（Bacillus anthracis）以及白喉细菌（Cornynebacterium），这些都是当时一些最致命的细菌。顺便说一句，革兰氏阴性细菌（Gram-negative）包括大肠埃希菌（E. coli）、沙门氏菌（Salmonella）、志贺氏菌（Shigella）以及军团菌（Legionella）。

你可能认为弗莱明的重大发现会让药物开发人员欣喜若狂，然后一头扎进去扩大青霉素的生产和应用范围。然而实际上，弗莱明很难让化学家们对他发现的奇怪的"青霉汁"感兴趣，因为事实上，人们很难稳定持续地大规模生产青霉素并获得利润。这在药物开发的历史上是个典型的例子，说明将新奇的科学发现从实验室转化到临床应用有多么困难。几年之后，弗莱明终于放弃了尝试。他并不是一个善于宣扬自己成就的人，因而他的论文在近十年间几乎无人问津。而与此同时，数百万人死于由普通细菌导致的感染。这其中就包括我的曾祖母，她在1930年左右死于阑尾炎，当时她的女儿——也就是我的祖母——才刚上小学。

20世纪30年代末，分离和纯化青霉素终于被另外几位科学家成功实现，这其中包括牛津大学（Oxford University）的霍华德·弗洛里（Howard Florey）博士，恩斯特·查恩（Ernst Chain）博士以及诺曼·希特利（Norman Heatley）博士。第二次世界大战的胶着时期，他们在艰苦的条件下工作，在纳粹轰炸的持续威胁下，他们在金属罐头盒、浴缸，甚至便盆里种植青霉，提取青霉素。而当人们意识到青霉素能够治疗脓肿、气性坏疽、破伤风以及白喉后，这种霉菌就被当成秘密武器一样看待了。由于害怕丢失这个特效神药，或者实验室在闪击战中被炸毁，希特利想出了一个天才的主意来保存菌种：他们将青霉菌擦在白大褂外面，这样，如果必要，青霉孢子能够复苏，菌种也就不会丢失了。

后来，弗洛里和希特利逃到美国，在这里寻求大规模生产青霉素的机会。之后，青霉素被用于治疗一位33岁的波士顿妇女安妮·米勒（Anne Miller）。她在流产后不幸被细菌感染，导致了严重并发症——败血症。青霉素将安妮从死亡线上拉了回来。1942年，安妮奇迹般的康复标志着抗生素治疗迈进了一个新时代，这也使医学发生了革命性的变化。1945年，弗莱明、弗洛里和查恩因发现青霉素而共同获得了诺贝尔生理学或医学奖。弗莱明当时就曾警告世人，过多或者过少使用青霉素都可能导致细菌对它产生抗药性。但他的警告并没有引起人们的注意，因为人们对这个世界上第一个"广谱"抗生素的兴奋压倒了一切。青霉素可以成功地治疗多种细菌感染，甚至是在它们被诊断出来之前。更糟糕的是，由于畜牧业是一个比医疗产业更为可观的市场，人们开始在畜牧业中大规模使用抗生素以促进牲畜生长，这最终成为引发广泛抗生素耐药性的关键因素之一。从家畜到农场工人、肉制品，再到消费者，在食物链中，耐药细菌将自己的耐药基因广泛传播给沿途各处的其他细菌。众所周知，现如今很多细菌已经对青霉素和多种其他抗生素产生了抗药性。这些超级细菌已经成为巨大的威胁，特别是在医院里。脆弱的患者群体构成了耐药细菌生长繁殖的肥沃土壤。此刻我唯一的希望是，如果是某种细菌感染导致了汤姆的胰腺炎的话，这种第二次世界大战时期特效药的第三代产品能够将它控制住。

布西里医生继续记录汤姆的病史，他看起来有些不安，但信心十足。他环视了一下四周，凑近汤姆，压低声音问道："我得问你一个敏感的问题，"他对汤姆说，"你喝酒吗？喝多少？多频繁？"他提问的方式和态度就好像美国医生在询问你是否注射海洛因一样。汤姆转了转眼睛，示意我可以替他回答。我现在已经渐渐习惯这一角色了。

"是的。"我说。我回答问题的态度可能有些太轻松了，但这是我们这两天遇到的第一个简单的问题。"我们喝红酒，经常喝。我可以非常准确地告诉你他喝多少。每天我们都喝一点，但我只让他喝一杯。"布西里医生将目光从汤姆身上转向我。

"你让他？"他摇摇头，似乎很不相信——不知道是因为我作为一个女人给男人发号施令，还是因为我作为一个妻子允许丈夫喝酒。不管怎样，他带着难以置信的表情笑着说："好吧，不要再喝酒了，他的胰腺现在非常敏感。"

汤姆忽然开口了，他的声音很低："那斯蒂芬妮会很高兴的，她早就想让我戒酒了。"他的幽默感显然没有受到影响，尽管除了我以外，其他人并不觉得这有什么好笑的。

那天上午稍晚些时候，我接到电话说现在有一个CT扫描的空位。我们赶快挤进救护车，紧紧地挤在汤姆轮床旁边。CT诊所在一个小型商业购物中心旁边，周围人声鼎沸，那嘈杂声让我想起我们之前多次去印度时的场景。人们像蜂群一样在周围忙碌着，一个少年骑着一辆大梁都弯了的自行车绕过救护车。几名妇女大步从旁边走过，头上顶着蔬菜，腰上挎着孩子。街对面，一名男子正拿着刀往一只倒挂在清真肉铺门口的山羊身上砍去。

CT诊所的门口有一排人在等候，许多人边踱步边抽着烟。队列的旁边有一窝小猫正在门口的台阶上吮吸它们母亲干瘪的乳头。汤姆的轮床到达的时候，猫妈妈不得不让开地方，它不情愿地走开，口中发出嘶嘶的声音。轮床由6

个人抬着进去，我和布西里医生紧跟其后。诊所里面，摇摇晃晃的塑料椅子摆满了候诊室，每个座位上都坐着一位头戴黑色哈吉布的妇女，其中几个瞪着我们。我能理解她们的愤怒——看起来我们好像在插队。可她们不知道的是，我们一直在诊所里等着，直到电话叫我们过来。当汤姆的轮床被推到后面的房间时，我抱歉地看着她们，但没办法向她们解释。

没法解释——这很快成为一种我无法摆脱的预感。这一切都无法解释，更无从掌控。一开始这似乎只是寻常的食物中毒事件，现在却变得如此不寻常，并令人不安。所有的一切都奇怪极了。汤姆是个特别结实的人。他本来一点事儿都没有，然后忽然一下就不行了。从汤姆生病到现在只有短短36小时，从船上到诊所，再到确诊胰腺炎，我们向前走的每一步都像是在向后退——我们想要走出这场危机，却在它的深渊中越陷越深。每走一步，我都离我的专业知识更远，对于如何帮助汤姆也更加无能为力。我们仿佛在奔向混沌之神阿波菲斯。

6. 青年党的上校

那天稍晚些的时候，我和汤姆并排躺在手术室里打瞌睡。汤姆躺在他的轮床上，我躺在另一张轮床上。哈立德忽然出现了，告诉我有一个旅游警察要见我。怎么回事？难道在埃及生病也是犯罪吗？哈立德向我保证说绝不会是这样，但任何涉及外国人的事件都需要被调查。

我被领进诊所的一个小隔间，哈立德站在房间的一角静静地观察着。阿齐兹（Aziz）警官坐在我前面，一根接一根地抽着骆驼牌香烟，心不在焉地摆弄他浓密的黑胡子。他是个大腹便便的中年男人，穿着一套普通的卡其布军装制服。在他的旁边，一支枪从枪套里伸了出来，这显然是不该出现在诊所里的东西。我不动声色，尽量显得冷静。其实在现在，他的问询以及他所拥有的阻止我们离开这里的能力比那把枪更有威胁性。阿齐兹满头黑发，浓眉大眼，威风凛凛，甚至有些吓人——我不知道这是不是我先入为主的想象。汤姆经常跟我描述大脑是如何理解感官输入的信息的。无论是听到的还是看到的，内在的偏见都有可能对这些信息加以过滤。

这是汤姆数十年来对精神分裂症的核心研究课题，但同样的现象其实也在每个人的日常生活中上演着，它塑造我们的感知、行为，甚至梦境。因而我试着压制住自己的恐惧，冷静下来，客观地思考我们当下的处境。

阿齐兹用蹩脚的英语问了我一系列问题，包括我们是否曾被埃及人袭击、抢劫或者下毒等。我向他保证这些事情都从未发生过。不但如此，我还向他强调我们得到了最大程度的照顾和尊重。阿齐兹警官一边面带微笑听我陈述，一边使劲地吸着他的骆驼香烟，将长长的烟灰弹到地上。结束的时候，他指着一份宣誓文件让我签字。那份文件有好几页，每一页纸都很薄，薄到几乎可以透过纸张看到下一页的字。文件从头到尾都是用阿拉伯语写的。

"我看不懂阿拉伯语啊……你们有英文版的吗？"我尽可能用最礼貌的口气询问，一边将文件推回给他。

"你必须签。"他回答，将文件推了回来。

当我再一次拒绝签字时，哈立德从角落里慢慢走上前来，向警官解释我的顾虑。他们讨论了几分钟后，哈立德终于让步了。他拿起那几页文件，很快地扫了一遍。

"没有问题，"哈立德说，"你应该签。"然后他低下声，继续说："他们只是不希望报纸上出现游客抱怨受伤或者被袭击的不良新闻。"于是我在文件上签了字，交还给他。我有些担心会后悔签了这个，但我更担心汤姆，如果我们不能到一个医疗设备完善的医院进行治疗，他恐怕很难活下来。

阿齐兹警官对我似笑非笑地撇撇嘴，将文件折好放进口袋，提提裤子、整整枪带，大步流星地走出门去。哈立德和我一起走回汤姆的轮床，边走边对我说，他将被公司召回开罗，但会把我托付给当地另一家靠谱的旅游公司，他们能够为我提供一切所需的帮助。他伸出手来要与我握手道别，但我上前给了他一个拥抱。我目送着哈立德走远，强忍住泪水。一瞬间，我感到无比孤独。

接下来的48小时里，尽管接受了静脉注射抗生素，汤姆的病情依旧持续恶化。我花了几个小时与旅行保险公司的客户代表打电话交涉，恳请他们同意我们离开这家诊所。在与保险公司的几名医疗人员交谈后，我了解到，要想让汤姆获得急救空运，我必须要证明他需要"更高水平的护理"。这有些微妙，因为我并不想冒犯这间诊所的医生和护士，他们确实已经尽了最大的努力。但现在汤姆的病情明显恶化了。即便在我和护士的帮助下，他都没办法步行到洗手间。鼻胃管继续吸出大量黄绿色的液体，他的呼吸变得更加急促。护士给他戴上了氧气面罩，以帮助他更好地呼吸。

起初，布西里医生似乎有信心他的诊所能够处理好汤姆的病症，但当放射科医生将CT结果交给他后，他原本自信的口气也变了。

"没有发现肠梗阻，"他语气缓慢，"但是，并发症的可能性很高，而且很可能在接下来的24~48小时内发生。"

"什么样的并发症？"我问。布西里医生的电话忽然响了，他明显松了一口气，借口接电话，赶快离开了。

我试着摆脱思绪里与时俱增的恐惧感，摆脱脑海中萦绕不散的隐形魔鬼。在我们一次次笨拙地通过CT扫描和血液检查来探测它们的过程中，那些孕育在襁褓中的魔鬼仿佛变得越来越强大。我给奇普发短信，告诉他诊断结果是胰腺炎，他马上给我回了电话。这一次他的语气并不像平时一样轻松。虽然他对于诊所医生开的药还算满意，表示如果是自己也会开同样的抗生素，但胰腺炎本身就是很严重的疾病，除此之外他还怀疑汤姆可能有其他未被诊断出来的病症。更加令奇普不安的是，他不知道这家诊所是否有足够的资源来处理任何可能的病因。奇普是20世纪80年代艾滋病研究的著名领导者之一。那时候我刚刚进入这一领域，曾经拜读过他的诸多研究著作。那些研究无一不是开创性的，并常常充满了远见卓识。他曾经告诉过我，他总是被巨大的挑战所吸引——一旦事情变得容易，他就会开始觉得无聊了。在这方面我们志趣相投，他对于解决医学难题的热情更是令我钦佩。但在当下，我真希望这一次汤姆的病例是非常无聊的，那将是我最大的幸运。

与汤姆不同，我可以吃下东西，也需要食物。我离开诊所找了点东西果腹，顺便将一些行李寄送回家。旅行保险公司的代理人卡罗尔（Carol）已经告诉了我，在急救空运的飞机上，每个人只能带一件随身行李登机。而当你唯一真正关心的"随身行李"是轮床上那个不可替代的人时，你会惊讶地发现，自己对其他所有的东西是多么不在意。

寄送完行李，我回到诊所。刚刚从前门走进去，我就听到汤姆的吼叫声，我急忙朝他的房间赶去。在汤姆床边的地板上有一滩尿液，而他正在怒吼。

"告诉他们我需要一个便盆！我说话他们听不懂！"

我转向一个护士，她正不知所措地站在那里。

"有便盆吗？"我说，"那种小便用的……"我指了指汤姆的私处。护士惊恐不安地摆摆手。

"拉，拉！不！不！"她边说边后退几步，然后开始用阿拉伯语长篇大论地说了起来。

我猛然间意识到她一定是以为我要让她触摸或者看一看汤姆的私处，这对于她们而言是极大的禁忌。与此同时，汤姆无力地将一张纸扔给我。他曾经试图给她画一个豆状的肾脏来解释自己的请求。要是在别的时候，我和汤姆肯定都会笑得前仰后合，但眼下，这绝不是闹着玩的时候。

忽然，一个医生出现了，是被护士叫来的。我认出他是第一天来接我们的医生之一——阿伯德（Abboud）医生。他三十多岁，秃顶，几缕头发软塌塌地贴在前额上，更加映衬着他的疲惫。他白大褂下面的衣服看起来蓬乱不堪，似乎刚刚睡醒。我向他解释说，在过去的几个小时里，汤姆一直想要一只便盆但没有成功，这才造成了地上的一滩尿液。

"我告诉过她们用谷歌翻译！"阿伯德医生暴跳如雷，厌恶地举着双手。

"谷歌翻译不出来！"汤姆也吼道。

阿伯德医生用阿拉伯语将汤姆的需求告诉了护士，护士走了出去。不一会儿拿着便盆走了进来。这是这间诊所唯一的一个便盆，可它居然是漏的。正在此时，我的手机响了，是旅游保险公司的卡罗尔打来的。我将早上发生的事告诉了卡罗尔，就听到电话另一端的她在疯狂地敲着键盘。随即她要求与医生通话。阿伯德医生拿着我的手机消失在大厅里。半小时后他回来了，将电话交还给我，电话还通着。

"那位医生说你的丈夫精神不正常。"卡罗尔告诉我。

"什么？这太荒谬了。"我大呼，然后转过身去，不让汤姆听见电话里的声音，不然他会发怒的。汤姆确实病得有些迷糊，但精神不正常？不可能。

"我来跟汤姆聊聊。"卡罗尔提出要求。当汤姆与卡罗尔交谈时，我在一旁听着，试图从汤姆的只言片语中猜测整个对话并了解卡罗尔想知道些什么。汤姆的回答多半都是"是"或者"不是"。当他试着换一个更舒服的姿势拿着电话时，我看到他疼得直吸气。"我不记得了，"他对卡罗尔回答了一个我没有听到的问题，然后转向我，"她问我上一次服用止痛药是什么时候。"

我看了看墙上的挂钟：上午10点。"昨天晚上的某个时候。"我告诉汤姆，汤姆又重复给了卡罗尔，我听到电话那头卡罗尔的声音越来越大。"她说要再和医生谈谈。"汤姆将电话又递给了我。

我去找阿伯德医生，发现他在更靠里的一间屋子里，屋里有一张小床，床上铺着一条毯子，还有一个枕头。他从我手里抢过电话，气急败坏地将我赶走，并关门将我挡在门外。几分钟后，他走了出来，恼羞成怒地将电话扔还给我。我回到手术室，希望我的手机电池还能再坚持几分钟。电话那头，卡罗尔依旧怒气冲冲。平静了一会儿后，她沉下嗓音，用正式而严肃的口吻宣布自己的结论："我已经证实，您丈夫的疼痛没有得到充分控制，诊所里的医疗设备不足以满足他的治疗需求。"

这个坏消息此时此刻听起来却好极了，因为这正好为保险公司提供了理由来证明急救空运的合理性——只是很可惜，实情确实如此。剩下要做的只有等待。卡罗尔的团队需要时间来受理这一急救空运请求，获得他们医疗主任的许可，确定将汤姆送往哪个医院——可能的接收地点包括伦敦、伊斯坦布尔，以及法兰克福——最后安排飞机将他送走。

接下来的几小时过得很慢，甚至让我以为墙上的钟坏了。汤姆依然接受着抗生素治疗，只是为了以防万一。这与在美国的情形很像，医生随随便便就开点抗生素给患者，预防可能出现的感染。但看起来在汤姆的身上，抗生素的作用微乎其微。通常情况下，如果抗生素有效的话，几天内就会起作用。然而汤姆却毫无好转的迹象。他的疼痛依旧，从胃里流出来的浑浊液体还在通过鼻子里的鼻胃管流到挂在床边的收集袋里。没人知道究竟是什么引起了他的胰腺炎。

幸好我从奇普那里还是听到了一个好消息。他认识法兰克福一家顶级医院的医学主任，而如果我们去了伦敦，他在伦敦的同事也可以帮忙。我一边将这些信息告诉给汤姆，一边重新整理了我们的行李，准备出发。我们的行李袋还是太重了，所以我将《时尚》杂志和一些化妆品都留给了那些追求时尚的年轻护士，希望她们能够用得着。

旅行保险公司给我发了几页文件，需要我签名后传真或者回邮件交给他们，但诊所里没有传真机或者扫描仪。我花了几小时才找到一家可以帮我完成这件事的酒店。这点点滴滴的障碍和不便都不断提醒着我，当地人要在这里日复一日地生活是多么不容易。

谢天谢地，我出去的这段时间汤姆睡着了，但他睡得并不深，这一点我刚刚回到他的床边就从他的表情中分辨出来。汤姆醒来后，朝我的方向挪了挪。他的眼睛瞪得圆圆的，瞳孔也大大的。"他们在我身上做实验，"他压低声音，"那个医生——他刚才要往我的氧气面罩里吹水烟！"我用难以置信的表情看着汤姆，他直直地看着我："你不相信我。"他的口气里满是责备。

我确实无法相信汤姆，但承认这一点只能让他感到更疏远。也许医生并没有说错：汤姆开始精神失常了。那么，如果神志正常的汤姆在研究中遇到一个精神分裂症患者，他会如何处理？

"亲爱的，"我说，语气尽量平静，"我相信与否并不重要，重要的是你是否相信。所以，如果你相信医生在往你的氧气面罩里吹水烟，你就会紧张焦虑，也休息不好。我会一直在你身边，保证不会有人对你做任何事，好吗？明天一早急救空运就来了，我们就能离开这里了。这是我们在这里的最后一晚，我们一起加油撑过去。"这段话似乎稍微安抚了他。我从手包里找出他的降噪耳机，帮他戴上。汤姆终于闭上眼睡着了。

和卡罗尔的通话结束12小时后，我的电话又响了。急救空运的理由得到证实，两名医生将在第二天一早到达这里，评估汤姆的情况是否适合乘飞机。如果一切顺利的话，我们会在当天乘坐一架配备了医疗运输设备的小型利尔喷气式飞机被送往法兰克福的一家医院。我发短信将这一消息告诉了奇普，还有汤姆的女儿们。

可我刚刚闭上眼睛想小憩一会儿，汤姆就惊慌失措地把我叫醒了。

"斯蒂芬妮，斯蒂芬妮，醒醒！"他焦虑地环顾四周，好像在看周围是否还有其他人。但这里只有我们两个人。"上校来了！他们会杀了我的！我们必须离开这里！"

"你究竟在说什么？什么上校？"汤姆这是得了妄想症吗？还是幻觉？

"索马里青年党上校！"汤姆尖叫着说。

天哪！好吧，毫无疑问，我的丈夫精神失常了。我该怎么办？接下来的半个小时里，我试着和汤姆低声交谈。汤姆越来越激动。我看得出他在发热：有时他要求开空调，有时又冷得发抖，还坚持说在我睡觉的时候，一个护士过来警告他说上校要来了，让他赶快逃跑。

"但是亲爱的，护士们只会说阿拉伯语，记得吗？"我小声平静地提醒他，祈祷着这样能够说服他放弃自己异想天开的想法。汤姆眨眨眼，仰面向上，眼睛望着天花板思考着。

"好吧，你说得对，"他终于开口了，"但那个人要给我放水烟，这绝对没错，我非常确定。"一分钟过去了，汤姆依旧盯着天花板。"天哪，我是不是疯了？我自己都不敢相信我自己！"他呜咽起来，这更加令我震惊。在此之前我只见过汤姆哭过一次，那是在他父亲去世的时候。

"你可以相信我，"我一字一顿地对他说，"我会保护你的。"我知道这听起来多么荒谬——简直没有比这更不符合事实的了。眼前的这一切都压在我身上，这是我有生以来最六神无主的一次。就像CT诊所台阶上那只嘶嘶哀号的猫妈妈一样，我本能地想保护汤姆，奈何心有余而力不足。

更何况，从来都是汤姆来保护我的，而不是我保护他。但听到我的话，汤姆终于平静下来，又睡着了。我在内心暗自祈祷。

第二天早上，汤姆变得更加虚弱，体温也越来越高。他不时地问我几点了，飞机到了没有，但他好像完全不记得现在是白天还是黑夜。我紧张地看着墙上的挂钟。终于，快到中午的时候，手术室的门忽然开了，两个女人大步流星地走进来。她们都有1.8米多高，穿着马丁靴，一副准备发号施令的架势。她们都背着装满医疗设备的黑色背包，用简短的带着德国口音的英语自我介绍。她们只说了自己的名字，一个叫安妮可（Anneke），另一个叫英格（Inge），是一家急救空运公司的医生。这家公司已经受到委托，要将我们运往法兰克福。她们一边测量汤姆的生命体征，一边用德语交谈。两名护士和阿伯德医生在一旁静静地看着。

"他上一次测血糖是什么时候？"英格用英文严厉地问阿伯德医生。

阿伯德医生迅速地翻看了一下病历本，答道："昨天晚上。"

英格和安妮可交换了一下眼神。安妮可画着20世纪80年代流行的电光蓝色的眼线，这让她的眼睛显得更大，神色也显得格外忧虑。汤姆的血糖值只有75，低得可怕。"这种情况下，他的血糖应该每隔4小时就检测一次！"安妮可厉声道，"他随时有可能陷入糖尿病性休克！"

阿伯德医生脸色煞白。"我们的设备和物资不足以支持进行这样频繁的检测。"他辩解道。安妮可转身面对他，严肃地说："那么，也许你根本就不该开这间诊所。"

面对此情此景，我为阿伯德医生遭受批评而感到尴尬，但同时又为汤姆没有得到妥善的治疗而愤怒——尽管我早就从种种迹象中有所察觉了。几分钟后，英格给汤姆注射了葡萄糖来提高他的血糖浓度，尽量稳定他的病情，为空运做准备。为了退热，安妮可给他开了吗啡静脉点滴和泰诺静脉注射。她们还开了另外一些我不知道是什么的神秘药物，这些药物都一个接一个滴进汤姆的手臂血管。接着，英格用德语对着手机讲话，大概是向等候在机场的飞行员通告消息。安妮可则转向我们，说出了我渴望已久的一段话。

"他现在的情况稳定，可以转运。我们马上就出发。"

当医生们忙着签署最后一份必需的文件时，我坐在汤姆身边，用一块凉毛巾擦了擦他的额头。他时而清醒，时而昏迷，但忽然睁了睁眼睛。"我看到的那些，你看到了吗？"他问。

"你看到了什么？"我小心翼翼地问。

"天使。"

"嗯，是啊，"我微笑地回答他，"天使在拯救我们。"

汤姆独白：插曲 1

　　"为了生存，你必须学会它。"我的父亲对我说。我相信他。他给了我一支0.22口径的步枪，带我去森林，教我射击、打猎，给兔子剥皮、生火。我们住在我母亲的祖父多年前搭建的小屋里。上山的路我了然于心——十岁时我就记熟了它，我知道，当苏联人向我们扔原子弹的那一天到来时，它会派上用场。我仿佛听到了空袭的声音——又或者是救护车的声音？同学们四下逃散躲避，但我知道我应该上路了，走60英里（1英里≈1.61千米），到山上的小屋去。在那里，我们能够找到出路，找到彼此，获得庇佑。

　　父亲的航海吊床拴在两棵古老的橡树之间，在这小小的安乐窝里，我能闻到腐叶和泥土的味道。腐叶层层叠叠围绕着我，像一张柔软的海绵地毯，我的祖辈们仿佛正踏着这地毯向我走来。

　　在家族的传说里，我的曾祖父在孩童时期沿着"血泪之路（Trial of Tears）"[1]背井离乡。我的祖父被做佃农的叔叔抚养长大，在16岁时离开家乡，参加了第一次世界大战。他们告诉我，世界也许会崩塌，但你会活下来。他们还说，置之死地而后生是刻在你骨子里的悲凉而强大的家族基因。我懂得这是他们对

　　1　"血泪之路（Trial of Tears）"：19世纪30年代美国人逼迫印第安人离开东部故土来到西部，这一大移民所经过的路线就是美国西部开发史上著名的"血泪之路"，这6年间一共有9万多印第安人被迫移居西部，其中很多人死在"血泪之路"途中。

我的希冀与祝愿，但并不是药。我想知道，如果这基因真的存在的话，它究竟写在我的DNA的哪里？我得问问斯蒂芬妮。我能感到世界正在崩塌，从里到外。

7. 危险的不速之客

法兰克福歌德大学医院(Goethe University Hospital，Frankfurt)

2015 年 12 月 3、4 日

经过 6 小时、3000 英里的飞行后，我们在波斯尼亚（Bosnia）短暂地停留了一会儿，为这架小型飞机加油，然后再次起飞。再次停泊时，我们已经到了法兰克福的一个军用机场，此时已经入夜。为了控制疼痛以及方便空运，这一整天汤姆都在药物的作用下处于沉睡状态，不省人事。一辆等候已久的救护车绕过傍晚繁忙的车流，驶入占地广阔、高楼林立的歌德大学医院园区，当地人管这里叫"联合医院(The Uniklinik)"。

这所医院始建于 1914 年，是一间体量巨大的研究型医院，更是一所顶级医疗中心。如果说埃及卢克索的诊所象征了现代医学在资源匮乏情况下所面临的挑战，这间联合医院则是数百年历史积淀和先进西方医学技术共同造就的里程碑。那由钢化玻璃和钢筋混凝土组成的富有时代气息的流线型大厦代表着德国工业的最高水准。在这里，英格和安妮可正式与我握手告别，并祝我和汤姆好运。

汤姆现在看起来感觉平静了一些。他身处由高科技监视设备的线路和输液管组成的网络中，依旧面色苍白、满脸虚汗。监视器追踪着汤姆若有若无、细若游丝的生命体征，充满营养液、抗生素、止痛药的静脉输液袋像圣诞树上的挂件一样挂在戴滚轮的输液架上。医护人员进进出出，汤姆也时而清醒、时而迷糊。每次进来的人都戴着防护手套，穿着一次性的塑料隔离服，离开时再将手套和隔离服都扔掉。他们持续不断地检测汤姆的体温、心率、血氧浓度和血压。我看到屏幕上体温读数显示39.2摄氏度，知道他在发热，可其他的读数对我来说则如同天书。医生为汤姆又增加了一条新的静脉通道，输入营养液和抗生素，连通鼻胃管的胆汁收集袋也被换成了一个更大的。

汤姆忽然睁大了眼睛，我也立刻注意到他的这一反应。

"我的头从来没有这么疼过。"汤姆呻吟着。豆大的汗珠从他的额头滴下来，我赶紧为他要了更多的止疼药。他头痛欲裂，全身的骨头也在痛。"并且我现在简直饿得要命。"他说着说着忽然停住了。我想此刻我应该成了他的焦点，因为他将我从头到脚仔细地打量了一遍，然后得出了结论。

"你看起来糟透了。"他说。这倒是实话，我现在确实是蓬头垢面，这两天一直穿着同一件皱巴巴的衣服。坦率地讲，我觉得这件衣服都有点臭了。我呵呵一笑，想起我母亲常用来反驳我的话：五十步笑百步。

"那你呢？就像《智族》（GQ）杂志中某一页的男模特？"他平时修剪得整整齐齐的山羊胡已经5天没刮了，幸好护士们帮他清洁了全身，换上了一件崭新的带着圆点花纹的蓝色病号服，还给他穿上了配套的蓝色袜子。他低头瞅了一眼自己的衣服，一脸困惑的样子。

"这一切都是什么时候发生的？"

他环顾房间四周，试图捋清思绪——他关于我们在哪儿的最后记忆是卢克索诊所四壁萧条的手术室，而现在，我们身处一个一尘不染的高科技病房里，每平方英寸（1平方英寸≈6.45平方厘米）都挤满了复杂的医疗设施和监测设备，大批医生、护士、护工都身着熟悉的西方现代化的刷手服和制服，忙碌地进进出出。走廊外面德国人低声说话的声音几不可闻，但却让人有一种身处人群中的安全感。

"我们在哪里？"汤姆试探性地问。

我还没来得及回答，他那放大的瞳孔就忽然移到病床对面的墙上。他睁大眼睛，盯着白色的墙壁，目光慢慢向上移动到天花板，又慢慢移动下来。

"你在看什么？"

"那些象形文字啊。"他说着，用下巴指了指我们面前的墙壁。

我看了看墙，又看了看他。他依然凝视着空空如也的墙壁。

"汤姆，我们现在在德国，在法兰克福的联合医院里。奇普说了，这里的胃肠科是国际上数一数二的。我们的运气终于开始变好了，你会没事的。"我的语气又轻又慢，好像在和一个上幼儿园的孩子讲话。如果汤姆此刻神志正常的话，我的态度一定会让他觉得有伤自尊。"他们正在讨论确定应该将你分配到哪个病房，所以现在让我们暂时待在检查室里。"

"那为什么墙上会有象形文字呢？"他问道。

我停顿了一下，看着他的眼睛，试图寻找一丝理智的迹象。

"没有啊，亲爱的。"

"怎么没有，你看，"他坚持说，"它们很浅，但就在那儿。天花板上也有。在这儿——你把你的手放在墙上。"他说着指了指与我视线齐平的地方。这简直是疯了。但为了哄他，我还是把手举到了墙上。

"你没看到吗？"他又问，但与此同时，失望的表情已经开始在他的脸上出现了，"我又说胡话了，是不是？"他说着闭上眼。这一次，我没有回答。

汤姆无法走动，但坚持要到3英尺外的卫生间小便。我用一只手臂环绕着他的腰，一起跟跟跄跄地走过去，到了门口才发现卫生间的门是锁着的。汤姆就像吊在一堆输液线上的木偶一样摇摇晃晃。我按下呼救按钮，一名护士把头伸进房间，指着轮床旁边的一个便携式便桶说："不能使用卫生间，感染管控。"

我先是有些疑惑，然后很恼火，但随即理解了。

医院采取了普遍的预防措施，这是标准的感染管控程序。我们刚刚从埃及回来，汤姆很可能感染了某种外来病原体——一个可能使其他患者也陷入危险境地的不速之客。医院只是预防这种可能的发生。或者——真的只是预防吗？一瞬间，我又想到汤姆的高热。可能是某种感染造成了他的胰腺炎。紧接着我的脑海中闪过卢克索诊所里的一幕：德国医疗急救医生英格只在那儿待了几分钟，离开前就仔细地擦洗自己的手和前臂。我的胃忽然因恐惧而绞痛起来。

不出一个小时，他们就为汤姆安排了一个房间——那可不是随便一个房间。一个护工小组将他的病床从急救室推往三楼的重症监护病房（intensive care unit, ICU）。当然，汤姆病得很重，去急诊室是应该的，住院能够让他得到更好的治疗，也让人更安心。但ICU是不是太小题大做了？我在汤姆的轮床后面慢慢跟着，看到其中一名护工在ICU后门外的键盘上输入密码。密码锁嗡嗡响了几下，门开了。我们通过两扇沉重的铁门后，门在我们身后哐当一声关上了。汤姆后来告诉我，这个声音让他联想到精神病院，这让他害怕极了。然而由于当时他神志恍惚，我将他的恐慌误解成了疼痛。这是一连串失误中的一个，这些失误导致我们疏忽了汤姆的恐惧感，让他在不安中独自一人待在ICU，而我们其他所有人都聚焦于血液检测和肠道检查报告单上的各种生理指标上。关注数据是我试图将不断增长的危机感控制在能够承受范围的方法。为了不显得紧张兮兮的，我在汤姆的房间里忙来忙去，拍拍他的枕头，整理一下他的毛毯，好像这样整个事情就不会吓倒我一样。

现在已经晚上10点多了，我又累又饿，吻了吻他的额头，提起行李准备离开。

"你要留我一个人独自在这里？！"汤姆喊起来，心电监护仪上的哔哔声一下子加快了，我的心跳也不由得随之加快了。独自？这里熙熙攘攘人来人往，汤姆绝不会是独自一个人。但他的眼睛里闪烁的光里分明写着背弃和被遗弃。

"亲爱的，家属不能在这里过夜。这里的规定很严格，但我保证一早就回来。你和我，我们都需要好好睡一觉。在这里你应该终于可以睡个好觉了。我去找一个附近最近的旅馆，还要跟家里人通报一声，再洗个澡，睡个觉。这样明天早上我才能更好地照顾你。"

我有些内疚，但内心深处也暗暗松了一口气。最近的旅馆就在半英里以外，步行就能到。但我的随身行李都是为温暖的埃及沙漠气候预备的，并不适合寒冷的德国冬天。尽管我将带来的所有衣服都皱巴巴地一层层穿在身上，但还是觉得很冷。酒店大厅里装饰着一棵20英尺高的圣诞树和一个巨大的姜饼屋，几个小孩在姜饼屋里面玩耍，他们的父母则站在一旁闲聊，我这才想起来圣诞节还有几周就要到了。身着传统德国服装的唱诗班唱着《平安夜》(Stille Nacht)。我在他们的歌声中穿过宽敞的门厅，来到电梯前。平安夜？别逗了。我毫无心思庆祝圣诞——也没什么好庆祝的。

我刚刚进入旅馆房间，一位服务员就将一个写着我名字的行李箱送了进来，那是我UCSD的同事们寄来的爱心包裹，里面有睡衣、厚外套、围巾、袜子，还有一篮子酒和奶酪。泪水充满了我的眼睛，我被他们的无微不至感动了。我洗了个长长的热水澡，穿上睡衣，叫服务员将晚饭送到房间里。喝了一杯酒，我瘫倒在床上。记忆中，这是好几天以来我睡的第一个整觉。

第二天一早，我很早就去了医院，希望能赶上医生们的查房和会诊。每天的探视时间是下午4点到6点。在奇普同事的安排下，我得以在正常探视时间之外进入ICU。早上8点整，我到了ICU门口。一进去，我就注意到汤姆房间的外面多挂了一块牌子，上面用德语和英语写着：无防护服和防护手套者不得入内。防护服和防护手套被放在旁边。我按照要求穿戴好，走进ICU。显然，我们再也不是在一间临时性的社区诊所了，而是身处技术先进、监管严格的重症监护室中。ICU的一切都给人一种强大的压迫感。专注、专业、谨慎、有条不紊。胰腺炎本就很凶险，汤姆不能再通过任何人的手或者衣服感染上流感或者别的什么传染病了。他看起来依旧苍白憔悴，脸上戴着氧气面罩，但看上去疼痛减轻了一些，这让我欣慰不少。我刚到不久，负责照料汤姆的一位护士也来了。他叫罗伊(Roy)，看起来是个乐天派。他来告诉我们汤姆被安排去做CT扫描。他的菲律宾口音让我很有亲切感，就一起聊了聊祖上老一辈人的经历。不一会儿，两名护工来了，微笑着向我们打招呼。

我本以为做个CT只要几分钟，可汤姆已经进去了快一个小时还没出来，我在候诊大厅焦急地踱来踱去。汤姆终于被推出来的时候，我看到推着他轮床的护工们表情严肃。这不是什么好兆头。

刚刚回到ICU，一位医生就来到汤姆的房间，热情地与我们握手打招呼。

史蒂芬·左泽姆(Stefan Zeuzem)医生看上去五十来岁，身材高大，一头精神的花白头发修剪得整整齐齐。他是奇普的同事，也是一名著名的消化科医生，在医院里很有影响力。我们礼貌地寒暄了几分钟后，他切入正题。汤姆此刻昏昏沉沉的，但还算清醒。

"帕特森(Patterson)博士，您得了急性胰腺炎，伴有腹部假性囊肿。这个囊肿是个脓肿，直径大约15厘米，有足球大小。美国人喜欢足球，对吧？"左泽姆医生微笑着说。我脑子里闪过一个可怕的画面：一个美式足球大小的化脓性囊肿。不过我立刻意识到他说的可能是英式足球。不过那也很可怕了——哪怕是一个小孩玩的足球也不小啊！

"我们怀疑可能是胆结石引起的囊肿。另外你的腹水也很多，这是由于炎症引起的。我已经安排了院里最好的消化科医生给你做急诊内窥镜检查来确定病因。如果有结石的话，也可以同时移除，"他停顿了一下，微微蹙了蹙眉，"不过我必须得事先声明，鉴于您目前的身体状况，这个手术的风险很高。但我们认为手术是必要的。如果你同意的话，一小时内我们就准备手术。"

同意——除了同意，我们还有其他选择吗？如果真是因为胆结石引起了囊肿，囊肿不巧感染了，而且这一切又不幸地在我们旅行度假的时候发作，至少我们此刻幸运地来到了这里，至少这里的人们有能力处理它。汤姆做了个手势，示意我代表他在必需的知情同意书上签字，我用颤抖的手签了字。

负责内窥镜手术的消化科医生是弗里德里希-鲁斯特（Friedrich-Rush）医生，她用热情洋溢的轻快语调做了自我介绍。她看起来精明干练，做事也雷厉风行。她让我签署了第二份同意书，以防手术过程中汤姆可能需要呼吸机，我知道那是一种用于维持生命的呼吸支持装置。她将签好字的文件夹在写字板里，就消失在走廊尽头的外科病房。候诊室里，又只剩下我和两名护工。

我怕得要命。现在显然是生死攸关的时刻。不可否认，现在汤姆随时有生命危险，而几分钟后他们就又要将他推走了，我还能再看到他吗？汤姆现在已有些神志模糊，但残存的意识中依旧充满了焦虑。现在的我们都需要分散一下注意力。他闭着眼躺着，让我描述一下周围的环境。

"嗯，这是典型德国极简主义建筑，大量的钢结构、花岗岩，都是冷色调。当然，除了我们袍子上的鲜艳颜色。"听了我的话，汤姆睁开眼睛。

"你的袍子？"

看到他一脸诧异的表情，我知道他以为我在说交谊舞礼服，而不是病号服。护工们也疑惑地看了我一眼。

"对呀。你看，玛尔塔（Marta）的衣服是漂亮的绿色，春天的颜色。我的衣服是黄色的，就像太阳。"第二个护工波琳娜（Paulina）也欢快地插嘴道："我穿的衣服是蓝色的，像天空的颜色。"

"所以，就像四季一样。"我对汤姆惨淡地笑笑。时间到了，我飞快地吻了他一下，他就被推走了。他冲我微微挥了挥手，消失在我的视野中。

手术前后花了一个多小时。弗里德里希-鲁斯特医生做完手术出来，来到候诊室，扑通一声坐在我身边，摘下口罩和手术帽。

"手术很成功，"她的声音平静而充满安慰，"他没有用到呼吸机。我从他的总胆管中去除了一块4毫米大小的胆结石，那里还有一块更小的结石。我清理了胰腺的一些坏死组织，并在假性囊肿里面放置了两根引流管，将囊肿里面的东西引流到胃里，希望这样他的囊肿能够缩小。我本来想再多切除一些坏死组织，但你丈夫呼吸困难，不能再延长手术时间了。"通报完这些消息，她又消失在大厅尽头，而我还在自己的大脑里翻译她刚刚说过的各种医疗词汇。

回到ICU，汤姆的麻药劲还没过，依旧有些虚弱，但能够说话。

"那我们什么时候回房间？"他充满期待地问我，好像我们此刻在四季酒店的大厅等待登记入住一样。

"亲爱的，你现在就在你的房间啊。"

汤姆伸长脖子，好像第一次来到这个地方一样审视房间各处，包括房间中那个巨大的配药箱，里面装着各种各样的药品，配药箱与另一个带机械臂的机器相连，机器在一刻不停地监控着汤姆的生命体征。他装模作样地摇摇头，笑着说："这个地方需要好好翻新一下。"

几个小时后，左泽姆医生来了。他让弗里德里希-鲁斯特医生在内窥镜手术时采集了假性囊肿内的液体样本。他们推测，如果这个囊肿是最近才形成的，那么样本应该是透明的。然而他举起的瓶子里面的液体是暗褐色的。这样的话，根据囊肿的大小和内容物的颜色来推测，汤姆体内的囊肿应该已经形成至少一个月了。我呆住了。并不需要太多专业知识就能明白这不是个好事儿。左泽姆医生还告诉我们，这个假性囊肿被至少一种微生物感染了，而且是"严重感染"。至于是哪一种微生物，可能要再等几天，等化验结果出来才能知道。

我仍然在消化和理解医生说的话。这个假性囊肿在这次旅行之前就存在了，而且已经在那儿好几个星期了。现在它有一个足球那么大，里面潜伏着某种微生物。我知道医生们需要知道这一微生物是什么，才能够决定如何治疗，但如今没有现成的快速测试来找出这一始作俑者。与此同时，医生们在囊肿中放置了引流管，将囊肿中的黏稠物排到汤姆的胃中，希望这些液体能够顺着消化道排出体外。这是个合理的计划，这里的资源和医生的专业水平也让人放心。可到目前为止，汤姆的情况依旧每况愈下。一直以来，我是全球健康方面的专家，可现在我亟需一个全球疾病方面的速成班。

我心烦意乱，想找个人倾诉，但找谁呢？现在是美国西部时间的早晨。于是我打电话给我的父母，麻烦他们再在我家多照看几天。我又打给我最亲近的朋友米歇尔（Michelle）和希瑟（Heather），他们都住在温哥华，但都没有人接。

我接着打给我的儿子卡梅伦，告诉他发生了什么。他是个夜猫子，所以看到了我在脸书上发的贴，知道汤姆病了。但他没有想到病情会如此严重。我们交谈的时候，我忽然意识到他父亲的忌日马上就到了——我的前夫史蒂夫（Steve）在 2012 年 12 月 12 日在惠斯勒滑雪的时候因突发心脏病而去世。虽然那时我们已经离婚十年了，但他的死对我仍是巨大的打击，对于患有阿斯伯格综合征的卡梅伦来说更是雪上加霜 。在与抑郁症斗争了一年后，23 岁的他现在独自生活，最近刚刚在一家公司找到工作。这家公司聘用自闭症谱系障碍患者，培训他们成为软件测试员。他刚刚结束培训，正期待着第一天上班。我和卡梅伦都不擅于表达自己的情感和感受，常常过于专注技术层面的细节而显得对感情层面的需求漠不关心。然而此时此刻，他的感同身受让我感动。他说他理解我，他爱我。那一刻，我真想告诉他，我们很快就会回去了，回家为他庆祝生日。但我真的没办法设想两周之后的事。我一直都很清楚，嫁给一个比自己大20岁的男人意味着他很有可能在我之前离开，但汤姆是我认识的人中最健康的——至少曾经是。

我的手机响了，我收到朋友戴维（Davey）的短信。他刚刚过完感恩节假期回到圣地亚哥，奇普已经把我和汤姆的情况大致告诉了他，戴维的短信写着：随时打过来。

戴维·史密斯是一名传染病专家，同时也是一名科研人员，与我和奇普在同一部门做研究。最近几年，戴维和我们一家走得很近，尤其和汤姆格外要好。和汤姆一样，戴维也出身卑微。戴维在田纳西州的农村长大。他在读医学院时公开了自己的同性恋身份。在那样的环境下，这需要多大的勇气是可想而知的。汤姆和戴维是在奇普和妻子康妮（Connie）在家举办的一个聚会上认识的。他们有很多类似的经历，比如都吃过高速路上撞死的动物，吃过鼠类，玩过同一类小众的游戏。汤姆曾经和他的同学在哥伦比亚丛林探险，在快饿死的时候吃过一只水豚，戴维对此敬佩不已，自愧不如，他最接近的一次是吃了几只负鼠。一年前，我和汤姆参加了戴维和他的同性伴侣阿舍尔（Asher）的婚礼，我们穿着狂欢节服装，在租来的照相棚里纵情嬉戏。

我退到ICU后门外面的走廊上，那里通常很安静。电话只响了一声戴维就接了起来。我们跳过了那些寒暄，直入主题。他的问题一个接一个：现在有败血症的迹象吗？用升压了吗？汤姆的生命体征？他在吃哪些抗生素？他的嗓音一如既往的温柔，但我能够感觉到声音背后的急迫、忧虑，以及与时俱增的挫败感——因为我几乎一个问题都回答不出来，他无法据此确定情况究竟有多糟糕。"见鬼，我完全听不懂那帮医生们在说什么。"我听到自己在找借口。"他们一大早就来查房，比我能够进入ICU的时间还要早，我该怎么问他们？""所有的输液袋上都是德文标签，我怎么知道他们用的什么药？""升压又是什么鬼东西？"我的声音听起来很狂躁，我自己都不相信那是我发出的。可我的声音越急越尖，戴维的声音就越慢越温和。我曾经见过他用这样的语气对待一个综合考试不及格的学生。看来，我也快要不及格了。"加油，坚持住啊。"我脑子里的声音对我自己说。

戴维提醒我，我有权提问并得到回答。我可以要求见护士长或者主治医生，可以要求一份汤姆的检测报告并了解每一项的含义，也可以用手机拍下监视器的画面，发给他和奇普，这样他们才能够掌握情况、给出意见建议。

我慢慢将戴维的话听了进去，头脑中的迷雾也开始消散。但戴维还有其他的话要嘱咐我。

"斯蒂芬妮，汤姆之所以还活着，唯一的原因是你把他从埃及救出来了。这都是你的功劳，所以你要相信你的直觉，去医生那里多了解些信息。我知道你现在压力很大，也很累。汤姆现在确实在很好的医院，也得到了很好的照顾，但他还需要你的支持，更需要你替他发声。这是像他这样情况的病人现在最需要的，也是你现在的任务。你觉得你能行吗？"

这些话正是我需要听到的。戴维在用他独特的温和方式指出我的问题。汤姆得救了，而我还在被动地等待有人来救我。没有人会来救我，除了我自己。

只有4毫米的胆结石怎么会造成这么大的破坏力？我被戴维的话鼓舞，决定自己找出答案。先从护士罗伊开始：汤姆用了几个升压？答案是3个。"升压"指的是"血压维持药物"，目的是让他的血压维持在正常水平。从罗伊那里，我还得到了汤姆的各种检查结果。报告是德文的，但我用谷歌翻译搞清了大部分我不认得的检查项目。在报告单上，异常检测结果会用星号标出。汤姆的报告单上密密麻麻布满了星号，一眼望去像下雪了一样。

在汤姆睡觉的时候，我上网阅读了胆结石、胰腺炎以及它们预后和并发症的资料，这真是个痛苦的过程。为什么我大学时选修了美国诗歌而没有学生理学？幸好奇普给我发了一份课件，是他用来培训医学院学生用的。课件里画出了人类胆管的典型解剖结构。胆管是制造、存储和分泌胆汁的系统，而胆汁则是重要的消化液，它能够分解脂肪，使之能够被人体吸收。如果有什么东西阻碍了胆汁的流动，就破坏了消化系统的平衡，一系列的并发症也就随之产生了。课件上还提到了"肝胰壶腹(the ampulla of Vater)"，大致与肠道的血液供应有关，但当时，它只让我联想到了达斯·维达(Darth Vader)，那个《星球大战》(Star Wars)里的大反派。

虽然困难，相关的医学图景终于慢慢在我脑海中清晰起来。事实上，胆结石并不是真正的石头，它们是胆囊中的固体物质，由胆固醇或者来自胆汁的胆红素组成。有胆结石家族史、超重，或者胆固醇过高的人有较高的患胆结石风险。如果真的得了胆结石的话，你最好祈祷这些结石要么大一些，要么小一些，而最好不要不大不小。因为胆管的直径是5毫米，如果胆结石的大小恰好与胆管的直径差不多，就很容易移动到胆囊外面并且卡在那里，这会造成胆汁倒流，导致疼痛和炎症，有时还会引发胰腺炎，就像汤姆这样。如果腹腔的压力持续增大，就会形成假性囊肿。之所以叫"假性"囊肿是因为它是长得像囊肿的一个"囊"，里面是坏死后的胰腺碎屑。与真正的囊肿不同的是，假性囊肿的壁并不是由某种细胞形成的，而是由纤维组织和颗粒状黏稠物包裹而成的。但无论真性还是假性，囊肿是真实存在着的，危险也是真实存在着的，"如假包换"。不管是什么微生物在汤姆的假性囊肿里繁衍游弋，医生们显然是希望将它控制住，排出去。现在，最大的希望寄托在已经放进去的引流管上，但这种策略并不保证会奏效。

我看到了主治医生约克·布咏迦(Jorg Bojunga)从外面走过，于是挥手示意他等一下。他停下来，等着我脱下防护服，仔细地洗了手，走进大厅。他又高又瘦，白大褂穿在他身上都显得有点短了。

"消化科医生已经取出了汤姆的胆结石，是不是证明他快好了？"我问。

他摇了摇头。"如果我们再早一点发现您先生的胆管堵塞的话，可能是这样。但现在假性囊肿已经形成，而且如此巨大，还造成了严重的炎症，如果我们幸运的话，他恐怕能够在几个月后康复。"几个月？我惊讶得说不出话来。还有，"如果我们幸运的话"是什么意思？我决定要问清楚："我读到过，胆结石导致的胰腺炎死亡率大约为50%。"

布咏迦医生看上去欲言又止，但最终还是坦诚相告："我们希望您的先生能够挺过感染性休克。他现在还有代谢性酸中毒，这是由于血液中的二氧化碳过多导致的，这就是为什么他需要吸氧。至于死亡率——恐怕比您说的要高得多。"他面带同情地看着我，这种情绪所有ICU医生每天都会被唤起无数次。"您先生目前状况很严重。鉴于他现有的并发症情况，死亡率至少是80%，甚至更高。"

甚至更高。这句话在我的脑海里回响，久久无法散去。

8. "世界上最可怕的细菌"

法兰克福歌德大学医院

2015 年 12 月 5—11 日

汤姆睡得正香，我于是给他留了张字条，自己去吃饭，顺便整理下纷乱的思绪。回旅馆的路上，凛冽的寒风灌到我的肺里。现在的气温已是零下，可我感觉我的心比天气还要冷。周围行人匆匆而过，手里都拿着在附近圣诞集市上买来的色彩鲜艳的小玩意儿。

我真想把时钟倒回船上"最后的晚餐"那一刻，然后快进；或者回到一个月之前，也许那时我们本可以注意到胆结石的早期迹象，然后采取一些相应措施；或者回到出发前与家人在一起的那个晚上，那时我还在和汤姆一起取笑母亲的迷信。如果当时我们听从了母亲的警告而没有成行该多好。我只希望自己还有与汤姆一起笑的机会。

在各种科研结论和临床数据的重压下，我的精神萎靡不振。我决定给我的哥们儿罗伯特·林德西·米尔恩（Robert Lindsy Milne）发个信息。我遇到各种事情都会找他，他有着神奇而强大的共情能力，他说自己能够在千里之外感知到对方身体情况和心理状态。在过去的 20 年里，他一直是我生活上的领路人。每到危机时刻，罗伯特的直觉常常帮助我理清头绪，找到方向。我不知道是否还有其他科学家像我这样求助于一个心理直觉咨询师，我也找不到任何证据来支持它的有效性。也许有一天我们会搞清楚它背后的科学道理吧，但此刻的现实是，我很绝望，我需要他。我在脸书上给罗伯特发了信息，他立刻在多伦多的家中通过视频通话联系了我。

"你怎么才告诉我？"他的声音中带着些许责备。我不知道罗伯特的年龄，但看起来他好像永远都是45岁。一看到他的脸，我的精神就为之一振。我将汤姆的情况和那些令人忧心忡忡的最新检查结果大致讲给他听。罗伯特想了一会儿，双手搓了搓脸，回答道："我不觉得汤姆大限将至。但他此刻很虚弱，他需要能量，而你一个人的能量是不够的。"

他凑近电脑屏幕，调整了一下屏幕的角度，以便直视我的眼睛。"如果我是你，我会马上打电话给他的女儿们，告诉她们，父亲此刻需要她们，请她们马上过来。哪怕只是知道女儿们要来，汤姆也会精神大振的。现在他需要一切能振奋精神的消息。"

我举着一杯UCSD同事们送来的酒，在旅馆的房间里来回踱步。"可我不是她们的母亲，罗伯特，又怎么能告诉她们该做什么？更何况她们都是成年人了。"在我和汤姆结婚的11年里，作为两个女儿的继母，我一直小心翼翼。在家庭方面，我们致力于"兼容并包"。我和她们的妈妈，也就是汤姆的前妻苏茜（Suzi）互相尊重，关系融洽。当两个女儿年纪尚幼的时候，我们两家总是一起度假，这样她们就不需要面临"要与父亲还是母亲一起度假"这样的难题。多年以来，我和苏茜也在各自出现困难时相互支持，扮演"备份母亲"的角色。现在，两个女儿已经长大成人，都开始有了自己的生活。我则非常清醒地意识到，作为一名坐在母亲位置上的外人，我要尊重自己与她们之间的界限。几个月之前，当卡莉与他的丈夫丹尼（Danny）结婚时，我还成功扮演了"新娘继母"的角色。

到目前为止，我和两个女儿的关系维持得还算不错——至少没有搞得很糟，我也不希望现在将关系搞砸。

罗伯特坚持己见："她们在等你的信号，相信我。还有一件事——照顾好你自己。你现在一直将这件事儿当作冲刺跑来对待，但这不是短跑，而是马拉松。

跑马拉松的时候，你要节省能量，控制节奏。"

我的手机响了一声——是奇普。我结束了与罗伯特的视频，接起电话。我告诉了奇普我与布咏迦医生的谈话，告诉他汤姆挺过去的概率可能不到20%。"这是真的吗？"奇普没有直接回答我。

"我不想吓着你，"奇普用他柔和的亚拉巴马州口音缓缓地说，"但他的情况确实很严重。我希望他们从假性囊肿中培养出的是一种他们知道如何治疗的普通微生物。否则情况可能会更糟。我之前也犹豫过，但现在我和康妮都认为是时候给汤姆的女儿们打电话了，以防万一。"

奇普的太太康妮·本森（Connie Benson）也是一名传染病医生。她领导着当前世界上最大的艾滋病临床试验系统。当奇普对任何事情拿不准的时候，他都会去问康妮的意见。

我挂了电话，紧张得双手颤抖，赶紧喝了一大口酒。我最信任的几个朋友——两个睿智的医生、一位天生的直觉家——以截然不同的方式得出了同一个结论：是时候把汤姆最亲密的家人带到他身边了。几小时后，弗朗西斯、卡莉、丹尼以及苏茜就订好了下一趟从旧金山直飞法兰克福的航班。

第二天早上，我8点就到了联合医院。汤姆还戴着氧气面罩，但依旧呼吸沉重。他的声音听起来沉闷而沙哑，他的目光在房间里转来转去，好像在追着一个看不见的幽灵。他时而清醒，时而昏睡，在他清醒的短暂时刻，我捏了捏他的手，告诉他卡莉、丹尼、弗朗西斯和苏茜都在赶来的路上，今天晚上就会到。他凄惨地笑了笑。

"我会死吗？"他低声问。

这是我一直害怕的问题。我想了一会儿该如何回答。是该告诉他真相，还是遮掩过去？几年前，我和汤姆坐在后院的壁炉旁时，他曾聊起过他的母亲死于乳腺癌时的情景。那时候汤姆三十多岁，他的母亲五十多岁。虽然大家都知道她的生命只剩下几个星期了，汤姆的父亲，一位退休的摩托警察，却完全拒绝承认，更拒绝谈论这件事儿。那天，汤姆和他的父亲在前院种树，他的母亲躺在屋里的床上。两人都专注地铲着土，当父子俩最终谈到那件父亲竭力避免谈及的事时，谁都没有直视对方的眼睛。汤姆告诉我，他希望他和父亲当时都能够更坦诚一些，这样他们对于她的离开也会更有准备。几周后，汤姆的母亲还是走了，逃避唯一的作用只是让他们都更难接受这件事情。我想，汤姆现在希望我直接告诉他真相。

我抚摸着汤姆的脸。"你要努力活下去，"我告诉他，"罗伯特说，你阳寿未尽，但要付出一切才能活下去。"

他闭着眼一动不动地躺着，我真的不知道他是否还能撑下去。

晚上，卡莉和丹尼从机场直接赶到了医院。卡莉大步迈进房间，径直给了父亲一个大大的拥抱。她早就不梳脏辫了，但依旧留着长发，她将头靠在父亲的胸口，那头乌黑的长发正披在汤姆的身上。汤姆微笑着抚摸着她的头发，叹了口气。显然，奇普和罗伯特都是对的，医学与玄学在这里相通了。

在卡莉与她的父亲叙谈时，我略显尴尬地和丹尼拥抱并问好。他是个音乐家，几年前在卡莉和他订婚后，我送给他一套画着吉他英雄（Guitar Hero）[1]的内衣作为圣诞节恶搞礼物。直到最近我才知道，在吉他图案的旁边，还有一行双关语小字："硬"摇滚（rock hard）。从此之后，我再也不好意思和他对视了。

不多久，弗朗西斯和她的母亲苏茜也到了。苏茜在床尾等待着，弗朗西斯则走到她父亲身边，拉着他的手，眼里充满了泪水。她棕色的长发向后扎着，面容和她的父亲一样苍白。几天以来，汤姆第一次裂开嘴笑了，露出一排灰灰的牙齿。

"集体大拥抱！"卡莉叫道，我们所有人挤在汤姆的床脚边拥抱在一起，大家都哭了。

汤姆的房间里忽然挤满了他生命中最亲密的人，但他却很难提起精神。他昏昏沉沉，一会儿睡一会儿醒，含糊不清地嘟囔着，有时还不知道因为什么大喊大叫。有一次他问火车什么时候来，我们在这儿等了多久了。我告诉他没有什么火车，他也没有在等车，而是躺在床上。他忽然睁开眼，惊奇地环顾四周。

1　吉他英雄（Guitar Hero）：一款为吉他爱好者专门设计的音乐游戏。

而丹尼则敏锐地发现为什么汤姆以为火车来了。

"心电监护仪的声音——它们听起来像火车信号，"丹尼指着一架高大的医疗仪器说，"至少我觉得很像，也许汤姆和我一样。"汤姆微微睁开眼，点了点头。

接下来的两天里，我们轮流去探望汤姆。

说来好笑，当一个人毫无生气地躺在医院病床上的时候，"看起来好一些"的标准是多么低。当我们和他说话的时候，如果他捏了一下我们的手，或者眉毛动了一下，我们的希望就又会被点燃，觉得他马上就会好转。现在回想起来很可笑，但当时我们轮流在床边值守，让每个人都有机会感受到这样一丝一毫的希望，也让大家都能轮流睡上一觉。

虽然我们看不出来，但检查结果和医疗记录都显示出汤姆的情况在缓慢改善。有时在意想不到的情况下，他会忽然说些什么或者做些什么，让你以为他全好了。一天早晨，我躺在旅馆的床上，电话铃突然响了。我伸手去接，心里盘算，他们会不会是打电话告诉我他死了，要不就是……

"嗨，亲爱的！"电话那头是汤姆。

"哇，你起来了——感觉怎么样？"

"好多了，"汤姆说，"你怎么不在这儿？"

"嗯，大概因为现在刚刚早上五点半？"

"那你来的时候，能不能给我带个羊角面包，带点果汁，一个梨，还有可乐？"

"当然可以，但是我觉得你现在可能不应该喝可乐——"

"带来吧，管他呢，"汤姆恳求道，"我就喝一小口。"

那一刻，他好像忽然从死亡线上被拉回来了一大步，似乎之前的一切都只是一场噩梦。

在酒店的自助早餐中，我将汤姆要的东西塞进包里，匆匆喝了一碗谷物酸奶，拿起咖啡，快步走到联合医院。他看上去很高兴，几分钟之内就把我给他的东西都吃光了，几乎没空说话。我给两个女儿发短信，让她们给他再买一点儿。

"沙……沙……"他边说边向我轻轻挥了挥手,嘴里还塞满了东西。

"你是在说'傻傻'还是'谢谢'?"我开玩笑地问。可半小时后,我们俩谁都笑不出来了。汤姆目光呆滞、神志恍惚,他本就苍白的脸上布满了汗水,显得更加苍白了。

"你还好吗?"我问他,简直不敢相信自己的眼睛。忽然间,他脸上的表情就好像卡梅伦小时候把一碗意大利速食面都吐在我的睡衣上之前的表情。"哦,天哪,水桶在哪儿?"可是再大的水桶也不够。汤姆喷射地吐了半个屋子,到处都是,那是一种我从未见过的黑色黏稠状物质。我一遍又一遍地按呼叫按钮,但没有人来。"救命啊!"我对着走廊大吼。汤姆的护士波吉特(Birgit)闻声赶来。她看着眼前的情境,眼睛瞪得大大的,一边把防护服套在头上,一边抓起防护手套。波吉特和另一名护工一起花了30多分钟才把屋里清理干净。汤姆茫然地看着这一切,但他的脸色看起来比刚才好多了。

我试着用一点幽默感来缓和早上的危机。"这样想,亲爱的,"我对汤姆说,"如果刚才你的脑袋再转上几圈,简直就是《驱魔人》(The Exorcist)完美的翻版。"汤姆看着我,一点都没有笑。那一刻我看起来就像个小丑。

房间清理干净后,汤姆也换了一件病号服。我和波吉特花了一些时间来清理汤姆山羊胡子上的黑色呕吐物。我们的动作有些慢,汤姆有些不耐烦。

"我们把它剃了怎么样?"我建议,"我还从来没有见过你没有胡子的样子呢,一定很好玩。"汤姆耸耸肩,算是勉强答应了。波吉特很乐意帮忙,不到20分钟,汤姆的脸就变得光光的了。一直以来,他像电影明星一样英俊,一头浓密的银发,留着山羊胡,给人一种永远50岁的潇洒感觉,而现在我几乎认不出我面前这个人了,他老得像原来那个人的父亲。我到底做了什么?

现在回忆起来,《驱魔人》的场景和剃胡子的厄运只是更糟糕的事情即将到来的前奏。

那天上午稍晚些时候,左泽姆医生轻轻地敲了敲门,走了进来。他同往日一样戴着手套,穿着防护服,但这次还戴了口罩,只能看到两个眼睛,露出的脸比穿着哈吉布的卢克索护士们还要少。

"对不起，我带来了个坏消息。我们的微生物实验室对前几天手术过程中采集的假性囊肿样本进行了培养，"左泽姆医生说，"汤姆的假性囊肿感染了地球上最可怕的细菌——鲍曼不动杆菌（Acinetobacter baumannii）。这种微生物正是导致这几个月来欧洲好几家ICU不得不关门的罪魁祸首。这是所有可能性中最坏的一种。"

"鲍曼……什么？"我打断他问道。我的微生物学知识早就都还给老师了，此刻大脑一片空白。

"鲍曼不动杆菌，"左泽姆医生回答，然后又用更慢的速度重复了一遍，"鲍——曼——不——动——杆——菌。"他将种属名都在一张打印的检查单背面写了下来，递给我。我一看到写下来的单词，一下子想起来了。我记得20世纪80年代，当我还在大学里上微生物课时，我们用培养皿培养过这种微生物。当时我们也没有采取什么特殊的防护措施。这真是奇怪。

鲍曼不动杆菌是近年来才成为一种耐药菌株的。它获得的耐药性途径与MRSA等其他常常在新闻报道中出现的耐药菌株非常类似。几年前，鲍曼不动杆菌无处不在，它存在于我们肠道、皮肤、土壤以及水中，是与人类共存的几十亿种细菌中的一种。通常它只对那些免疫系统严重受损的人存在威胁，更重要的是，它对抗生素很敏感，因此很容易治疗。后来，它成为医院里的常驻细菌之一，医院里庞大的易感人群，抗生素的滥用，以及糟糕的感染控制措施为多耐药性的发展提供了理想的滋生环境。

奥巴马（Obama）总统曾经在一项行政命令中要求在分配研究经费时，优先支持对6种[1]最危险的超级细菌的研究。这几种超级细菌统称为"ESKAPE病原菌（ESKAPE pathogens）"，ESKAPE的每个字母代表一种获得多重耐药性的细菌。其中S代表MRSA，那种我们在果阿邦曾经感染过的多耐药性葡萄球菌。A代表鲍曼不动杆菌，正是汤姆现在感染的这种细菌。短短几个月后，鲍曼不动杆

---

1 原文误写为7种。

菌不仅被划入世界卫生组织（World Health Organization, WHO）列出的世界上最致命的12种超级细菌中，并且排名第一。邪恶的十二金刚。

左泽姆医生继续说："实验室正在进行抗生素敏感性分析，大概还需要一两天时间，但我已经让他们加急了。我必须得告诉你，这是ESKAPE病原菌的一种，以多重耐药性著称。你们曾经去过埃及，所以我们认为你们很可能是在埃及感染了这种细菌。这有点麻烦，因为埃及菌株通常都是高度耐药的。"

"假性囊肿中还含有一种真菌——念珠菌（Candida glabrata），这并不令人感到意外。在等待敏感性分析结果的同时，我们已经给汤姆用上了我们推测的最佳抗生素组合。另外，我们也会开始使用抗真菌药物。"

左泽姆医生走后几分钟，汤姆睡着了。大概是神志恍惚的缘故，他丝毫没有察觉到萦绕在整个房间的恐惧气氛。可我感觉到了。他的胰腺炎依旧很严重，但在这个巨大的假性囊肿面前真是小巫见大巫。囊肿里布满细菌，而且对抗生素有很强的抗药性。我曾经大概了解过多重耐药性细菌的流行，但那些文章大多只是担心在医院或者疗养院这种特殊的环境下，许多免疫系统脆弱的患者可能成为高危易感人群。但汤姆不属于这类人，至少曾经的汤姆不属于这一类。没人知道他是在哪里、以何种方式感染上鲍曼不动杆菌的，但他腹部的假性囊肿为这种细菌提供了庇护所，它定居于此，并为害四方。

汤姆睡着的时候，我在谷歌上搜索了鲍曼不动杆菌，了解它的流行病学和病理学。我们的主人公鲍曼不动杆菌是在大约一百年前由荷兰微生物学家和植物学家M. W. 拜耶林克（M. W. Beijerinck）在土壤中发现的。拜耶林克是公认的微生物学和环境微生物学的创始人之一。

如果不是因为它正在试图害死我的丈夫，我真的要佩服这种微生物的超能力。这种细菌是个盗窃能手，它能够从其他细菌中搜罗增强自身抗药性的基因。这些细菌通过相互交换小小的DNA片段，或者叫质粒（plasmid），来获得抗药性。这个过程就像我的儿子卡梅伦与朋友们交换《宠物小精灵》（Pokemon）卡片一样。它们还会像洗牌一样对这些DNA片段进行重组、删除，狡猾地躲避主人免疫系统的追踪。它们能够制造一种能够抑制免疫反应的外壳来保护自己，还能相互勾结形成生物薄膜(biofilm)，这是一种复杂的、类似于军队方阵那样的微生物群落，能够使细菌在极端条件下生存下来——这是终极进化优势。鲍曼不动杆菌能够在各种表面上存活，比如厨房台面、门把手、床上用品，以及那些难以接触到的医疗设备内部，甚至可以粘在人体皮肤上的虱子上。

鲍曼不动杆菌也叫"伊拉克菌(Iraqibacter)"，因为从2003年这种细菌首次被鉴定出来，到2009年美国国防部最后一次公布统计数据为止，来自美国和欧洲的3000多名从中东战场上回来的受伤士兵和军事承包商都感染了这种细菌。这还仅仅是保守估计，因为许多患者并未进行鲍曼不动杆菌的检测。在那段时期，军队里多达20%的伤病员都携带这种病菌。有关鲍曼不动杆菌最初的传言来自伊拉克政府，他们说伊拉克叛军将含有鲍曼不动杆菌的狗粪和腐肉放在燃烧弹中，这样受伤者不仅会被弹片割伤，更会被细菌感染。但真实情况是，美国军方松懈的感染控制系统加速了病菌的传播，使得它悄然在中东、欧洲和美国的各大医院之间传播开来。也就是说，为了更好地生存繁殖，鲍曼不动杆菌不仅精巧地控制了微生物世界，更娴熟地驾驭了整个医疗系统。

无论从全球健康角度还是从个人角度出发，我都为此愤然。鲍曼不动杆菌悄无声息地占领了高地，而我的丈夫却即将成为疾控中心发病率和死亡率周报上的一个无名统计数字。我读不下去了，只希望汤姆能幸运地逃过这一劫，希望他不要感染左泽姆医生所担心的多耐药菌株。

然而这一次运气并没有站在我们这一边。第二天晚些时候，我从护士那里要了一份刚刚出来的抗生素敏感度测试结果的复印件。虽然报告是用德语写的，但我大概能够看懂。在全部测试过的15种抗生素中，除了3种以外，其他全部被标记为"R"，这意味着汤姆囊肿中的提取物对这些抗生素有抗药性。剩下的3种抗生素部分但不完全敏感。它们分别是：美洛培南（meropenem）、替加环素（tigecycline）以及黏菌素（colistin）。黏菌素是所谓的"最后防线抗生素(last-resort antibiotic)"，因为它的副作用十分严重，一般情况下不会使用。它在第二次世界大战中被发明，所以并不算是什么神奇的现代药物。另外两个我从来没听说过。在网上简单搜索了一下，我得知它们都是抗生素军团里的大块头，绝对的重型装备。

我在 PubMed 中输入"胰腺假性囊肿"和"鲍曼不动杆菌"这两个关键词，尽量广泛地寻找相关的治疗线索。我忽然在搜索结果中看到一篇论文，那是一个病例报告，描述了一个患者成功地通过手术移除了假性囊肿，而并非利用腹腔引流的方法处理感染的液体。我下载了这篇文章，并通过电子邮件将它发给了奇普。我不知道他看到这篇文章会说什么、做什么，但我知道他临床至上的信念和实用主义者的天性意味着他会考虑一切潜在的可能性。

不到一个小时，这3种抗生素通过一条新的输液管流进汤姆体内。护士同时更新了汤姆门外的警告牌。感染控制的等级升高了。除了手套和长袍，每个进入房间的人都必须戴上口罩，进入或离开房间前各消毒两次。

我需要弄清楚现在的治疗对策对汤姆的预后有什么影响，于是脱下手套和长袍，摘下口罩，使劲洗了两次手，往 ICU 里面的护士站走去，因为医生们往往会聚在那里。当我走近时，认出了其中一位医生，她是汤姆护理小组的成员。她当时正坐在那儿审阅病历，耳朵上夹着一支铅笔。当她看到我走过来时，脸忽然涨得通红，脖子上显出猩红色的斑纹，好像变形虫一样。

"你在那儿干什么？"她冲着我喊道。

我愣住了，试图解释我对汤姆的病症有一些疑问，并且补充说自己是按照新的感染控制程序认真消毒后才过来的。

"左泽姆医生不是已经告诉过你，这是世界上最可怕的细菌了吗？"她尖锐的声音变成了怒不可遏的呼喊，"请您不要再靠近了，转身回去。我们的病房里有很多正在进行器官移植和化疗的患者，如果这种细菌扩散，他们一个也逃不掉！"

鲍曼不动杆菌是个狡诈至极的敌人。它藏在假性囊肿内，伪装在胰腺炎的后面，让我们以为胰腺炎才是最大的威胁。与此同时，随着抗生素不断清除那些帮助我们保持健康的有益细菌，鲍曼不动杆菌不断繁殖，并替代这些细菌的位置。我们都被它耍得团团转，甚至成为它攻城略地的完美帮凶。要想战胜这个超级细菌，我们必须调整思路，使用全新的医疗手段、战略战术来应对这场新的战斗。

汤姆独白：插曲 2

朦胧的黑暗中，风在我周围呼啸。盘旋四周的是撕碎的纸片、枯叶以及灰尘。我脸上的皮肤被风吹得紧紧地贴在颧骨上。我张着嘴，发出一声尖叫，却没有人听见。我甚至无法闭上眼，被迫目睹着周围发生的一切，直视着我残存的生命。

我用尽全力抓住一根杆子。呼啸的狂风把我卷了起来，撕扯着我薄薄的病号服。我整个人都被风吹成了水平的。如果我现在放手，就会死。我听到熟悉的声音从远方传来。我的母亲告诉我不要放手。她在呼唤我，但风将她的声音吹散了。我想让她抱着我，带我远离痛苦。于是我双手向回拉了拉，抱住了杆子。

杆子忽然旋转了90度跑到了我的下面。往下看，我看到了熊熊的火焰。痛苦填满了我的生命，我的身体再也容不下它们。我感觉自己是一个发着白光的炽热火球，被串在铁签上，在烤肉架上旋转烘烤。当我旋转时，闪电般的白光从我身上滴落到下面的火焰中，让火焰发出更亮的光。那是地狱之火。

生与死，由我决定。坚持还是放手？我真的太累了，一定要做决定吗？忽然我听到了更多的声音。斯蒂芬妮，我的女儿们，还有其他人。他们说，我们在这儿，我爱你，亲爱的，不要走，爸爸，坚持住。我们就要回家了。

是啊，我想回家。

第二部分　在劫难逃

先生们，到最后还是微生物说了算。

——路易斯·巴斯德(Louis Pasteur)

9. 回家

加州大学圣地亚哥分校

拉荷亚市，桑顿医院

2015 年 12 月 12、13 日

家，喔……甜蜜的家。歌里唱得真好。

奇普说，如果能去一家对治疗伊拉克细菌有经验的医院，对汤姆的治疗会很有帮助。在圣地亚哥，由于毗邻军事基地和退伍军人联络部，这里的医院一定曾经处理过伊拉克细菌。

奇普还说过，"在这边，伊拉克细菌多如牛毛。我们带汤姆回家吧"。

尽管从法兰克福飞回圣地亚哥的航线比从埃及飞回德国的长得多，但这一架利尔喷气式空中救护机比之前的那架还要小——小到连厕所都没有，只能够容纳汤姆、4 名救护人员和 1 名飞行员，连我的位置也没有。选择这架超小型飞机是出于感染控制的考虑，这次急救转运差一点就因为感染的风险而告吹。幸好奇普向保险公司保证，常规的接触预防措施就足够了，这才使得这次转运最终得以成行。我只好将汤姆一个人留在医院，自己乘坐商务航班回圣地亚哥。这让我十分揪心，因为我不知道自己还能否再见到他。但汤姆在神志比较清醒的时候，一再鼓励我赶快回去，这样才能跟他第一时间在 UCSD 的医院会合。

　　　　　　完美捕手：与超级细菌搏斗的惊魂之旅

我在傍晚时分回到了我们在卡尔斯巴德的家中。我打开门，和我们的猫艾萨克·牛顿爵士(Sir Isaac Newton)打了个招呼。牛顿是缅因猫，两眼之间有个拱起的黑色M形。它责备地看着我，两眼间M形的花纹像皱眉头一样挤在一起。我离开家将近3周了，在最后1周，我终于说服父母先坐飞机回去，他们待的时间已经比计划的长很多了。所以牛顿这1周以来都是由一位管家保姆临时照顾着。我吞了几片褪黑素，瘫倒在床上。牛顿继续在屋里走来走去，咕咕叫着。别叫了，孩子，爸爸今天不回家——现在还不能，但希望很快能回来。

到家了。我相信尽管汤姆的现状依旧很糟糕，但这里的医生会帮助他渡过难关，希望我们能够回家过圣诞节。

UCSD附属的桑顿医院位于拉荷亚市，离我在学校里的办公室只有5分钟车程，但我以前从未去过那里。我到达的时候，晨曦和煦，微风阵阵，仿佛带来光明的希望。玻璃门通往候诊大厅，这个大厅感觉更像是好莱坞酒店，而不是医院。一位穿着炭灰色双排扣西装的看门人站在旁边，阳光从高耸的中厅入口照射进来，大理石的室内装潢沐浴在阳光里。通向电梯的路上有两排棕榈树，豪华的座椅讲究地摆成几堆，一些供人们聊天，另一些则是给疲倦的患者家属们小憩打盹用的。

我按照指示来到二楼的桑顿创伤重症监护病房（Thornton Intensive Care Unit, TICU），按照门外的说明按了门铃。两扇门自动打开，里面一片繁忙景象。TICU的病房很小，只有12张床，每张病床位于一个长方形的私人空间中，大部分都面对着护士站。几名护士和医生站在护士站的长桌后面，低着头读着病历，还有几个人在打电话。走廊的一端，一群主治医生和住院医正围在一张桌子前，对着自己的笔记本电脑，像一群蜜蜂围着一朵花一样，讨论着查房，其中一些人来自我们系，我也认识。护士站后面的白板上写着每个患者的名字和姓氏首字母。"汤姆·帕特森"被安排在8号床。我不安地向8号床走去，路上就听到戴维熟悉的声音。他站在门口，穿着黄色的防护服，戴着蓝色的医院手套，正在电话里和奇普商量着。奇普正在从莫桑比克回来的途中，顺路到弗吉尼亚看望他的女儿们。

"斯蒂芬妮！"戴维对我喊道。他迅速脱下白大褂和手套，洗了洗手，走到大厅与我拥抱。戴维还不到45岁，长了一张娃娃脸，再加上一对酒窝和一双明亮的蓝眼睛，更显得年轻。但他在处理这些棘手问题的时候却已十分老练。我强忍住泪水，向他身后望去。汤姆躺在床上，脸色惨白，不知道是睡着了还是昏迷着。

"他怎么样？"我轻声问道。

"还算稳定。"戴维小心地回答，同时隔着手套用手指按下电话的扬声器按钮，这样奇普也能参与到对话中。

"这样听起来，他们在从德国回来的飞机上把他照顾得很好。"奇普温和地说。但我注意到，无论是他还是戴维，都在竭力避免对汤姆的预后做一丁点儿预测。"我们现在讨论下一步怎么走。你那天发给我的那篇论文讲得非常好。基本上这类疾病有两种可选方案，各有其优缺点。第一种方法是通过手术去除假性囊肿，这样做的好处是彻底清除隐患，但风险是可能引发感染性休克，尤其是在我们可选用的抗生素所剩无几的情况下。"

奇普补充说："UCSD 人类健康与微生物实验室主任莎伦·里德（Sharon Reed）博士正在对汤姆的活检样本进行重新检测，确定他们是否真的如德国联合医院报告的那样，只对那几种抗生素部分敏感。他们还会尝试两种或多种抗生素连用。虽然任何单一抗生素都不管用，但也许他们能找到一种有效果的组合方式。不过这种排列组合实验将需要更长的时间。"说完这段话，奇普道歉说他还有别的事，现在得挂了。戴维接着他的话头继续向我解释。

戴维说："另一种方法是介入一个引流管，插到假性囊肿中，试图将感染的液体排出去。"

"介入？"我问。

"介入放射学（interventional radiology）。"戴维说。这是一种临床医学技术，由专门的技术人员在放射性造影的辅助下利用微创手术将导管、支架、滤网等放入体内看不见的地方——比如汤姆的腹腔。

"插入引流管不太可能导致败血症，但它并不能从根本上解决问题，"戴维继续说，"同时，引流管也有可能被组织或者坏死细胞堵塞。这种情况一旦发生，还是会产生败血症，或者导致感染扩散。"

这两种选择听起来都不太理想。

"问题是现在他是否有足够的体力来做手术，"戴维解释道，"我们不能让他的鲍曼不动杆菌从假性囊肿进入血液中，这是我们的底线。否则一旦引发败血症就完蛋了。"

败血症是每个人都竭力避免的。如果不动杆菌突破了假性囊肿的囊壁而进入血液中，那么我们就不光要面对细菌本身的威胁了。被不动杆菌围攻的免疫系统将会不堪重负，从而触发最高警报。这种对感染的过度反应继而会引发全身性的炎症反应，而这又将反过来把整个机体都拖入极端的炎症对抗反应。整个过程造成的混乱可能造成器官衰竭、组织损伤，以及血压急剧下降，进而导致死亡。任何感染都可能导致败血症，并不需要超级细菌。败血症之所以如此致命，是因为它进展迅速，能够在很短的时间内迅速发展成全身性的休克和器官衰竭。仅仅在美国，每年就有超过150万人感染败血症，约25万人死于败血症。多达三分之一在医院死亡的患者死于败血症，尽管这些患者入院时的原发疾病五花八门，而败血症通常只是这些原发疾病的并发症。

那时我并没有意识到，其实汤姆已经经历过两次败血症了，每一次都是在炎症反应暴发的边缘被拉了回来。这要归功于及时地纠正了感染引发的系统性严重失衡。戴维告诉我，要做到这一点，必须要迅速发现败血症的早期症状。我要观察汤姆是否发热，是否剧烈地颤抖，也就是寒战，皮肤是否潮湿或者出现斑点，以及是否出现心跳加速、呼吸急促、血压瞬间下降、精神失常，或者瞬间排尿量变化。

忽然间，我一下子明白了为什么医疗小组对感染控制措施格外关注，以及为什么他们对各项指标——从血液生化指标到褥疮——都持续不断地监控。鲍曼不动杆菌是一个致命的入侵者，但汤姆自身的免疫反应同样有可能杀死他。不难想象，引发上两次败血症的无非是胰腺炎、鲍曼不动杆菌，或者其他存在于假性囊肿的微生物。我们不可能确切地知道罪魁祸首究竟是谁，但汤姆目前的病情如此复杂，使得他感染败血症的风险陡然增加。没有人希望看到鲍曼不动杆菌与败血症联手肆虐。

下一个显而易见的问题是，这个假性囊肿壁的通透性如何？事实上，与我们在高中生物课上见过的塑料人体解剖模型不同，在细胞水平上，没有什么器官或者结构是完全隔开的。以最简单的消化过程为例：食物在肠道微生物的帮助下被消化，营养物质进入血液，然后通过各种各样的化学和代谢过程进入各个细胞。分子活动每时每刻都在进行，它是一种物质和能量不断交换的过程，在这个过程中，各种屏障不可避免地会被打破。

"还有，别忘了还有念珠菌，"戴维又补充道，提醒我德国医生们在汤姆的假性囊肿中发现的真菌，"如果念珠菌从假性囊肿中逃逸，进入血液中，也会是致命的。"

一位不苟言笑的护士梅根（Meghan）打断了我们的交谈，把我叫到分诊台的电话前，告诉我："汤姆·萨维得斯(Tom Savides)博士找您。"

与我和奇普一样，汤姆·萨维得斯也是UCSD医学院的部门主任。他是消化道内窥镜检查部门的负责人，我们过去仅仅在教职工会议上碰过面。但最近几天我才知道，他同时也是胰腺炎及其并发症方面的专家。

我们寒暄了几句后，他说："我正在过去的路上，我会去看看汤姆。我已经给他又预约了一次CT检查，准备和外科主任布莱恩·克莱里（Bryan Clary）一起讨论一下汤姆的病例。布莱恩是外科主任，专门从事高风险手术。"

我挂了电话，将情况简单告诉了戴维，看得出他很高兴。"上周的病例讨论会上，布莱恩居然问大家，'你们谁能给我找出一个UCSD的患者，病情严重到连我都无法进行手术的'，"戴维轻笑了两声，"如果汤姆真的需要手术的话，布莱恩是操刀的最佳人选。"

虽然医生们当时没有直接说出来，但我后来了解到，专家们在选择治疗方案上一度出现了分歧。坦率而言，其中一部分原因是，汤姆的情况很不稳定，预后也很差。这不仅对于我和我的家庭是一个很难的抉择，对于医生来说也一样痛苦。我后来才知道，当时很多人认为，无论是手术还是介入治疗，汤姆挺不过去的可能性比起死回生要大得多。因此他们并不希望给他做手术，因为成功的希望不仅渺茫，而且转瞬即逝。

但在奇普、戴维以及其他传染科医生看来，虽然任何干预都有风险，但鉴于汤姆的病情在不断恶化，仅仅依靠一根引流管去排出感染，而不通过手术清理并非正确的选择。之前汤姆生病的时候，有一次有人嘲笑他是"供医学实验用的小白鼠"，他还为之愤懑不已，而现在，一点都不夸张地说，他简直就是临床上一个烫手的山芋。或者也许这样的比喻更贴切一些：他的性命正系于一场俄罗斯轮盘赌——在这场赌博中，没人想成为那个最终杀死他的人。

在我看来，最重要同时也是最客观的事实是，在这个困境中，没有哪个答案是"正确"的。你可以一直分析这些数据，直到地老天荒，但风险和收益却依旧还是对半开。这本身就是两难选择。但我依旧天真地相信，医生们总会达成一致，也一定会将汤姆从鬼门关拉回来。

戴维告诉我他晚些时候过来，这给了我一段时间与汤姆独处。然而在ICU里没有所谓的"独处时间"。梅根像一架侦察机一样盘旋，给汤姆测体温、抽血，并将各种数据记录在电脑的电子病历上。随着这些喧嚣和骚动，汤姆醒了过来。"亲爱的，是我。"我握着他的手低声说。汤姆迷迷糊糊地半睁开眼，微微笑了一下。"宝贝，"他温柔地说，同时轻轻捏了捏我的手，"发生了什么？"

"我们给他用上了大量的吗啡，所以他现在会特别困倦。"梅根提醒我。梅根看起来二十几岁，身高大约1.6米，扎着一个低马尾，长长的黑发披在背上。她熟练地调整了输液线，检查了堆得比她还高的好几个监视器。虽然梅根身材娇小，但此刻在汤姆面前却显得很高大。日复一日，汤姆的块头似乎每天都在缩小，精神也日渐委顿。

我点点头，转向汤姆。"你在桑顿医院的TICU里，"我告诉他，"戴维刚刚还在，我们讨论了下一步可能的治疗方法，他们还没有最终决定。因为还需要听听胃肠科的主任汤姆·萨维得斯和外科主任布莱恩·克莱里的意见。"

"外科？手术？"汤姆问，用另一只没有扎点滴的手揉着睡眼。

"是，我知道你在想什么，"我告诉他，"我刚听说的时候也被吓得要死，"

"嗯。不过也许那样的话这一切都能早点结束，我也能早点离开这儿了，"汤姆回答，"我真是快受够了。"

"嘿，你才刚来这里啊！"梅根在一旁被逗笑了。

"唉，从埃及就开始了，"我告诉她，"这是个很长的故事。"等我再转过身面向汤姆时，他已经又睡着了。梅根给我大概讲了一下TICU的日程安排以及探视规则：任何时间都可以探视，每天早8点起开始查房，家庭成员可以参加。医护人员每12小时换一次班，换班时间分别是早上7∶20和晚上7∶20。根据患者情况，每个护士负责一到两个TICU患者。后来我才意识到，汤姆是梅根当天唯一的患者，可以想见当时他的病情有多严重。

"你可以从家里给他带点东西过来，也许能让他感觉这个房间更舒适一些，"梅根告诉我，"不过把这个带回去吧。"她一边说着一边将汤姆的结婚戒指递给我。

"我不知道应该给他带点什么来，"我握紧汤姆的戒指，那上面还带着他的体温，"圣诞节前他就能出院了，对吗？"

梅根一脸怀疑地扬了扬眉毛，撇了一下嘴。"我不知道，"她说，"但我觉得指望不大。"

很快我们就知道为什么指望不大了。

几小时后，汤姆·萨维得斯医生穿着普通的白大褂、戴着手套走了进来。他向汤姆做了自我介绍，又给我打了个招呼。萨维得斯医生看上去60岁左右，中等个头，身材瘦削，一看就是个平时非常注重保养的人。他棕色的头发修剪得短而齐整，戴着一副无框眼镜，目光友好。汤姆虽然醒着，但依旧昏昏沉沉。当他抬起手想与萨维得斯医生握手时，他的手臂被一根管子缠住了，他居然想趁机把管子拔出来。

"喔，小心点！"萨维得斯边说边抓住他的手。他接着解释说，除了那根从假性囊肿中吸出感染液体的引流管之外，医生们还从汤姆的鼻子里插入了一根喂食管，这根管子绕过胃，直接通到空肠——小肠的其中一段。"千万忍住冲动，不要拉那根管子，否则你会把小肠扯坏的。从CT上看，你腹部的麻烦已经够多了，不需要再增加一个了。"

我来不及寒暄就问了他一大堆问题，其中最紧迫的一个是："你们决定要手术还是继续像现在这样排出感染液？"

萨维得斯清了清嗓子。"我和布莱恩·克莱里现在都认为手术的风险太高了。看起来他腹腔里的假性囊肿里有一种非常难搞的超级细菌。我以前处理过一些类似的情况，但在之前那些情况下我们有不少抗生素能够选择。我们会让传染病专家来处理这部分。我们也和介入科的医生谈过了，他们准备再在囊肿中插一根外部引流管来进一步缩小囊肿。"暂时不去治疗超级细菌，只是更加积极地将它们从假性囊肿中排除——这种缓和的策略不失为一种暂时的控制措施。但问题是，控制可能将会越来越困难，甚至最终不可能。没有人知道囊肿的膜壁有多厚。一旦膜壁破裂，不动杆菌立刻就会扩散开来。

戴维又出现在门口，穿着白大褂。"介意我也一起讨论吗？"他问我们。萨维得斯点头表示欢迎。

"我什么时候才能好起来？"汤姆问。

萨维得斯显然对这个问题有所准备。"我们有一个经验法则。每在床上躺一周，都需要5周的时间来恢复。所以，如果我们假设你从在埃及发病到在这里稳定下来大概有一个月了的话，你大约需要5个月的时间来恢复。"

"5个月？"我和汤姆异口同声地叫了起来。我希望我听错了。

"我知道这听起来很吓人，"萨维得斯继续说，"但是胆结石性胰腺炎——即便没有并发症——也和重大车祸一样严重。这种病的病程就像马拉松，你大概已经跑了11英里了，可还不到半程。幸运的话，我们希望能够控制住你的感染，让你回家接受门诊治疗，慢慢康复。"

听了他的话，戴维也扬了扬眉毛，但没有说话。萨维得斯保证说他的团队会跟进汤姆的病案，但现在他还有个手术要做，不得不离开了。萨维得斯急匆匆地走了，戴维跟我们再次确认了萨维得斯估计的恢复时间是准确的，语气温和而严肃。

戴维解释说，躺在床上不动会导致"去适应（deconditioning）"，肌肉萎缩，走路困难。汤姆在过去的21天里已经掉了40磅（1磅≈0.454千克）体重了，这可不太像是马拉松运动员的样子。我那个能够通灵读心的朋友罗伯特在我们还在法兰克福时也提醒过我们，这将是一场马拉松，而不是冲刺跑。几年前罗伯特曾经告诉汤姆，他在69岁生日的时候会变得很瘦。那时我们都哈哈大笑。罗伯特当时说，"你可以通过好的方式实现，也可以通过不好的方式实现"，以此告诫他要好好照顾自己。现在，不需要通灵师，任何人都可以看出来，汤姆是在用不好的方式来实现的。无论是否命中注定，眼前的长路漫漫是不可避免了。一旦汤姆身体好转，他就要开始接受大量的物理治疗来恢复体力。

"戴维，我能回家过圣诞节吗？"汤姆的声音充满了烦躁和绝望。他厌倦了生病，厌倦了医院里的烦琐检查。此时此刻，离圣诞节只有两周了。戴维转向汤姆，眼睛红红的。

"我不知道。我也希望如此。但我不想撒谎，我必须要告诉你，你的病非常非常重。我们在竭尽所能帮助你好转。"

汤姆的麻醉剂和我的自我麻醉所编织的幻影正一点点被残酷的现实撕碎。我们都一厢情愿地以为，一旦回到圣地亚哥，医生们对不动杆菌有了更多的经验，有了更充沛的资源和最先进的药物支持，汤姆一定会迅速康复。

戴维脸上的神情再明显不过了，他甚至不知道汤姆是否能够挺过来，活下去。

10. 超级细菌感染

拉荷亚市，UCSD 桑顿医院

2015 年 12 月 14—23 日

我很快变成了 TICU 的常驻人士，每天早上都分秒不差地出现在那里。我发现如果想要知道汤姆晚上的情况如何，我需要问询前一晚负责汤姆的值班护士，并且最好在交接班之前，因为他们从交接班起就会忙得不可开交。因此，我每天的日常作息从 5 点开始，起床后简单地吃个早餐，偶尔冲个澡，就要赶到医院去参加查房。由于是 UCSD 的教授，尽管并不是医生，我依旧在专业上受到了格外的尊重。在正常情况下，我从来没有想过自己会出现在那些探讨化验结果、药物使用的会议中，或者参与讨论细致的临床日常护理。但早在法兰克福的时候，戴维和奇普就告诉我要站出来，现在更不是后退的时候。因此，我在每一次会议上都竖起耳朵仔细捕捉一点一滴的信息，然后或甜言蜜语，或抱怨劝说，想尽一切办法做好汤姆的代言人，就好像他的生命就系在这样大大小小的会议之上——而据我所知，实际情况也确实如此。

掌握谁在看护汤姆本身就是一门学问。在埃及或者德国，负责汤姆的医生人数相对较少，而在这里则完全不同，几十名主治医生在 TICU 轮转工作，其中一部分原因是桑顿医院是一家教学医院。参与汤姆日常治疗的科室包括呼吸科、重症监护科、传染科、胃肠科、介入放射科以及外科。其中重症监护科的医生每周轮换一次，其他科室的医生每两周轮换一次，住院医师则通常一个月轮换一次。这真的让人应接不暇，也没有《ICU从入门到精通》之类的口袋书供我阅读。

我在查房讨论中非常努力地聆听，企图弄懂他们使用的术语和行话，以便知道汤姆的病情是否有所好转。这个过程一点都不轻松。刚开始的几天，我只能听懂个大概。他们的讨论中夹杂着大量有关肝脏、肾脏和心脏功能的生物标记物。汤姆的血红蛋白每天至少测量两次，用来衡量他是否需要输血。"bili"是胆红素（bilirubin）的缩写，这是胆囊功能的指标。汤姆的胆红素含量超标，这说明他的胆囊功能不太好。细菌感染让汤姆失去了大概三分之一的胰腺，这使得他成为一个实打实的糖尿病患者，他的血糖也因此被密切监测。他的体液情况则被按照"进出量"详细记录。"进"包括静脉输入、营养补充以及输血，"出"则包括尿液、粪便、呕吐物以及不断从他的胃里通过引流管流出来的胆汁排出物，还有从假性囊肿中通过新放进去的引流管排出来的黏稠物。这次通过介入放射学进行的精细手术是成功的，现在我们能够看到浑浊的黄褐色液体不断排进袋子里，那是我们看得见的敌人，而在这场生物大战中，肉眼可见的东西太少了。化验结果报告、生命体征图表和监视器是我们了解战争走向和情形的唯一窗口。

很快，医疗用语成了我的第二语言。在每天早上的查房中，我已经能够跟上大部分讨论，并且因为我记得汤姆的大部分化验结果，还能够不时地起到些有价值的作用。我现在知道了BP是血压，RR表示呼吸频率。还有一些词，比如血液动力学（hemodynamics）或者AKI（acute kidney injury，急性肾损伤），对于一个流行病学家而言并不是常用词汇，可现在我对它们也越来越熟悉。因此，我开始积极地参与到讨论中，提问时也不再犹豫。一天早上，护士长玛丽莲（Marilyn）打趣地说："欢迎大家参与本次由患者太太主持的查房。"我的儿子卡梅伦小时候常叫我"妈妈医生女士（Dr. Mrs. Mommy）"，我想我现在的身份差不多可以如此总结了。

我这样做并不是因为我认为自己不可或缺，而是专注于这样的细节能够让我暂时忘记更为可怕的整体形势。我从法兰克福的经历中吸取了教训。在那里，我的被动和不知所措为本就失控的现实情况又增加了另一层疯狂。现在，我不再呆坐不动，不再消磨时间。因为如果我那样做，我会立刻想起可能失去汤姆的现实——而我不想面对这样的现实，也无法面对。汤姆在TICU的情况越糟，我越是像一只在蜂巢里嗡嗡飞着的小蜜蜂，寻找各种我可以帮上忙的事情，无论那是什么样的事。通常情况下，我做着护工的各类工作。我学会了如何用一根末端带着一块方形海绵的小棒给汤姆刷牙，如何调整通风机的软管，使它尽量不发出恼人的滴水声，如何通过心脏检测器上的曲线读取测量的氧气、心率、血压数值，如何判断饲食管是否快要空了，以及他每小时排出了多少尿液。我会观察从假性囊肿中接出来的引流管，看看有多少脓性液体流出来，颜色、浑浊度、密度是否发生了改变。我还会留意记录汤姆在使用哪些升压药，分别都是什么级别的。

我为汤姆洗脸，在他的胳膊和腿上涂护肤油，给他剪指甲，将朋友们寄来的祝福卡片挂在墙上，确定音乐电台放着他喜欢的音乐，当然还有查房。大多数日子里，我至少会在他的床边唱一首歌或者跳一支舞。我知道汤姆的清醒程度不一定能让他享受这一切，但万一呢？我唱歌或者跳舞的时候，护士们常常会忍着笑从大厅往屋里面看。他们一定以为我疯了。那个女人的丈夫都病成那样了，她怎么还能有兴致跳舞呢？但我是在为我自己而舞，为我们而舞。现在，我几乎时时刻刻都与汤姆在一起，但也在时时刻刻想念他，想念与他分享生活中喜怒哀乐的日子。如今他要么神志不清，要么昏迷不醒。这不禁让我想到，阿尔茨海默病患者的家属一定也有过类似的经历，当他们的挚爱亲人人还在而心已死的时候。我让自己忙碌于这些琐碎的细节中，这给了我坚持下去的勇气。

在引流管介入手术后的几天，汤姆发热了。他的静息心率超过了每分钟100次——这代表心跳过速，或者简称"过速"，意味着心脏的传导系统出现了问题。他的血压急剧下降，血氧水平也是如此。护士们称他的血氧水平"不饱和"。我在纸上将这些都记录下来。护士们允许我和他们一起看汤姆的电子病历，那里面有每个生物标记物的测量值和正常范围。过高或者过低的检验结果被星号标记出来。从在法兰克福开始，我就已经习惯了看到这些布满雪花的报告。汤姆的电子病历被分成几个部分，每个部分包含若干相关的检测数据。病历上还包含了他的微生物培养结果："球杆菌（coccobacilli）大量，白细胞大量，酵母细胞中等数目。"这一描述旁边还被画了好几个感叹号。汤姆房间的白板上别着一张手写的便条："莎伦·瑞德（Sharon Reed）医生负责该患者。紧急情况请呼叫X30778。"

许多个早晨，汤姆在睡觉，而我则在尽可能多地学习各种医学术语——要么独自揣摩，要么询问护士、住院医师，他们无一不竭尽所能地帮助我。日复一日，TICU寂静的走廊里一点都透不出房间中患者的挣扎。许多患者都独自一人住在这里，其中一些与汤姆一起入院的患者已经去世了。虽然医生和护士对所有患者的健康状况都严格保密，但我注意到，有几个房间的门上贴着"小心飞沫传染（Droplet precautions）"的标记。

"小心飞沫传染是不是因为这些患者有结核病？"我问了艾瑞克·斯科尔滕（Eric Scholten）医生，他是一位专门负责肺部病症和重症监护的住院医生。

"一般不是，"他回答，"这些天的这些病例大部分是流感。"

"流感？真的吗？"我很惊讶。我以为因为流感住院的大部分是婴儿和老人。"人们不打流感疫苗吗？"

"你肯定不敢相信，我们这儿有几个正值壮年的患者，正在与严重的流感抗争。人们都不认为这种事情会发生在他们身上，但每年冬天类似的案例都会发生。我们在加州，这里有不少人反对疫苗接种。"

在流感的袭击下，人的免疫系统会变得十分脆弱，从而无法抵抗其他疾病。又或者免疫系统本身会在攻击继发性感染时失控，从而导致败血症以及器官衰竭。有时候，一个人的某项功能格外脆弱，比如心脏不好、肥胖，或者严重外伤等。在这样的情况下，流感对他们的威胁更大。

从汤姆的房间里，我能够偷偷看到其他几个定期来护士站询问情况的患者家属。其中一个女士四十多岁，一头黑色的短发，穿着粉红色的慢跑服。她走

完美捕手：与超级细菌搏斗的惊魂之旅

进9号床的病房，戴着墨镜和杯状的口罩。随着她将病房的门关上，门上悬挂着的"飞沫传染"的牌子左右摆动着。她慢慢走近一个英俊的男人。那个男人一头乌黑的卷发，一动不动地躺在床上，肚子微微鼓起。他看起来比她大十来岁，可能是她的丈夫。男人的下半张脸几乎被呼吸机盖住了，皮肤像蜡一样。他的输液架上悬挂着几袋深色的液体，我知道这意味着他病得很重。他身后的墙上挂着他与这个女人在幸福时光的全家福，照片里还有3个看上去都不到5岁的小女孩。女人坐在椅子上，一只手抓住丈夫的手，另一只手握着一张纸巾。此时此刻，我们隔着窗户交换了一下眼神。我真想告诉她，我知道你的感受，这一切真的很难。

另一阵剧痛忽然也从我的心底涌起：那是嫉妒。我真希望汤姆只是得了流感，真希望他能够和9号床上的那个男人交换一下。

手机上忽然闪现了来自奇普的短信："你在汤姆的房间吗？"

"是。"

"好，我马上过去。"

汤姆还在睡觉。这些天来他似乎睡得越来越多了。我很高兴能够见到奇普，希望他能帮我看一眼汤姆的微生物培养报告。但当我看到他时，我意识到他在想着什么更紧急的事情。在我的印象中，他总是面带微笑，即便在危急时刻也常常开玩笑。但今天的他格外严肃。

"那个，实验室培养结果刚刚出来了，不尽如人意。"奇普一边戴上手套，穿上白大褂，一边简短地说。他微佝着背，委顿地坐在汤姆旁边的椅子上。他显然不想对我说下面的话，可又不得不说。我感到自己心跳加速，整个胃都缩了起来。

"我们通过引流管从汤姆的假性囊肿中取出了一些样品，微生物实验室对这些分离物进行了敏感性分析，"奇普开始说，"他的不动杆菌对最后3种测试的抗生素都有抗药性，其中包括我们刚刚开始使用的两种'最后防线抗生素'美洛培南和黏菌素。对此我们真的很惊讶，因为这两种抗生素我们才用了几个星期。"

我完全惊呆了。对所有抗生素都不敏感？就在这几周之内？

"现在怎么办？"我问奇普，同时感觉自己的手指尖开始发麻。

"实验室仍然在测试抗生素的组合，看看是否能发现任何协同作用。这需要更多的时间，"奇普回答，他的声音听起来并不乐观，"与此同时，必须要确保继续对假性囊肿中的脓液进行引流，因为我们绝不能让它扩散。"

我指了指汤姆的输液架。每根金属支架上都挂满了各种各样的袋子，包括黏菌素、美洛培南，以及另外两种杀伤力极大的抗生素和一种抗真菌药。医生们依旧在给汤姆用抗生素，这让人觉得这些药物或多或少起点什么作用——至少我是这样想的。

"如果抗生素不起作用，那这些东西在这里干什么？"

奇普看着我的眼睛，起身准备离开。"那些东西，"他直截了当地说，"是为了让我们这些医生感觉好一点。"

哦，老天。他声音里的悲凉将我曾经抱有的唯一一丝希望彻底打破。一直以来，我始终拒绝直视现实，而就在那一瞬间，我感觉整个过程仿佛一出精心设计的戏剧。这些所谓的治疗过程不过是我们所有人在一起进行的一次角色扮演。患者，患者的妻子，绝望的医生，没有人喜欢自己的角色。

"但汤姆·萨维得斯医生那天说，如果运气好的话，汤姆的感染能够得到控制的话，他就可以回家接受门诊治疗了。"我仍不死心，虽然没有任何迹象表明汤姆的好运来了。"恕我直言，我觉得我的那些同事们还没有搞清楚他们究竟在面对什么样的情境。"奇普回答，然后准备离开。他脱下手套和白大褂，沮丧地用力扔进垃圾桶中。"在短期内汤姆不可能离开这里。当然，除非是去太平间，而我绝不会让这种事情发生。"

我也是。但光有决心无济于事。确定奇普走远了之后，我拉上汤姆房间的棕色遮光窗帘，把头靠在汤姆胸前。我终于毫无顾忌地大哭起来。

第二天早上快8点的时候，我像往常一样走进TICU，却在护士站前僵住了。护士站桌子后面的白板上，9号床的后面没有名字。我转过身去，看了看那间病房，就在昨天，那个长着深色卷发的男人还躺在那里，而今天，那张床是空的。

那个得了流感的男人死了。

11. 头号公敌的隐秘行动

　　流行病学家的工作通常是解构灾难，在一场流行病暴发之后回溯它是如何发生的，以便能够预防下一次灾难。从艾滋病、肺结核，到癌症、心脏病，我们对于那些致命疾病能够导致的最坏情况并不陌生。但即便有着相关的经验和知识，在逻辑上搞清一件事与在情感上承认它并不总是同步的。作为一个普通人，正是这样的认知失调让我在很长一段时间里对汤姆的预后有着不切实际的乐观。

　　现实情况是，在社会尺度上，医疗卫生部门的领导人对于抗生素耐药性（antimicrobial resistance，AMR）日益增长的问题视而不见。好像集体性的无知——或者否认——就可以避免疾病的大流行。我问奇普，我们是否应当将汤姆的不动杆菌报告给美国疾病控制中心。毕竟在法兰克福的时候，德国人必须向他们的国家卫生机构报告，况且那时候这些不动杆菌的耐药性还没有像现在这样强。奇普告诉我，在美国，鲍曼不动杆菌的病例不需要报告。事实上，美国疾病控制中心刚刚开始要求全国性大医院对MRSA进行上报。与人们认识到耐药菌威胁的速度相比，美国疾病控制中心的行动远远落后。沮丧之余，我试图搜集每年美国会发生多少起多重耐药鲍曼不动杆菌的病例。结果，除了之前读到过的美国疾病控制中心对于军事病例暴发的调查之外，我什么都没找到。

　　这让我大惑不解。鲍曼不动杆菌被认为是最可怕的耐抗生素病原体之一，那为什么它和与它类似的其他病菌都不需要上报到美国疾病控制中心呢？如果没有一个良好的超级细菌监控系统，我们就无法知道新的抗性基因何时出现，更无从知道它的传播速度有多快。我们无法追踪谁得了病以及他们是怎么得的，更糟糕的是，我们也无法从接受治疗的患者身上获得经验教训。这无疑是在纵容鲍曼不动杆菌在我们的眼皮底下隐秘行动。它当然高高兴兴地接受了这样的安排，悄无声息地蔓延着。从无人上报，到无从发现，最后终于发展到无法治疗。

作为一名流行病学家，抗生素耐药性的问题也在一点一滴地影响着我。最近的好几份高级别报告都试图动员更多有意义的公共卫生行为，却都因为各种各样的原因流产。在流行病学方面，未知之事依旧很多。每年有多少人被超级细菌感染或者致死？在全球范围内，最新的估计数据是70万，但要不了几年，这个数字就将上升到150万。即便在最发达的国家，在最先进的医疗追踪系统的支持下，也没有人真的清楚。即使是最细致的研究报告也是不全面的。

我也一直在用各种各样天真的幻想来麻痹自己。比如认为现代医学可以战胜大多数常见疾病：流感、食物中毒，或者旅行时的偶发感染。抛开科学和统计学不谈，这么多年以来，汤姆接连不断地感染过各类寄生虫和其他病原体。他的个人经历使我总有着这样的预期，认为药物总能战胜疾病，汤姆一定会赢。作为一名科学家，我当然知道微生物世界有多险恶，但我总认为细菌没有病毒可怕，也不如病毒的威胁大。除了导致结核病的结核分枝杆菌之外，我接触过的大多数细菌都是相对无害的。在20世纪80年代的大学微生物课上，我不需要任何通风橱或者防护装备就能将细菌涂在培养皿上进行培养。我会从超市里购买益生菌酸奶，也知道促进肠道菌群中有益菌的生长对健康大有裨益。如果哪天细菌要起来造反也不怕，我们也有抗生素来对付它们——比如我和汤姆在旅行中常常带着的环丙沙星。

我们现在已经把人类送上了月球，开发出了将胆囊顺着消化道从口腔中取出来的技术，怎么会有什么问题是那些世界顶级医疗中心里最好的医生和最好的药物都无法解决的呢？就像戴维曾经说过的那样，我们怎么可能会面对这种曾经如此平凡而无害的细菌束手无策呢？我们到底是怎么了？

自从人类最早的祖先在地球上留下足迹开始，鲍曼不动杆菌和许多其他细菌就与我们形影不离了。它们中的大部分都是相对无害的，在我们的体内生息繁衍，与我们共同进化。在进化的每一步中，细菌的目标都简单而明确：生存和繁殖。它们通过进化来应对生存的挑战。这些挑战包括人类跨越大陆和海洋的迁徙，由此导致的栖息地动植物群的剧烈变化，以及人类自身血液和肠道微生物群落的变化。

　　随着人类文明的演化，我们的微生物同伴们也在变化。拥挤的生活条件、糟糕的卫生条件、航空旅行、战争……这一切都为细菌的生存、繁衍，以及传播提供了新的机会。在弗莱明于20世纪早期发现青霉素之前，细菌这一系列"开疆拓土"的行为并没有受到医学科学的阻碍。进入20世纪后，科学家们在很短的时间内（以进化的尺度看，甚至连一眨眼的时间都不到）开发出了大规模制造和生产抗生素的技术。一时之间，制药公司纷纷开始生产比人类历史上任何一种药物都更具有杀伤性的药物。为了应对这种新的生存威胁，细菌们也不得不加快适应的脚步。这不，它们真的做到了。

　　大自然为它们配备了出色的装备来完成这项任务：发现威胁，迅速适应以保护自己，然后再将抗击方法以遗传的方式传给后代和其他细菌。人类的进化历经了数百万年时间，而细菌可以在几分钟之内做到同样的事。抗生素耐药性可以通过两条途径在细菌中传播：繁殖和一般接触。当细菌进行分裂繁殖时，一个细胞分裂为两个新的细胞。新一代的细菌会自动携带母代产生的突变，这也被称为垂直传播（vertical transmission）。细菌也可以通过水平传播（horizontal transmission）来获得抗性基因。当空气中的细菌相遇时，或者当我们身上的某个细菌与我们所处环境中、接触到的物体上的其他细菌相互接触时，它们能够相互交换抗性基因。

　　这种群体性的基因共享有许多种方式，其中最可怕的一种是通过质粒（plasmid）进行的基因交换。质粒是包含多个抗生素耐药性基因的DNA片段，你可以把它们想象成圆形的宠物小精灵卡牌。鲍曼不动杆菌尤其擅长从其他常见细菌（比如大肠埃希菌或者葡萄球菌）中获得质粒，不断扩大其自身抗生素抗性基因的基因库，并将其传递给后代。

抗性基因赋予了细菌类似分子化学武器的东西。它们由自发的基因突变产生，能够抵抗外来威胁或者使其失效。比如，细菌可以通过产生酶而使抗生素失活，也可以改变抗生素进入的途径，将其转运到细胞壁之外，它们还可以修改受体的结构，使抗生素无法攻击这些受体，从而无法进入细胞。如果某种抗生素能够破坏细菌细胞壁或者其他保护屏障，或者能够扰乱其繁殖周期，那么细菌可以通过重新配置来抵御攻击。一些细菌甚至可以通过休眠（hibernate）来躲避伤害。细菌们通过电信号和化学信息与其他细菌共享防御信息，这被称为"群体感应（quorum sensing）"。在受到攻击时，那些还未获得突变的细菌在攻击中丧生，而那些产生了正确突变的细菌则会幸存下来。

由于没有意识到抗生素耐药性的无形威胁，人们通过咳嗽、握手或者接触细菌聚集的表面将耐抗生素细菌不断传播。这些细菌会相互交流、交换抗药基因，使得不知情者最终受到耐药细菌的感染。这也是为什么畜牧业中过度使用抗生素所造成的耐药细菌繁殖会通过感染动物、环境、食物，最终扩散到人群中。

尽管弗莱明本人从一开始就对抗生素的过度使用发出了警告，但对抗生素耐药性的担忧始终被认为是危言耸听。第一个有关抗生素的麻烦出现在1940年。当时人们发现了一株大肠埃希菌，它通过产生一种破坏青霉素的酶而使青霉素失去活性。两年内，人们发现这种青霉素耐药性在好几株从住院患者中分离出的金黄色葡萄球菌中出现了。但当时，实验室中发现新的、更强的抗生素的速度远快于细菌产生耐药性的速度——至少一开始是这样。

那些被我们称为"大药企（big pharma）"的制药公司现在仅在美国就有4460亿美元的资产。但在20世纪早期，这个行业与江湖郎中走街串巷贩卖蛇油、万金油的时代相比并没有什么实质性的进步。抗生素从出现开始就成为大药企壮大起来的原动力。再加上战争的临近，制造这些新的特效药的利润极其可观。1942年3月安妮·米勒被治愈的病例是抗生素商业史上的一个分水岭。青霉素当时还没有被大规模生产，只是一种小批量药物。治疗安妮·米勒的5.5克药物——大概一茶匙——相当于美国全年青霉素供应量的一半。一年之内，新的制造技术被开发出来，大规模生产抗生素开始成为可能。到了1945年，青霉素成为一种被广泛使用的药物，而这促使弗莱明再次对人们敲响了警钟。

在弗莱明与同事们一同获得诺贝尔生理学或医学奖后，他在一篇文章中写道："如果有人对青霉素的使用继续掉以轻心，他将需要为那个最终因感染了青霉素耐药菌而死的人负责。"然而无论是产业界、医生、患者，还是不愿削减开支的政策决策者，都对这一建议置若罔闻。

仅在1940年至1962年，制药公司就向市场推出了20多种类型的新型抗生素。由于每一类药物中都包含许多不同的亚型，因而实际上数百种新药被投放到了市场。每一种药物都以某种方式攻击细菌，至少在一段时间内起到了作用。这一现象使人们很容易地相信，制药研发的创造力是无穷的。新的抗生素接连不断地出现：链霉素、氯霉素、四环素、红霉素、头孢菌素……万一细菌正在产生抗药性呢？这种想法并非没有出现过。

"那样的话，我们将继续开发新药以保持领先地位。"他们这样说。可他们错了。

自从青霉素被发现以来，已经有超过150多种抗生素被开发出来。对于大多数现有的抗生素，耐药性已经出现并且已经蔓延到全球。按照科学家目前所知的细菌产生抗药性的速度估测，研究人员需要在每个世纪创造大约35种新的抗生素，才能保持领先于细菌性病原体的地位。然而实际情况恰恰相反。自从1980年以来，再没有新的抗生素类药物进入市场。自1962年以来（那时候我还没有出生），再没有新的治疗包括鲍曼不动杆菌在内的革兰氏阴性菌的抗生素被发现。所有的细菌都具有细胞内膜，但革兰氏阴性菌对抗生素的抵抗性更强，因为它们还有一个结实的外膜，这使得许多抗生素都难以穿透。2015年，只有一种有望对抗革兰氏阴性菌的新药处于临床研发阶段。

如今，大多数大型制药公司都关闭了抗生素研究实验室或者解雇了相关研究人员，因为在已知的抗生素类型中寻找新的药物比开发全新的抗生素类型要容易得多，也便宜得多。20世纪中期，政府资金和私人投资为新药开发提供了动力，而如今，这两个巨大引擎在抗生素领域都几乎不复存在。长期以来，全球卫生专家一直呼吁抗生素监管，包括节约使用抗生素，并将一些抗生素束之高阁作为最后的抵抗手段等。但所有这些手段都只会给新抗生素研发带来更多阻碍。一位专家将制药公司对新抗生素开发的抵触与公众不愿购买灭火器进行对比——为什么要花这么多钱去买一件你可能永远也不会用到的东西呢？

与此同时，细菌还在加速进化。随着细菌的耐药性增强，我们用来治疗沙门氏菌、弯曲杆菌、大肠埃希菌和其他相对常见的食源性致病菌的抗生素变得不那么有效了。根据美国疾病控制中心估计，五分之一的人类抗生素耐药性感染来源于食物和动物，这是因为在许多国家，动物被施加抗生素不仅是为了治疗或者预防疾病，也是为了让它们长得更快、更胖。然而长久以来，尽管有着大量的研究证据，农业和制药行业依然坚持认为，饲养牲畜的抗生素和人类的抗生素耐药性之间的联系并未得到明确的证明。2018年，一项使用"分子钟"（molecular clock）对抗药基因源头进行分析的研究强有力地证明，在亚利桑那农场培育的鸡身上的大肠埃希菌与在超市家禽身上发现的大肠埃希菌含有完全相同的抗生素耐药性基因，而这一基因随后即在严重尿路感染住院患者的身上被发现。

医院是最容易感染耐抗生素细菌的地方，因而在医院中进行抗生素监管是至关重要的。但面对超级细菌在高度监视下仍具有的隐蔽增殖和快速变异的能力，传统的感染控制流程形同虚设。在一项研究中，一组研究人员对可能传播病原体的污染物和可能分布细菌的表面和物体进行了取样，并分离了其中的细菌培养物。这些物体包括病床扶手、工作台面、水龙头把手，以及住满患者的病房中的电脑鼠标。他们还在患者和工作人员的手、鼻子、鞋子、衬衫、手机上进行了取样。对这些细菌培养物的研究发现，患者在住院的过程中，他们的皮肤和房间各个表面的"微生物相似性"不断增加——这意味着这一环境中的细菌交叉污染了患者和处于同一环境中的每一个人。来自其他报告的统计数据也同样惊人：在一个有300个床位的医院，可能存在多达6400万微生物转移事件。其他研究证实，我们身处的环境对于自身微生物群落的构成具有一定影响，与此同时，人体的微生物群落也会反过来影响环境的微生物构成。令人惊讶的是，那些常常用在医院的保洁卫生中或者被医护人员用来清洁双手的杀菌剂，以及用在抗菌护肤品中的化学物质，都可能促进耐药菌株的生长，因为它们能够杀死脆弱的细菌，为超级细菌的蔓延扫清道路。一项研究甚至发现，在公共卫生间使用的烘手器能够将耐抗生素细菌传播到附近的表面。

其他可能影响传播的因素还包括所谓的结构因素，从复杂的医疗设备到静脉输液器以及其他管道，它们都为微生物创造了类似公共交通工具的东西。就在汤姆生病的这一年，一则重要的医学新闻报道称，生产医疗设备的镜头制造商奥林巴斯（Olympus）生产的内窥镜无法进行充分消毒，并且他们自己从一开始就清楚地知道这一点。近年来，几次全球性的疫情接连暴发，接受结肠镜检查等常规检查的患者死亡案例频出。最终，这些疫情的源头被追溯到隐藏在奥林巴斯内窥镜内的超级细菌。在汤姆的病例中，一些医生推测，他感染鲍曼不动杆菌的源头可能要追溯到在卢克索诊所插入的用于引流胆汁、减少呕吐的鼻胃管。真相是否如此，我们永远也不会知道。

医院现在常常被认为是最不适合康复的地方，这并非玩笑。如今，超级细菌们正大摇大摆地从医院的窗户向外张望，享用着盘中大餐，憧憬着即将到来的超级细菌无国界时代。

汤姆独白：插曲 3

　　我与斯蒂芬妮走在沙漠里，眼前连一个活物都没有。目光所及，几英里以内只有沙子，滚滚红尘围绕在我们周围。沙子刺痛我们的眼睛，狂风刮擦着我们的皮肤。天空中没有太阳，但空气如炭烧般炙热。我们沉默地行走着，尽量减少消耗。我很渴，但没有水。我的汗液和唾液嘶嘶作响地蒸发到空气中。我想，我们大概会死在这儿。

　　一个贝都因人（Bedouin）仿佛从沙丘中升起来，忽然出现在我们面前。他一身飘逸的白袍，头戴包头巾，看起来如同圣人下凡。他向我们走来，手中拿着一个包裹。他的动作小心翼翼，生怕包裹会掉下来。他停在我们面前，熟练地解开包裹上的棕色布带。他的皮肤黝黑而细腻，指甲盖微微隆起，如同光洁的月亮。我们的眼睛贪婪地凝视着包裹，如同捕猎者盯着猎物一般。我希望那里面是水，或者食物。斯蒂芬妮带着同样的想法看着我。我们知道，我们不该讲话。那个人抬起眼看着我们。他的眼睛如同黑色的鹅卵石，深深地嵌在脸上，他的胡子又长又白，但皮肤却一丝皱纹也没有，我难以猜测他的年龄。

　　那人将包裹里的东西给我们看，那是两个小木盒，大小刚刚好放在手掌心中。每个盒子上都用象形文字刻着我们的名字。斯蒂芬妮和我同时打开盒子。我们每个人的盒子里都有一片一模一样的小小绿叶。叶片丰满而光滑，如同蜡做的，让我想起无花果叶。

　　"吃吧。"那人对我们说。我与斯蒂芬妮对视了一下，又看看眼前的圣人。

他一定是在开玩笑。一片小小的叶子在这片没有水的沙漠里能够管什么用？斯蒂芬妮并未犹豫，她拿起她的叶子，狼吞虎咽地吃了下去。可我不行。我的嘴太干了，我太累了。我要再等等。

那人忽然不见了，如同幻影般消失了。也许那就是幻影吧。我们继续向前走，几天，几个月。我的脚深深地陷入红色的沙子中。我的每一步都比上一步更加艰难。但斯蒂芬妮忽然加快了脚步。她等我等得不耐烦了，尽管没有说出来。圣人再次出现，如同从热浪中升起，还伸着双手。他指着斯蒂芬妮说："我的孩子，你吃过叶子了，你可以走了。"

斯蒂芬妮头也不回地迅速走远了。我看着她的身影越来越小，终于消失。现在这里只剩下我与圣人。我的内心充满恐惧。

圣人摇着头严肃地说："你只剩下一天时间，如果不吃，你将在沙漠中再待一百年。"

我低头看看手里的盒子，打开盒盖。现在那片叶子更小了，也更加干瘪。我小心翼翼地拿起叶柄，但叶子却忽然碎成了许多细小的碎片。其中一些碎片被风吹走了。我只吃到了留在叶柄上的一小块。我绝望得想哭，但已经没有眼泪可流。我想向圣人讨些水，但他又消失了。我感觉自己被孤独致密地包围了起来。

我的手掌捧着空盒子，像埃及的冲积平原，我的皮肤在骄阳下风化，变成白色、鳞片状的痂，一片片剥落下来，露出深红色的沟壑，那是曾经的血管。我五指上的指纹都消失了。我知道，这种皮肤异化意味着我不再是一个人，而是一具尸体。我脚上的皮肤如蛇皮一样剥落，落在地板上。我忽然认出那是TICU的地板。一个女人正在用笤帚扫过我的皮肤。原来我已如此没用，他们正在处理我的身体。我看到一个红色的箱子，上面用大写字母写着"生物危害（BIOHAZARD）"，我的身体正一个细胞一个细胞地消失在这个箱子里。我张开嘴想要叫喊，但发不出声音。

我知道，我将这样死去。

12. 另类现实俱乐部

2015 年 12 月 24 日——2016 年 1 月 16 日

很快，圣诞节到了。女儿们从湾区飞来和汤姆一同过节，假期的大部分时间孩子们都在家与医院之间往返。往年过节时，女儿们常常一起去海边游泳。不游泳的时候，也会一起出去逛街或者看电视，而现在，所有的娱乐活动都只能在屏幕上进行了。但她们的出现依旧极大地鼓舞了汤姆萎靡不振的精神，我也得以有机会去温哥华和卡梅伦待上几天。卡梅伦马上就要 23 岁了，他是平安夜出生的，所以每年他生日时，到处都是喜庆的节日气息。在卡梅伦还是个孩子的时候，他就更喜欢安安静静地与我和他的爸爸一起在家里过生日。他一心一意地收集全套宠物小精灵交易卡，并且能记住小精灵进化的各种形式。他还会在自己的掌上游戏机上玩这款游戏，让小精灵们彼此战斗，看它们在连续战斗胜利后能够获得什么新的超能力。在那个时期，只要宠物小精灵的主题曲"一个都不放过！一个都不放过！"的旋律响起来，包括我在内的许多家长都会立刻头疼。

对于一个"不太懂"同龄人的小孩（他们也不太懂他）来说，卡梅伦在大学里收获了惊喜。在那里，他终于交到了几个很好的朋友。每年圣诞节前后，我都会邀请卡梅伦和他的朋友们来家里吃一顿丰盛的节日晚餐，同时也为卡梅伦庆祝生日。卡梅伦是在学校的另类现实（Alternative Reality）俱乐部认识这些朋友的。但在今年，这个名字适用于我们所有人。只是卡梅伦他们的另类现实版本展现的是生活正面乐观的一面，而我们家的却一点都不乐观。

卡梅伦小时候的另一个爱好是用乐高积木拼《星球大战》（Star War）电影里的角色形象。这个爱好深得我心，因为我也是《星球大战》的狂热爱好者。他三岁时的某一天，他爸爸史蒂夫给他把晚餐端了过来，我提醒他要用叉子，他忽然抬头望向天空，小手紧紧地抓住叉子喊道："用叉子，卢克！（Use the fork, Luke!）"[1] 我们当时都哈哈大笑——现在，如果这样真的能够从绝地大师欧比旺·克诺比（Obi-Wan Kenobi）那里召唤原力的话，我绝不会笑。

我们家一直以来就有一个传统，要在圣诞节前一起去看《星球大战》系列电影的首映式。几个月前，我为卡梅伦、汤姆和我预定了《星球大战：原力觉醒》（Star Wars: The Force Awakens）的票。这是近几年来第一部《星球大战》电影，卡梅伦和我一直在数着日子。显然，汤姆今年肯定来不了了，所以卡梅伦带来了他的朋友杰西（Jesse）。电影很精彩，但我忍不住将绝地武士（Jedi）和第一秩序（First Order）之间的战斗与鲍曼不动杆菌和汤姆的免疫系统之间的战斗相比。汤姆的抗体和自然杀伤细胞（Natural killer cells）能战胜细菌吗？我还记得奇普在法兰克福时发给我的幻灯片，里面清楚地画出了肝胰壶腹的解剖结构。那正是胆结石无法通过的地方，也是那个像死星（Death Star）一样的假性囊肿开始形成的地方。我们能够找到一种像爆能枪（Blaster）一样的生物武器来干掉汤姆的鲍曼不动杆菌吗？

我当时并不知道，自己其实已经出现了创伤后应激障碍（PTSD）的一些症状。只是感觉每次当X-翼星际战斗机的飞行员炸毁一艘飞船时，影院里的杜比环绕声发出的巨大响声都狠狠地锤进我的脑袋里。我的神经绷得紧紧的，已经快要断了，每一个悬念重重的情节都会引发我极度的震惊。我侧过头看了一眼卡梅伦和杰西，看他们是否与我有着一样的反应。两个人都神态自若地靠在

1　"用叉子，卢克！（Use the fork, Luke!）"：源自对《星球大战》电影中台词的误读。原台词为使用原力，卢克！（Use the force, Luke!）

椅背上，一边吃着爆米花，一边咧着嘴笑，因为在他们心里，这些场景都仅仅是电影里的情节，因为这就是电影。但是对于我来说，我的世界已经支离破碎，我的一部分在电影里，可另一部分却在看另一个我和汤姆一起被炸成碎片。影片结束后，卡梅伦也看出我被吓得魂飞魄散。

"妈妈，"他小心翼翼地说，"也许在汤姆出院之前，你更适合在家看《法医档案》（Forensic Files）。"我一直是这部让我们又爱又恨的老掉牙片子的忠实粉丝。最近，我总是呆呆地看这部片子，让它来占据我大脑中紧张不安的部分，而与此同时，冷静、分析的部分则在继续解决拯救汤姆性命的难题，这难题就如同一个复杂的特别版魔方。《法医档案》是一部根据真实案件改编的电视剧，在法医科学的帮助下，所有的案件都能在一集24分钟内被完美解决。不知道为什么，答案总是在他们的眼前，只需要使用尖端的科技就能立刻发现。可在汤姆的病案里，解决办法总是飘忽不定：你以为你找到了它，下一秒却发现仍是竹篮打水一场空。

卡梅伦天生就不是一个格外乐观的人。他的大脑和我很像，天生具有非感性的逻辑和推理能力。但近年来，尤其在他父亲去世后，他又在各个方面表现出了同情心和同理心。现在，这种同理心也体现在我们正在经历的这场家庭危机中。在我飞回圣地亚哥之前，我和他一起喝着啤酒闲谈。他和我碰杯，并且告诉我，我救了汤姆的命，他为此非常自豪。我深受感动，尽管汤姆的情况可能顷刻间发生改变。

事实上，汤姆的临床状况的确处于一种奇怪的边缘状态。虽然他体内的鲍曼不动杆菌现在对每一种曾经看起来有希望的抗生素都产生了抗药性，但只要它们依旧还待在假性囊肿里，就似乎有什么东西在轻微地抵御细菌的贪婪生长——这可能是汤姆偶尔勉强运转的免疫系统。

新年前夜到了，家里的气氛稍微好了一些，因为汤姆似乎又轻微地有所恢复。我迫不及待地想要迈过2015年，迎接2016年的到来。在我的想象中，这样似乎就可以奇迹般地将这一页翻过去。但好的一面是，汤姆的病情现在终于正式被列为"稳定"——几周前我们几乎不敢想象这种情况。他的治疗现在被分配给普通的医疗团队，而不再由肺部专科和重症监护团队负责，这是一个好迹象。新年那天，更是发生了一件里程碑式的事件：汤姆从TICU被转移到了普通病房。我和孩子们都欣喜若狂。接触预防措施仍要执行，但现在他可以睡得更好一些，也被安排了一些定期的物理治疗。我想，这一页大概真的翻过去了。

我在家里又收养了两只小猫崽，给胖乎乎的牛顿作伴，希望不久后它们能够一起迎接汤姆回家。博尼塔（Bonita）和帕拉迪塔（Paradita）都是无国界动物救援组织（Animal Rescuers Without Borders）救下来的走失小猫。我拍了一段它们在同一个喂食碗里吃东西的视频给汤姆看，汤姆觉得有趣极了，这也让他更加想家。新年伊始，全家的共同新年愿望就是把汤姆接回家。然而前路漫漫，阻碍重重，我们不得不一次次修正预期和计划，然后静心等待。

一月初的一天，戴维来看望汤姆，然后我们一起吃了中午饭。吃饭时他告诉我，实验室进行的抗生素协同作用的实验结果出来了。漫长的等待只带来了令人失望的消息：实验没有发现新的治疗方法——抗生素联合使用并没有效果。汤姆目前的情况暂时稳定，但面对鲍曼不动杆菌，我们却毫无办法。吃汉堡的时候，戴维偶然提到，他最近读到我们系另一位同事的实验室发表的一篇文章，文章报道了3种抗生素联用——利福平（rifampin）、阿奇霉素（azithromycin）以及黏菌素（colistin）——对于一些多重耐药性细菌可能有协同作用，至少实验室里的测试结果是这样。在通常情况下，阿奇霉素并不会被用来治疗革兰氏阴性菌，但他们实验室的研究表明阿奇霉素可以削弱细菌细胞壁，让黏菌素得以进入细菌，然后杀死它。这引起了我的好奇心。那天晚上我在PubMed上搜索了一下，找到并且阅读了那篇文章。

如果是在一年前，阅读这样的抗生素联用的论文可能会激发一些有意思的讨论——就像那种你在午餐讲座上听到同事报告他的研究项目时的讨论：他的项目可能很有意思，但与你自己并没有什么密切关系。但现在，为了照顾汤姆，我早已不再是平时工作时那种状态，任何一项可能帮助我们走出死胡同的支路都值得试一试。我们能够在汤姆身上尝试这种疗法吗？

想要知道答案，只有一个办法。

我曾经在UCSD的某次校级会议上遇到过这篇文章的通讯作者维克多·尼泽特（Victor Nizet）博士，此时，我毫不犹豫地给他发了一封电子邮件，问他是否愿意用他的药物组合来测试一下汤姆的细菌分离物。他同意了，并建议在他们实验室先试一试，看看能否在汤姆的超级细菌上观察到协同作用。几天后，维克多实验室的传染病研究员莫妮卡·库马拉斯瓦米（Monika Kumaraswamy）博士的实验表明，这三种抗生素联用可能有一些益处。虽然这一作用目前只在培养皿中被观察到，但对于我们来说，仍然是个好消息。

第二天，我问汤姆，如果医生同意的话，他是否愿意试一试这种实验性的抗生素组合。他表示愿意。接着我又给奇普发了邮件，向他询问传染病小组的其他成员对于这种实验性疗法是否赞同。答案也是肯定的。和戴维一样，奇普认为将阿奇霉素加入汤姆的治疗方案中至少是没有害处的，因为阿奇霉素比他已经使用过的其他抗生素安全得多。

使用这种新的抗生素组合后，汤姆的病情略有好转。他睡得踏实了一些，开始能够吃下一些稀软的食物，甚至能够自己消化一些。他还和理疗师埃米（Amy）一起开始了一些康复训练，每天两次，练习坐立。维克多的抗生素组合并不能治愈汤姆，但它控制了感染，这为我们赢得了更多的时间。

奇普也深受鼓舞。

他说："只要我们能够将伊拉克菌保持在假性囊肿里，并持续引流，汤姆的免疫系统也许有希望恢复到足以自行清除感染的程度。"

这是几个星期来我们得到的第一个真正的好消息。但我依旧心怀忧虑，汤姆的精神状态尤其让我忧心忡忡。他的幻觉越来越频繁，也越来越严重，很难确定它们究竟是疾病的一部分、药物的作用，还是医院的隔离导致的，又或者这是他的大脑用来应付这一切的方式，也有可能正确答案是"E——以上都对"。不管这些噩梦般的幻觉在他的内心究竟是什么样子的，从外界看来，汤姆就像一个精神错乱的人。同时这些幻象深深地困扰着我。每当他的幻觉达到顶峰时，我就感觉我和汤姆是在深渊的两边，只有一座摇摇欲坠的桥梁相连，而达斯·维达[1]正想摧毁它。

一天凌晨，我的手机响起了汤姆标志性的铃声——托马斯·杜比（Thomas Dolby）的《她用科学蒙蔽了我》（*She Blind Me with Science*），我急忙从床上爬起来才够到充电器上的手机。

"怎么回事？"我颤抖着问，一边拿着手机爬回被子里。

"我们在一个不存在的国家拥有财产吗？"汤姆的声音里充满了焦虑。

他到底在说什么？我该怎么办？

"亲爱的。"我试着开口，"我不太明白你的意思。"

汤姆叹了一口气。他显然很激动。"你往前想，以前，好久好久以前……我们第一次见面那时候，我们是在一个已经不存在了的国家买了个房子吗？我们现在是不是失去了一切？"

这就是他早上四点钟打电话给我要讨论的问题？简直疯了。我决定再试试，看看汤姆是否还有些许理智。我尽量保持声音镇定而平静，以免吵醒女儿们，同时也希望能以此安抚汤姆。

"汤姆，现在是半夜。我几小时之后就过去你那边。我过去之前会检查一下咱们所有的财务文件，我保证所有东西都没问题。"说完，我深深地呼了一口气。

我挂了电话，但一点困意也没有了。我用锥形滴滤器做了一大壶咖啡。汤姆是个咖啡迷，他坚持认为只有滴滤才是唯一正确的咖啡制法，要求我们在家只能这样做咖啡。咖啡溢了出来，洒得厨房台面上到处都是，简直一团糟。我大声骂了两句，两只小猫吓得钻到餐桌下面，牛顿则远远地站着，盯着我。

开车去医院的路上，我一直在想怎么跟汤姆沟通。我们得谈谈他幻觉的问题了，之前没有人跟他聊过这个。但我一迈进汤姆的病房，就看到他脸上有一种难为情的神色，并且立刻收回了之前的问题。"对不起，宝贝，"他不好意思地说，"我不知道我刚才在想什么。我觉得我脑子被特洛伊木马入侵了，就像收

1　达斯·维达（Darth Vader）：《星球大战》里的头号反派，拥有强大的天赋和能力。

音机里的歌唱的一样[1]。"

听到汤姆的道歉，我心里很难受：因为这不是他的错，他对此无能为力。而我和女儿们对此似乎也无能为力——并不是我们不说哪些话或者不做哪些事情就可以避免刺激他。哪怕没有任何刺激，他也会时常陷入类似这样的精神错乱的状态中。他精神状态的恶化十分明显，不容忽视。他常常静静地躺着，仿佛陷入某种"自我修复"状态，毫无生气，然后就会忽然开始神志不清地胡言乱语，就好像从某个平行宇宙中忽然跑了出来。

有时候，他甚至认不出我。有一次，当他又一次不认识我的时候，我决定亲自解决这件事。我先确定他病房的门是关好的，然后将上衣向上掀开举过头顶，露出内衣在他面前晃，对着他大喊："如果我不是你的妻子，我会这样做吗？"还有一次，当精神科医生问他是否认识我时，他摇了摇头。我又问他："你结过两次婚。那么我的问题是，我是你的第一个妻子还是第二个？"汤姆猜测着回答："第一个？"唉，对不起，答案错误。

如今的汤姆仿佛由两部分组成，一边是真实的化验数据，另一半则是虚无的精神错觉。超级细菌依旧在他体内潜伏，但化验数据表明他已经开始有了轻微的改善。每一天，医生都在向汤姆保证，他的情况正在好转。但另一方面，汤姆却认定自己快死了，还表现出了重度抑郁的各种迹象。以前，女儿们的拜访总是能够使他精神振奋，而现在好像也不起作用了。一天早晨，我去看汤姆，他郑重其事地看着我。

"我们需要开个家庭会议，"他对我说，"商量一下拔管的事情。"

"什么？！"我惊呼，"你在说什么呀？"

"我要死了。承认吧。戴维和我在半夜长谈了一次，他告诉我一切都该结束了。所以我们现在要讨论一下如何结束——比如安乐死。"

我吃惊得下巴都要掉了。这怎么可能呢？不可能。

"汤姆，亲爱的，宝贝儿。我昨天刚刚才和戴维聊过，他什么都没说。戴维、

1　指 Atlas Genius 乐队的歌曲《木马》（*Trojans*），其中一句歌词为：你的木马在我的脑海（Your Trojan's in my head）。

奇普，还有其他医生都认为你正在好转！你刚才说的和戴维的长谈会不会是你想象出来的？"

我抓起他的手机，查看了最近的通话记录。手机显示，汤姆确实试图在半夜给戴维发了短信，但没有打过电话的记录。我将手机给汤姆看，可他还是坚决说自己是对的。无奈之下，我给戴维打了电话。

"怎么了，小甜妞？"戴维带着他唱歌般的南方口音。他的词典里好像有着无穷无尽诸如此类的土味情话，尽管听起来傻里傻气的，但不知道为什么，总是能让人安心。

"一言难尽，"我说，"我现在在汤姆这儿，他说昨天晚上跟你讨论了安乐死。还说你告诉他他快死了，所以要求我们给他拔管！"我听见戴维在电话的另一头急促地倒吸了一口气。"我马上过去，"他回答，"千万别莽撞行事！"

戴维到达后，确认前一天晚上并没有和汤姆谈过什么安乐死的事儿。我们再次把手机通话记录给汤姆看，告诉汤姆他根本没有跟戴维打过电话。汤姆有些懊恼，也感到不可思议，因为他越来越意识到，他的头脑分不清真实的和想象的，他没办法再相信自己了。

"戴维，"汤姆说，"我觉得我快疯了。"

"是啊。"戴维歪着嘴笑了起来，沙哑的笑声充满了房间。

"不，我是说真的，"汤姆说，"我有时候会看到一些……一些奇怪的东西……"

戴维点点头："嗯，讲出来。"实际上，戴维也曾经有过类似的健康问题。几年前，他经历了一系列奇怪的中风，并在TICU住了几个星期。神经科医生对他进行了各种测试，然而并未诊断出病因。但这段经历让他对患者有了更深的理解，更加能够感同身受。

汤姆叹了口气："从哪里开始讲？就在几天前的某个晚上，我感觉自己正在护士站周围的地上爬，护士们用针和金属碎片不停地戳我。然后我被带到了介入放射科，我觉得那些戳进我身体里的小金属片都会被磁铁吸出来——这可能会要了我的命。"

戴维坐在床尾，用自己戴着手套的手握住汤姆的手。"这是重症监护室综合征，很多ICU患者或者其他长期住院患者都有可能患上它。在这里，你分不清白天和黑夜，所以你的大脑会混淆，会迷糊。我当时住院的时候，特别真实地觉得我回到了田纳西农村的老家，正躺在童年树屋的地板上。你没有疯。我之前还在犹豫，但现在看来，你确实需要离开这里了。"

1周之后，1月中旬的一天，那个星期负责汤姆的住院医师甘地（Gandhi）告诉我们，汤姆将在未来几天内出院，然后被送到一个长期急性损伤护理中心。汤姆很高兴，但我却立刻紧张起来。诚然，化验指标显示汤姆的免疫系统略有恢复，这说明他的身体成功地将鲍曼不动杆菌隔离了起来。但他看起来绝不像是一个正在康复的人。大多数时候，他都在平静地"休息"，面色苍白得像一具尸体。他的身体成功隔绝鲍曼不动杆菌的同时，他的思想似乎也在与我们隔绝——这一点越来越明显。当他似乎迷失在某个黑暗的内心世界时，就会出现持续不断的妄想，这种情况一点都不乐观。在这次出院检查中，他们是否考虑了这一点？尽管如此，我还是给奇普和戴维都发了短信，将出院的安排告诉了他们。他们两个都表示担心，认为现在出院为时过早。可我们的担忧让汤姆很生气，因为他觉得我们并不支持他出院。他用恳求的目光看着我："咱们不能直接回家吗？"不能。因为他还在接受静脉注射抗生素治疗，回家是不可能的。

第二天，奇普和戴维的同事——传染病科医生兰迪·塔普利兹（Randy Taplitz）来看汤姆。我之前与她有过一面之缘，奇普告诉过我，她是他们系最好的传染病医生之一。

她穿了一件黄色的长袍，从门口走了进来，友好而有力地与我们问好。

"很高兴看到你从TICU出来，但现在我们遇到了一点小麻烦。"塔普利兹医生说，"我们从你假性囊肿的引流管中培养出了一种新的细菌，脆弱类杆菌（Bacillus fragilis）。这是一种常见的肠道杆菌，通常情况下不是耐药菌。我们怀疑它可能来自引流管，而非假性囊肿，但这是潜在的隐蔽性感染迹象。"

"哦，不会吧，"我哀叹道，"甘地医生告诉我们汤姆这周就要出院了，很有可能就是明天。"

塔普利兹医生转过头来看着我，双眼眯了起来。"我听说了，"她语气谨慎，"这个计划和安排相当激进。我建议我们放缓出院计划，先确保这个新鉴定出来的细菌不构成威胁。事实上，汤姆，为了以防万一，我要重新给你用上美洛培南。这是一种你之前用过的抗生素，你对它的耐受性很好。我估计我们只需要短期使用这个药。"说完，她看着我们，等待我们的反应。汤姆瘫在床上，慢慢地点点头，一副听天由命的样子。

我耸耸肩，对塔普利兹医生说："听你的，你是专业的。"暗自却松了一口气。我无论如何都不想让汤姆出院去一个不能进行复杂护理的二级诊所，至少现在还不是时候。

"好的。"塔普利兹医生回答，一边走到门口，脱下防护服和手套，洗了洗手。"现在我们最怕的就是感染性休克。"

13. 转折点：全身性感染

2016 年 1 月 17 日——2 月 14 日

"哇，快看！"甘地医生惊讶而又兴奋地看到汤姆抓住病床的扶手，将自己拉起到半坐起的位置。前天，在我和艾米的物理治疗团队持续不断的鼓励下，汤姆第一次在生病后做到这个动作。"你现在强壮多了——这真是太好了！让我看看你的腹部。"汤姆挪坐到床边，让双腿悬在床外，甘地医生摸了摸他的腹部，又听了一下他的肺部，肯定地点了点头。汤姆慢慢退回床上躺好。甘地医生每天早晨都来看望汤姆。我发现自己和他都很喜爱印度菜，于是时常交流一番。他来自印度德里，德里又恰好是我最喜欢的城市之一，于是和他闲谈起我在那里进行的针对海洛因使用者的研究。汤姆也插嘴进来一起讨论。他聊起他在那格浦尔（Nagpur）所领导的针对性工作者的艾滋病研究项目，以及他对印度菜的热爱——印度煎饼（dosas）蘸辣椒酱（sambal），鹰嘴豆咖喱（channa masala），米饼（idli），炸面球（puri），等等。

在汤姆病床的另一边，当天的值班护士艾琳（Erin）正在将汤姆的生命体征输入联网的电子病历系统。"饿了吗？午餐吃什么？"她开玩笑道，"麦当劳？麦乐鸡怎么样？"

我们都笑了。汤姆仍然在吃流食，每顿饭还会吐出来大概一半。现在的他大概对麦当劳没什么胃口。

"天哪，你的引流袋又满了，"艾琳惊讶地说，"我一个小时之前才清空过。"

我正坐在汤姆的床尾，探身看过去。"颜色也很奇怪，这是一种奇怪的浅黄色，"我补充道，"之前一直是不透明的棕黄色。"

甘地医生眉头紧锁："注意观察。"他吩咐艾琳，然后转过身来对我说："看起来像是腹水，真是奇怪。我去叫胃肠科的住院医师过来看看，顺便拿一个大一点的引流袋来。"

"现在流的速度更快了，简直是在往袋子里面灌！"艾琳的语速加快了，语气里的惊慌越来越强烈。

"测量一下收集了多少液体。"甘地医生也加快了语速。

"这里有500毫升——这还只是最后一个小时的量。"她回答道，举起引流袋给甘地医生看，袋子又快要半满了。

"我们应该留些样送去检验吗？"我问。

"是，这是个好主意，"他回答，"就按你说的做。"

"我有点冷，"汤姆虚弱地说，"能给我一条暖和的毯子吗？"

"当然，"艾琳回答，"我这就打电话要一个——"

忽然，汤姆开始发抖，剧烈地发抖。"我——好——冷——"他喃喃地说，豆大的汗珠挂在额头上，脸颊一片潮红。

"我觉得这不太对。"我咬着下嘴唇对甘地医生说。

"我也觉得。"他回答。话音未落，我们的担忧就立刻变成了现实："他要休克了——坚持住！"甘地医生喊，然后马上呼叫了TICU的值班住院医生，让他立刻过来，艾琳也用她的步话机呼叫了护士长。

汤姆的呼吸忽然变成了极速的喘息。他开始猛烈地摇晃，晃得整个床架都嘎嘎作响。我想起戴维曾经告诉过我：如果他抖到床都跟着晃，那就是寒战，也是败血性休克的迹象。我看了看心脏检测器，发现汤姆的血压在几分钟之内就从 110/72 mmHg 降到 90/55mmHg（1 mmHg=0.133 kPa），呼吸频率增加到每分钟35次，然后又变成每分钟40次。而据我所知，他的正常呼吸频率应低于每分钟20次。

"他的血压在直线下降！"我喊道，"呼吸频率也不正常。天哪！"

甘地医生拿着手机，在汤姆的病床和窗户之前的狭小空间里来回踱步。"是的，立刻，"我听到他对着电话说，"他已经休克了。"

护士长朱莉（Julie）飞快地跑了进来，套上防护服和手套，和艾琳一起来到床边。"要呼叫急救团队吗？"她一边问甘地医生，一边将几条毯子盖在汤姆身上。床还在拼命地抖，我甚至能听见汤姆上下牙碰撞的咯咯声。

甘地医生顿了一下，显然是在思考。"先不用，"他回答，"先给他吸氧。TICU的医生应该马上就到了。"他边说边看了看表。

就在此时，一个年轻的医生冲了进来，从他标志性的板寸头，我认出他是TICU的医生。他从大楼另一侧的二楼跑过来，上气不接下气，白大褂飘在身后。他在病房门口停下，套上一件黄色的防护服。我看到他衣领上挂着的名牌，上面写着"肺部重症监护住院医师：王医生"。他也认出了我，向我点点头，算是打了招呼，然后径直跑向汤姆。

朱莉刚刚给汤姆量了体温。"38……哦，不，39.3摄氏度。"她简短地说着，同时看向两位医生，等待下一步指令。我不知道自己能做什么，只好跑到几米外的卫生间用凉水浸了一块毛巾给汤姆敷额头。

"坚持住，亲爱的，"我用凉毛巾给汤姆擦了擦脸，低声对他说，"我们会搞明白这是怎么回事的。我不会让你离开我。"汤姆看着我，慢慢地眨了眨眼。透过他的瞳孔，我看到了恐惧。

王医生用了不到3分钟做完了初步检查，掏出手机开始联系其他医生。我看向艾琳，她又在清空汤姆的引流袋，它又满了。王医生挂了电话，转向我们："TICU有一个空床位，我们现在把汤姆送过去。"

"现在？！"我无比震惊。一瞬间，我想起曾经看到过的一个可怕的统计数字：单单在美国，每年死于败血症的患者就数以十万计。现在汤姆的情况如此紧急，很有可能他即将成为这个统计数据中的一个数据点。汤姆心里当然对此也清楚至极。当医生们在为将床位转移到TICU做准备的时候，汤姆深深地看了我一眼，那目光里分明写着：看吧，我知道我就要死了。我的嗓子一下子哽住了。我强忍住眼泪，努力地咽口水，也将泪水一起咽下去。真希望这一次他是错的。

朱莉、艾琳以及另一位助手开始将汤姆的盥洗用品塞进一个标着"生物危害"的大塑料袋里。"帮我把他的东西都拿过来，"朱莉吩咐我，"我们需要将所有的东西都带上。"几分钟后，汤姆被轮床推着去往TICU。王医生和甘地医生在床的两侧跟随着他，甘地医生还推着输液架。我在后面跟跟跄跄地追着，手里拎着汤姆的三袋衣物、我的钱包还有背包。

在路上，我们遇到了塔普利兹医生。她看到我，立刻停了下来，惊讶地扬起眉毛。不知怎的，见到她，我心里忽然一松。"怎么回事？"她问，边问边转过身，跟着我一起小跑着跟在汤姆的轮床后面，穿过大厅向TICU奔去。

我强装着的镇定彻底垮了，泪水一下子涌了出来。"哦，兰迪！"我边哭边说，"一分钟之前他还好好地坐在床上，然后……然后他的引流管开始不停地流出这些……这些淡黄色的液体……现在还在流……然后他就全身发冷，现在还高热不退……"

兰迪的眉头皱了起来："听起来像是腹水。他现在休克了，我在想是不是因为我们在引流管中发现的脆弱类杆菌导致的。如果是的话，倒不是什么大问题，因为昨晚他就已经开始服用美洛培南了。但他们还要排除MI。"我启动了大脑中的维基百科（wikipedia）：MI——心肌梗死（myocardial infarction）。

双向弹簧门又一次打开，我们再次回到TICU。汤姆这一次被安排到走廊尽头的第十一床。这是一间长方形的大房间，尽头有一扇窗户。但汤姆现在已毫无意识，我不知道他是否还有机会从这里望向外面。他闭着眼睛，满脸通红。他的呼吸短而急促，就像濒死前的喘息。一群医生和护士开始对他进行抢救，将他接到新的心脏检测仪上，重新接上静脉通道，测量生命体征。他的呼吸频率仍在飙升，先是45次/分钟，然后变成50次/分钟。在房间的一角，两张熟悉的脸出现在门口：护士长玛丽莲和退伍军医乔（Joe）。之前就是他们跟汤姆一起历经劫难——现在还是。

"发生了什么事？！"玛丽莲问，"前几天见到你的时候，你不是还说汤姆马上就要出院了？"

"我们当时确实是那么想的，"我双手抱肩，沮丧地说，"但现在看来，情况并非如此。"

乔用手拍了拍我的肩膀。"坚持住，孩子。"他试图鼓励我，但在残酷的事实面前，这鼓励显得苍白无力。乔有着一双睿智的蓝眼睛，头发短短的。汤姆在神志不清的日子里没少跟他发脾气，但他都毫不在意。乔和玛丽莲显然都被现在的情形吓坏了，但还是暂时退回了护士站，给重症监护组的急救人员腾出空间。

在TICU团队对汤姆的情况进行评估时，兰迪一直陪着我坐在房间的一角，这对我是莫大的安慰和支持。奇普和戴维告诉过她，我在圣地亚哥再没有其他亲人了。我呆呆地坐着，忽然感觉自己灵魂出窍了，我的灵魂来到了空中，低头看着汤姆、医生们和我自己——一个头发脏兮兮、神色木然，仿佛只有一副空壳的女人。

其中重症监护科医生米姆斯（Mims）忽然厉声下达了一个指示："立刻呼叫麻醉！"我一下子没闹明白。

我转向兰迪。"为什么他们要呼叫麻醉科医生？"我小声地问。

"他们需要给汤姆插管。"兰迪平静地解释道。

"哦，不，不要插管，不要上呼吸机……上帝啊……"我的嗓音因为紧张而不自觉地提高了，听起来有些失真，仿佛一个歇斯底里女人的哀号。我的内心则在默默盘算：气管插管，生命维持，死亡前奏。

"会好起来的，"她安慰我，"相信我。他现在马上需要呼吸支持，希望熬过这几天就能够撤掉呼吸机。"

几分钟后，一队新的医生也赶来了。汤姆的房间里现在有十几个人。他们里外三层地围着他的床，从我这个角度几乎都看不到汤姆了。泪水接连不断地涌出我的眼眶，再顺着脸颊流下。有人递给我一张纸巾。我依稀听到有人说，现在大概有3升液体从汤姆的体内流入了引流袋。

一个我不认识的苗条金发女人从这群医生中走了出来，走向了我。"您是帕特森夫人吗？"她问我。

我茫然地看着她，一时没有反应过来。"哦，是的。我是汤姆的妻子，不过我叫斯蒂芬妮·斯特拉次迪(Steffanie Strathdee)。"

她戴着手套递给我一份文件。"我是梅尔(Meier)医生，是汤姆的麻醉医生。我们需要马上给你丈夫进行气管插管来帮助他呼吸。他在麻醉状态，不会记得这段经历的，当然我们也不希望他记得，因为这……不是什么愉快的回忆。您是否同意我们进行这项操作？"

我点点头，在文件上签了字。她向我道谢后又回到了蜂群般的医生团队中，指挥着那里的活动。又过了五分钟，他们各自的工作完成，接连从汤姆的病床旁退开，汤姆重新出现在我的眼前，我倒吸了一口气。在我面前的汤姆，整个脸都被呼吸面罩罩住，一根巨大的管子通过面罩进入他的嘴里。这副样子和之前九床去世的流感患者一模一样。呼吸面罩与一个齐腰高的精巧装置相连，那机器占据了他病床右侧的全部空间，上面布满了各种仪表和调节钮。后来我才知道，当时这些旋钮都被调到了最大值。这就是可怕的呼吸机。我忽然一怔，意识到现在的汤姆不能说话了，而我几乎想不起来我们最后说过了什么。我还能听到他的声音吗？这一切怎么发生得这么快？我一时手足无措。

兰迪看着我，目光中充满了担心。"你还好吗？"她问我。

"嗯。哦，不……我也不知道……"我看着她，想微笑一下，但失败了。

她又递给我一张纸巾。"有什么人现在能够帮助你，给你一些支持吗？"她温柔地问我。

两个女儿从12月中旬就待在圣地亚哥，一直待到1月底。卡莉几天前才刚刚离开，她有不少事要忙，还要处理假期里家里被偷的事。全家每个人都在根据汤姆的情况调整自己的安排，竭尽所能地帮助我和汤姆。

"汤姆的女儿们刚刚回到旧金山湾区。"我告诉她，心里依旧茫然一片，几乎无法集中注意力。我也不能麻烦好朋友丽丝（Liz）。虽然她住的地方就在离这条街不远的地方，但我知道她的丈夫刚刚被诊断出胰腺癌晚期。现在我就更不能给她增加负担了。许多人都在以各种方式支持我们，但……

"给汤姆的女儿们打电话吧，"兰迪说，"如果她们需要知道更详细的信息，我可以跟她们解释。"她温柔地建议。我必须得承认，我不想打电话给女儿们的其中一个原因是，我之前干过几次"狼来了"的事——我的过激反应有时会让她们难以判断究竟情况有多严重。我不怪她们，因为我自己也是摸着石头过河，花了很长时间才搞清楚水深水浅。我从来不想危言耸听，但我又怎么能拍着胸脯说问题一定能解决呢？这些医生们倒是一直这样安慰汤姆的，可现在看来，这颇有些讽刺意味。

兰迪向我保证，这一次我绝不是反应过激。也是，这种情况下，没有什么反应是过激的。

接下来的24小时更是步步惊心。医生们想尽一切办法控制汤姆的败血症。为了减少汤姆的痛苦，他被药物诱导进入昏迷状态。医生们为他补液，以补充他从引流管中失去的水分。他被送去进行CT检查，以确定腹腔情况。他的失血量超过了全身血液量的四分之一，由于血红蛋白急剧下降，医生们给他输了3品脱（1品脱=568毫升）血。在我等待CT结果的时候，戴维来了。我跑向他，他将我紧紧搂在怀里，我把脸埋在他的脖子里。

"嗨，小妞，"他平静地说，"我都知道了。我刚刚去放射科看了CT。"

"然后呢？"我焦急地问。

戴维看上去十分沉重。"汤姆假性囊肿的引流管滑脱了，现在囊肿中的所有脏东西都进入了腹腔，跟我之前担忧的一模一样，"他说，"鲍曼不动杆菌现在到处都是，换句话说，他现在全身感染了。"

"哦，天哪！"我喃喃道。这是所有可能性中最坏的一种。"除了维克多的抗生素组合，我们就什么对策都没有了，对吗？"

戴维摇摇头，试着与我对视，但我目光游移。"维克多的抗生素组合只能抑菌，阻止感染的蔓延，但不能……"戴维说。

"就是说它不能杀菌。"我插嘴道。

"是的，"戴维轻声回答，"它不是鲍曼不动杆菌的对手，更何况现在鲍曼不动杆菌已蔓延到全身。我们采集了汤姆的血液和痰的样本准备进行检测，但我现在就敢打赌，连我的白大褂上应该都已经有不动杆菌了。"

我的眼里又充满了泪水："一点好消息都没有吗？"

戴维想了一会儿。"有一条。汤姆没有心肌梗死的迹象。昨天兰迪给他用上美洛培南真是用对了。脆弱类杆菌在这次全身感染之前就在他的血液中。要不是用上了美洛培南，估计汤姆根本挺不到这会儿。"

4天。汤姆在异丙酚的作用下"睡"了4天。异丙酚被它的发明者叫作"催眠牛奶（milk of amnesia）"，也是迈克尔·杰克逊（Michael Jackson）用来治疗失眠的强效药。每天，汤姆都会被短暂地叫醒，麻醉师会给他一些简单的指令，比如竖起大拇指或者点点头，以此来衡量汤姆是否依旧具有正常的接受和理解能力。4天后，医生们终于决定可以停掉异丙酚，将汤姆叫醒了。在接下来的几小时里，汤姆慢慢地从深不见底的黑暗深渊中走了出来。当我用戴着蓝色手套的手抚摸他的脸时，我能感觉到温暖的血液重新涌上他的脸颊。他终于看起来……像个活人了。

"嘿，小怪物，"我低声说，"欢迎回到光明世界！"

前两天我在脸书上更新了一条状态，告诉朋友们汤姆进入了药物昏迷，请他们推荐可以用于即兴音乐疗法（improvisational music therapy）的歌曲。朋友们的回复铺天盖地地涌来，莱昂纳德·科恩（Leonard Cohen）、大卫·鲍伊（David Bowie）、露辛达·威廉姆斯（Lucinda Williams）、木制音乐团（Timber Timbre），不一而足。我和女儿们一起在潘多拉播放器上将这些音乐添加到播放列表里，全天候地放给汤姆听——如果他能听到的话。我每天都和罗伯特视频通话，他现在成了我的精神支柱。同时，我和女儿们也和圣地亚哥的一位整体治疗师（holistic healer）马丁（Martin）保持联系。马丁和我们全家都有着非同寻常的紧密联系，他经常坐在汤姆的床边，用手抚摸汤姆。来自世界各地的信息和祝福如雪片般飞来，朋友们和同事们都点燃蜡烛为汤姆祈祷。我不知道这些东西是否有用，但我认为至少它们是有益的。这场斗争里，汤姆在很多方面看起来都孤立无援——举一个最简单的例子：如果没有防护装备，任何人都不能直接接触汤姆，但与此同时，我们又仿佛无时无刻不被周遭的关怀、关爱、正能量所围绕着，这是我以前从未感受过的。汤姆依旧靠呼吸机维持生命，也无法说话，看起来对周遭的一切都毫无反应。但偶有几次，一些人的出现仿佛将他暂时从深渊中唤醒，每当这时，他的心脏监测和其他生命体征也都会向好的方向变化——尽管这样的时刻并不多。

在 TICU 的每一天，我都完全不知道会发生什么。每天早上我都会打电话向夜班护士索要前一晚汤姆的报告。面对当前这种完全无法掌控的局面，我不知道除此之外自己还能做些什么。每天我都要开车半小时到医院。我会在路上不由自主地问自己：汤姆今天是醒着的还是昏迷的？如果他醒着，他能认得我吗？汤姆昏迷不醒的日子是最难熬的，因为那让我感觉自己的存在毫无价值——尽管在内心深处我知道并非如此，但我真的越来越难以振作起来。

几天之后，汤姆醒着的时间终于超过了不省人事的时间，呼吸机也撤了下来。一名语言病理学家开始帮助他重新学会如何讲话。一天早上，我走到他的床边，他刚刚醒来。

"早上好，"我笑着对他说，"你今天知道我是谁吗？"

汤姆若有所思地看着我，声音沙哑地嘟囔："其……其……"

我已经做好了失望的心理准备，暗暗在心中对自己说：如果你没做好准备，就不应该问。

"亲爱的……"汤姆嗓音沙哑地挤出这几个字，还对我做了个小小的飞吻。我的心一瞬间融化了。真希望每天早上都能像今天一样。但更多的时候，他脆弱的生命和薄弱的免疫系统同不动杆菌的对抗常常让他变得脾气乖戾，甚至带来一些戏剧性的转折。

一天早上，在汤姆做完物理治疗后，一位意想不到的老朋友来访。鲍勃·卡普兰（Bob Kaplan）是汤姆幼年的好友，当年他们常常一起冲浪，也常常一起密谋各种恶作剧。鲍勃早年在学术界做研究，后来弃学从政，在华盛顿特区的政府部门工作，现在也算是个大人物了。他最近正好在圣地亚哥，听说了汤姆的事后，专门过来探望他。

"没想到为了见我，你真是什么手段都用上了啊，是不是，莱瑞（Leroy）？"

鲍勃像从前一样开汤姆的玩笑，也一如既往地用汤姆的中间名称呼他。汤姆想要回答，但喘不上气来。

我轻声在汤姆耳边提醒他："像嗅花香一样吸气，像吹蜡烛一样呼气。"这是护士教过他的帮助保持呼吸的小技巧：用鼻子吸气，用嘴呼气。

"别烦我！"汤姆猛地对我挤出这句话，语气中带着一丝愤怒。"好好，那你放松，放松点说话。"我退开两步，汤姆和鲍勃又开始这种"单向对话"。汤姆完全不能回应鲍勃的玩笑，这让鲍勃担心不已。这样所谓的交流最终在汤姆心脏监护仪的警报声中结束了。他的呼吸频率飙到了30次/分钟。呼吸科技师威尔（Will）尝试了各种办法，帮汤姆吸痰，试图将他的呼吸频率降下来，但警报声还是接连不断地响起。威尔最终摇摇头表示无能为力。

"不好意思，汤姆，"威尔边摆手边说，"我得把我们头儿叫过来看看。"再然后，汤姆就又被装上了呼吸机。并且这一次他们做了气管切开——在汤姆的脖子上开了一个洞，将呼吸管直接插进气管里。当手术做完后，汤姆仿佛变身了。他现在看起来像是个外星人。

每一次小规模战斗对于汤姆而言都可能是最后一次。在此之前，他已经从3次感染性休克中死里逃生，其中的一次十分严重，对于很多人而言都可能是致命的。而每一次所谓的好消息，只是汤姆又成功地熬过了一天。但无论汤姆获得多少次小规模战斗的胜利，我们都仿佛即将输掉整场战役。而且我们有充分的理由相信的确如此。

近年来，越来越多的医学杂志和媒体头条都接连不断地报道耐药性感染的例子。人们因为生病或者受伤而被细菌感染，而曾经具有奇效的抗生素却不再起作用，因为细菌正变得越来越耐药。更可怕的是，在医务人员绞尽脑汁应对这些个案时，耐药性感染正悄无声息地蔓延开来。

如果再不进行有效的遏制，到2050年，每年将有大约1000万人因感染超级细菌而死亡。世界卫生组织前总干事陈冯富珍（Margaret Chan）在最近的一次讲话中说，我们即将进入"后抗生素时代"，到那时，一次小小的划伤都可能因感染而导致截肢甚至死亡。我曾经也觉得这好像有些耸人听闻，但眼前的汤姆正是个活生生的例子——他是真的在一天天走向死亡。也许在不久的将来，我的丈夫即将成为美国每年死于超级细菌的 15 万人中的一员。

制药行业总是在试图宽慰我们，说他们正在努力研发新的抗生素，却闭口不提抗生素研发，以及将新的抗生素从实验室推动到临床试验所需要的漫长时间，更选择性地忽略了在这漫长的时间里因抗药菌感染而死亡的数以百万计的人。想要快速开发出一种新的抗生素只是不切实际的幻想，真实的现实要复杂得多。

汤姆感染的鲍曼不动杆菌现在对黏菌素都产生了耐药性。这是一种"最后防线"抗生素，通常用于在其他抗生素都不起作用时的最后一搏。它在 1984 年被发现，在第二次世界大战期间就已经被用于临床了。其后几十年里，人们再没有发现其他新种类的抗生素。无论是哪种抗生素，我们当然都可以在它的化学结构上进行些微小的更改或者调整，使它成为一种新药。然而细菌们总能够想出适应和对抗的办法。以黏菌素为例，原本使用黏菌素不费吹灰之力就能杀死的细菌如今变得越来越难对付了——这样的现象不仅出现在美国，更在世界各地频繁上演。

更糟糕的是，类似黏菌素这样的超强抗生素还会杀死有益人体健康、保持人体菌群平衡的益生菌，这种因益生菌减少而造成的暂时性菌群失调被认为是抗生素治疗的常见副作用。对于正常情况下的大多数健康人而言，这种副作用并不严重，因为益生菌群落一般会慢慢恢复，直至重新建立正常的菌群平衡。但如果一个人的免疫系统已经被完全破坏——就像汤姆现在的情况——益生菌的丧失将会使得鲍曼不动杆菌或者其他超级细菌趁虚而入、大量繁殖，从而彻底统治整个人体，而超级细菌每一次大量繁殖都可能伴随着更大概率的基因突变，从而形成更强的适应性和抗药性。

越来越多的病例表明，患者常常因为某种严重的基础疾病被送到医院，却最终死于在医院获得的某种与基础疾病完全无关的耐药菌感染。这种所谓的"院内感染"正成为日益严重的问题。根据政府机构的估计：任意一天、任意一个医院里，每 25 名住院患者中就有一名存在院内感染。

患者们对于抗生素对其他器官和系统的副作用也非常敏感。黏菌素之所以被认为是"最后防线"抗生素或被用于"补救性治疗"，正是因为它对肾脏和神经系统的毒害作用。如果黏菌素的使用时间短，患者没有休克或者严重的营养不良，其治愈率还是相当高的，但在汤姆身上，这两种问题都存在。并且他已经使用黏菌素一个月了，同时还在使用美洛培南和替加环素，这是另外两种具有强大杀伤力的抗生素。汤姆的鲍曼不动杆菌对这两种抗生素也有耐药性。然而如果停用所有的抗生素，就仿佛我们真的已经投降了。万一其中一种能够起些作用呢？即便只有一线希望，我们也唯有勉力一试。

暂且抛开抗生素的使用不谈，我越来越清楚地意识到，我们现在的任务不仅仅是对抗鲍曼不动杆菌这一超级细菌，更重要的是如何在错综复杂的并发症中生存下来，尽力让早已不堪重负、摇摇欲坠的身体不被击垮，因为对一个并发症的治疗往往会引发另一个并发症。以汤姆为例，CT扫描是准确发现病灶至关重要的手段，但每一次扫描都伴随着风险——造影剂有可能加重肾脏损伤，造成肾衰竭。又比如，尽管护士们定期冲洗汤姆腹部的引流管，但导管依旧不断堵塞。由于汤姆的身体情况不允许手术，为了防止感染扩散，医生们只能不断放入更多的引流管，而新的引流管则可能造成新的堵塞，这样的恶性循环进一步增加了引发并发症和败血症的风险。

肺部、心脏、肾脏、大脑……看着它们一个接一个地停止运转，就像看着深夜里城市的灯光一个街区接着另一个街区闪烁、熄灭，最终归为一片死寂。有些日子，汤姆能够按照护士的要求动一下脚或者握一下手，但有些时候，他连眼皮都睁不开。这就是即将到来的后抗生素时代，而汤姆将成为这个反乌托邦式未来的典型代表。

情人节到了，我决定搞点特别的活动，打破一直以来的惨淡气氛。这一天，我穿了一套蕾丝内衣，罩上连衣裙，还打印了一张告示，上面写着：情人节特别活动进行中，擅入者后果自负。然后画了一颗巨大的红心将这段话圈起来。不过这个告示与汤姆病房推拉门上其他的警告牌相比简直太不起眼了，那些警告牌上都用亮绿色写着：止步！注意接触防护。于是我对着洗手池上方的镜子在嘴唇上涂上亮红色的唇彩，噘起嘴，在告示中央印上了一个大大的唇印。“哈，这样应该可以了。”我对着镜子自言自语道。

我向护士站借了胶带，将这张告示贴在门上，然后告诉当天的值班护士玛丽莲我要送给汤姆一个情人节礼物。我将我的计划讲给她听，并且保证绝对会按照感染控制的要求，绝对不会和汤姆有任何直接接触。

“这在TICU还是头一遭。”玛丽莲咯咯笑着回答，一边将一绺金黄色的头发捋到耳朵后面。

回到汤姆的房间，我摇了摇鼠标，唤醒电脑，在视频网站的搜索框里输入“玛西游乐场（Marcy Playground）”[1]，然后在搜索结果里找到了我想要的那首歌：《性爱与糖果》（*Sex and Candy*）。我不禁笑出了声，这是汤姆最喜欢的一首歌，常常跟着哼唱——或者说，以前常常哼唱。

“这首歌送给你，亲爱的。”我轻轻地说。我拉上窗帘，站在床边，用戴着手套的手指按下了播放键，然后小心地将防护服和连衣裙脱下来，露出黑色的蕾丝内衣。汤姆毫无反应。我只好又将裙子和防护服穿好，将潘多拉播放器上为汤姆准备的歌曲列表调出来播放，拿了把梳子开始帮他梳头。当我将他耳朵旁边靠近输液管的几缕打结头发梳开时，我觉得他好像轻轻地笑了笑。整个早上，歌单上的歌曲一首接一首地播放，而汤姆始终毫无反应地躺着。此时此刻，播放器传出的是那首我们都再熟悉不过的《加州旅馆》（*Hotel California*）。

我在音乐声中闭上眼。还是个小女孩的时候，我就学会了用吉他弹这首曲子。那时候我多大来着？我随着主唱唐·亨利（Don Henley）一起哼唱着，当哼到那句“挥舞着钢刀杀死怪兽”的歌词时，我看到汤姆忽然轻轻地皱了皱眉头——我不知道这是不是我的错觉。现在，不管汤姆听到的是什么，哪怕是他最喜欢的音乐，我都很难想象这些声音进入他的大脑之后会变成什么。汤姆本来就是一个有“联觉（synesthesia）”的人，在他的头脑中，声音和颜色是联系在一起的。因此无论是贝多芬的交响曲还是床边监护仪的滴滴声，在汤姆的脑海

1 玛西游乐场（Marcy Playground）：20世纪90年代兴起的美国另类摇滚乐队。

中都是有颜色的。

　　汤姆忽然睁开了眼，认真地看着我。由于有一根巨大的呼吸管直接连到他的气管，他没办法说话。但语言是多余的。此时此刻，我握着他的手，与他一起聆听着《加州旅馆》结尾神秘的歌词，完全能够感受到他想要说什么。正像歌里唱的那样，汤姆随时都可以"退房"，但可能永远无法离开[2]。这样的感觉让我心痛不已。

2　加州旅馆的最后两句歌词是：你随时都可以退房，却永远无法离开（you can check out any time you like, but you can never leave）。

汤姆独白：插曲 4

我在一个可怕的世界，一个除了我之外没有人能够看到的世界。

没有人能够碰触我。

一个标识上写着：感染源。

我是个被抛弃的人。

第三部分 完美的捕食者

当你认为你已尝试了所有可能性的时候，记住：你还没有。

——托马斯·爱迪生（Thomas Edison）

14. 捕苍蝇的蜘蛛

2016 年 2 月 16—20 日

　　汤姆生病期间，戴维让我随时打电话给他。他总是用最通俗的语言给我解释医学名词，从来不为了安慰我而粉饰事实——因为我需要面对现实。如果我曾经为了让自己好受一点而不愿意面对真相的话，最近那次与同事在年会上的通话也残忍地将我伤口上的创可贴撕开了。面对残酷的现实，我给戴维发了短信，约他第二天中午一起吃饭。

　　我把电话会议上的事儿告诉了他，告诉他在我跟同事们详细描述了汤姆的情况后，现场是如何出奇的安静，他们是如何充满同情地与我道别，以及后来那个戏剧性的时刻——大家都以为我已经挂了电话，但我其实还在线，并且还听见了前任大学校长问大家的那个我本不应该听到的问题：

　　"有没有人告诉斯蒂芬妮，她的丈夫挺不了多久了？"

　　你也许以为，跟着汤姆在鬼门关盘旋了两个半月后，我早就该知道他时日不多了。但对我而言，对这段日子更准确的描述是：汤姆"垂死挣扎"了两个半月，并且现在还活着。他一次又一次从鬼门关闯了过来，就像电池广告里那只粉红色的兔子一样，一直撑着、挨着，等待有人找到合适的抗生素的那一天。

　　"跟我说实话。"我对戴维说。我一边塞了一口沙拉，一边告诉自己要冷静。"汤姆挺不了多久了，我正在一点一点地失去他，对吗？"

戴维抿了一小口可乐，搓了搓脸颊的胡茬，一边摆弄着吸管，一边思考要怎么开口。

"我觉得情况确实如此，"他缓缓地说，"虽然他还没有到多器官衰竭的程度，但他现在靠呼吸机保持通气，这说明他的肺功能不行了。他还要靠升压药保持血压。不过虽然他的肾功能有所损伤，但还不需要透析。"戴维的口吻很专业，但却在不停地眨眼，我知道那是他在强忍着不让眼泪流下来。为了我，他必须要表现得很勇敢。

"还——不需要透析？"我问。心里暗自祈求，希望他说"不，永远不需要。汤姆的肾脏不会有问题"。可他什么也没有说。他的缄默和戚然已经说明了一切。

汤姆的生日是2月18日。虽然在这种情况下庆祝生日并不容易，但我们还是尽了最大的努力。我的父母从多伦多飞过来，他们正帮忙把气球绑在汤姆的床栏杆上。汤姆还戴着呼吸机，不能讲话，但他时不时会睁开眼睛。汤姆看起来并非完全神志不清，尤其是看到他盯着气球看时，我觉得那是个信号，证明他至少是半清醒的。

"生日快乐，亲爱的！你今天69岁了！"我将笔记本电脑放在他面前，点开了一段系里的教职员工和学生们一起唱的生日快乐歌，我们也跟着视频一起唱。汤姆的目光转向天花板。如果此时此刻有许愿、吹蜡烛、切蛋糕的环节的话，我知道他的生日愿望是什么：送我回家。这也是我们共同的愿望。我想象不出他此时此刻盯着天花板在想什么——也许他真的在思考，也许只是幻觉。但如果在他大脑的某个地方真的还保有理智的话，他大概也能够计算出，他已经在医院里待了将近3个月，却毫无好转的迹象。

椅子上放着一个礼品袋。一个小信封上手写着我和汤姆的名字，信封里面是一张生日贺卡，上面画了一道彩虹，还有一段用精致的花体字写的话："献给一对最勇敢的夫妻，你们教会了我们什么是真爱。——爱你们的 ML 和雅什（Yash）"。由于生病，汤姆和我缺席了我们的博士后同事玛利亚·路易莎（Maria Luisa）的婚礼。我们喜欢亲昵地叫她 ML。尽管她和雅什一直在为筹办婚礼忙前忙后，但他们并没有忘记汤姆的生日。礼品袋里是两件白色的T恤，一件是大号的，另一件是超大号的。两件T恤上都绘着一张放大的图片，图片上是一个个短棒状的杆菌，图片下面还有一段醒目的大字：我战胜了伊拉克细菌！我会心一笑，将属于汤姆的那件T恤放在他胸前，用手机拍了一张照片。超大号对于现在的他有点太大了，但衣服上的那段话鼓舞人心。

"亲爱的，"我在他耳边低语，"这只是件不起眼的T恤，但希望这张照片将来成为一组对比照中的那张'病愈前'，希望在'病愈后'的那张照片里，你不再在病房里，不再穿着病号服，而是穿着这件衣服。"

汤姆双目紧闭，一点动静都没有。

生日派对结束了，汤姆床边的气球被撤掉，房间里又恢复了一片苍白的灰色，那是绝望的颜色。我知道汤姆从来没想过放弃，但他又能坚持多久呢？接下来还有多少硬仗等着他？我拉过一把椅子，坐在他身边，抚摸着他的脸颊。他闭着眼。甲壳虫乐队（The Beatles）的经典歌曲《当我的吉他轻轻哭泣》（*While My Guitar Gently Weeps*）从潘多拉播放器中飘散出来，那一直是我们最爱的歌曲之一。

"今天我跟你说过我有多爱你吗？"我在汤姆耳边轻轻地说。我看到他的头好像动了一下，非常轻微地动了一下。

其实，我也不确定自己还能撑多久。开车回家的路上，我将手机放在仪表盘的支架上，准备和我妹妹吉尔（Jill）聊一会儿。吉尔比我小3岁，住在多伦多，是个一向乐观的人。她是一名小学教师，每天都带着她标志性的淡然自若面对一群吵吵嚷嚷的五年级小孩子，如今她也将这份平和带给了我。在瑜伽和冥想还不像现在这般风行之前，她就已经开始接触它们了，并且从中培养出一种泰山崩于前而色不变的沉静性情。这让我十分钦佩，因为我从来没办法长时间坐在那儿冥想，更没办法达到她那种心静如水的状态。不过她也一直欣赏我的勇敢和无畏——至少在她看来我是这样的。这让我很难在她面前将我脆弱的一面展现出来。但今天我决定不再在她面前假装坚强，这份伪装让我太累了。

"我们真的山穷水尽了，吉尔。所有可能的治疗方式都试过了。我真的太

　　　　　完美捕手：与超级细菌搏斗的惊魂之旅

累太累了。"我不得不擦了擦眼角的泪水才看清面前的道路。"生病的不是我，可是连我都要垮了。"

吉尔耐心地听我讲述着当天的点滴细节，分担着那些排山倒海而来的极度无助。在我的脑海里，我想象着她像平时一样，盘坐在沙发上捻弄着一缕金发的样子。

"我知道那一定很难，斯蒂芬妮，我可以想象你为什么会有这种感觉，"她说，"但是想想你曾经经历过的最糟糕的那些事，连那些事你都挺过来了，这一次你一定也可以。"

吉尔比任何人都了解我。她知道我曾经有过被霸凌的经历——当年的我是个不知道如何掩饰聪明的书呆子。有一次我甚至差一点被人在恶作剧中烧着了。那年冬天，10岁的我穿着我最喜欢的一件羊毛大衣走在放学回家的路上。一群男孩子跑过来把什么东西扔到我的兜帽里，然后大笑着跑开了。和我并排走着的那个女孩尖叫道："你着火了！"她喊了两次我才听明白。可当时的我并未惊慌失措，而是倒在地上，在雪地里打滚，在衣服还没有完全烧着之前将它脱了下来。

"你还记得，那次大家问你是怎么知道要打滚灭火的时候，你是怎么回答的吗？你说：'我不知道，我只是做了我必须做的。'你就是这样的人，斯蒂芬妮，这就是你要做的。"

和吉尔打完电话，我感觉曾经那种无所畏惧的感觉又回来了。当年那个小女孩长长的金发被烧掉了，但她依然走完了剩下的路，像往常一样回家吃午饭。尽管如今境况艰难，在我的脑海中，汤姆向我求婚的那个夜晚的情景依旧清晰如昨天。那潮水发着晶莹的光，看起来仿佛是世外仙境，而让它发光的却是海浪撞击带来的压力。

我知道那种感觉，那种冲击带来的压力。现在我需要做的是让自己在压力下发出光芒。

"我想我是该振作起来了，"我告诉吉尔，"游戏开始了，那些细菌应该知道，它们惹错人了，我是个流行病学家。"

我回了趟家给猫喂食，顺便取了信箱里的信。我拖着筋疲力尽的身体，早早地冲了个澡，给自己倒了一杯酒。好吧，两杯。但是我的脑海里还是忍不住不停地回响起电话会议最后的那个问题："有没有人告诉斯蒂芬妮，她的丈夫挺不了多久了？"好吧，现在他们告诉我了。但是怎么知道一个人是不是真的挺不了多久了呢？我想起20世纪80年代末，那时我在多伦多的凯西之家做志愿者。我记得我读过一些小册子，上面提到过家属如何判断自己的亲人即将离世。那些征兆包括：体重急剧下降和肌肉萎缩——汤姆正是如此；大部分时间都在睡着——汤姆也是如此；认知能力下降——我想到了汤姆不断出现的幻觉和认知衰退。一切都对上了。

然而我好像已经渐渐习惯于这种内心深处的交战了。一边是科学家的我，极端理性，像斗牛一样热衷于解决问题，另一边则是身为妻子的我，极端焦灼，迫切期望奇迹降临——比如某个人或者某个东西能够忽然出现，力挽狂澜。也许我依旧在逃避，也许我真的该醒一醒，接受在其他人看来显而易见的事实。我想起我的博士生导师兰迪·科茨，他就是一个能够用理性的眼光审视一切的人。他先做了医生，后来成为一名流行病学家，在42岁时英年早逝。博士论文答辩的前一天晚上，我做了一个梦，梦见兰迪在电话里严苛地盘问我。尽管他早在两年前就去世了，他在我梦中问的每一个问题却都在第二天出现在答辩会上。我记得我当时心里乐开了花，带着自信的微笑将梦里的回答又重新叙述给新的听众们，最终以很高的评价通过了答辩。当然，那只是一个梦。但如果现在兰迪教授还在，他会怎么说呢？我想他会说：你在纠结一个不该纠结的问题。关键不在于你是否知道他就要死了，而是"你要怎样做才能挽救他的生命"？没有人在乎你是不是个医生！你是个科学家，就该像科学家一样思考问题！

好，那就来吧。通常情况下，如果我要设计一个研究项目，我会找出要解决的问题，研究现有的文献，找到领域内的顶级专家，组建团队，共同解决这个问题。作为一名从事全球健康研究的流行病学家，这就是我每天都在做的事情。现在为什么要停下来呢？我不知道，也没有人知道。但我知道该如何寻找

完美捕手：与超级细菌搏斗的惊魂之旅

答案。也许除了寻找答案我什么也做不了，但好歹这是个起点。

我全副武装，准备开始工作。接下来的几小时，我穿着浴袍，带着保暖用的护腿，拼命在网上寻找答案。我不知道我要找什么，但万事总要有个开头。我在网上搜索"多重耐药性""鲍曼不动杆菌""替代疗法"等关键词。我找到一篇2010年的文章，提到鲍曼不动杆菌对抗生素抗药性带来的"巨大挑战"，文章的结论也不太乐观。尽管鲍曼不动杆菌的感染非常普遍，人们也有兴趣寻找有效的治疗方案，但我们依旧缺乏可信的数据为治疗方案的选择提供依据。

我继续搜索。不到一小时后，我找到了2013年发表在《微生物学趋势》(Trends in Microbiology) 杂志上的一篇文章，标题是《鲍曼不动杆菌多耐药性的新疗法》(Emerging Therapies for Multidrug Resistant Acinetobacter Baumannii)。文章的摘要中提到了几种传统抗生素疗法的替代品，可能对鲍曼不动杆菌有效果，包括噬菌体疗法、铁螯合疗法、抗菌肽疗法、疫苗疗法、光动力疗法以及一种基于一氧化氮的疗法。

自从汤姆生病以来，在所有关于抗生素抗药性的讨论和医学文献中，我从未听医生提起过这些。于是我下载了这篇文章，保存在笔记本电脑上一个叫作"汤姆的非常规治疗方案"的文件夹里，准备仔细研读。

我一个接一个地在网上搜索文章中提到的这些方法。我很快发现，铁螯合疗法和抗菌肽疗法都只进行过体外（in vitro）实验。也就是说，它们都还仅处于实验室阶段，并未在体内进行过临床试验。疫苗疗法距离临床还有数年之久，光动力疗法和基于一氧化氮的疗法只能局部应用于皮肤。这样看下来，唯一有可能可行的只剩下一种疗法——噬菌体疗法。噬菌体是一种攻击细菌的病毒，它并不攻击人体细胞。噬菌体疗法正是利用噬菌体的这个特点来治疗细菌感染。

我坐回沙发上，心不在焉地抚摸着躺在我腿上的小猫博妮塔。我闭上眼，回想起20世纪80年代中期我在大学微生物课上学过的东西。细菌被认为是地球上最小的生物，由单细胞构成，平均只有1000纳米长，相当于一张纸的0.01%~1%的厚度。它们的适应能力令人感到惊奇，从海底岩石到火山口，到处都有它们的身影。根据物种不同，它们可以独立生存或者寄生于其他生物体内（比如人体）。有些寄生微生物会攻击宿主，而另一些则能够与宿主和平共处。它们通过"吃"环境中的代谢物来获取营养，通过一分为二的细胞分裂进行繁殖，这里面毫无"性趣"可言，但效率很高。

与之不同，噬菌体则是一种病毒。即便在科学界，这种生物群体也常常被误解、低估，甚至声名狼藉。这种情况并不难理解，因为我们所有人看到的新闻头条总是聚焦于致病病毒——艾滋病病毒、埃博拉(Ebola)、天花、流感，甚至一般感冒的病毒都有可能致人于死地。然而真实情况与之大相径庭，根据估计，人体体内有380万亿病毒，它们构成了所谓的"病毒组(virome)"。这些病毒中包含了数十亿的"和平卫士"，它们悄无声息地吞噬着细菌，维持着我们体内各种微生物群落之间的平衡状态。此外，由于病毒比细菌小得多，大约只有细菌的百分之一，无法在光学显微镜下被看到。对于看不到的东西，光是想象它们的存在已是无比困难，更谈不上理解了。最初，实验室的科学家只是发现，培养皿中培养的菌落有时会突然消失，只留下清晰的斑点和条纹。这让他们开始怀疑一定有什么东西杀死了细菌。

我当年在病毒学课上也亲眼见到过这种情况，但直到20世纪80年代，我们才知道我们"看"到的东西是什么，尽管噬菌体本身无法在光学显微镜下被看到。某一次实验课上，我们将一种细菌培养物滴在琼脂培养皿上。琼脂是一种混合了鸡汤的海藻凝胶。细菌以凝固的琼脂为食，繁殖成可见的斑点状菌落。我们将几滴污水样本滴到培养皿上，仔细地贴上标签，在37摄氏度下培养。一两天后，一些培养皿看上去就好像瑞士奶酪一样布满小圆孔。这些琼脂上的孔洞就是噬菌斑，更是极具说服力的证据，证明噬菌体一直在努力地消灭周围的细菌。病毒学课的教授穆尼尔·阿布海达尔（Mounir AbouHaidar）博士将移液管的尖端插到噬菌斑上，那正是噬菌体攻击细菌的中心战场。他接着解释说，我们可以将含有噬菌体的噬菌斑提取出来，放到装有数十亿同样细菌的锥形瓶中，并在温热的环境中培养，这些噬菌体将会在几小时内繁殖成数十亿个。一位噬菌体专家将这种生物称为"大自然的忍者（nature's ninjas）"。

"噬菌体"一词来源于希腊单词"phageîn"，意思是"吃掉"或者"吞噬"。噬菌体是一种特殊的病毒，它将自己的DNA注入细菌体内并将整个细菌转化为噬菌体的加工工厂，并通过这样的方式来"吃掉"细菌。这个过程的最后一步，噬菌体将细菌由内而外"裂解（lyse）"，并释放出数以百计的新的噬菌体，这些噬菌体也叫作病毒微粒（virion）。因此，从技术上讲，噬菌体并非传统意义上"吃掉"了细菌，也不像细菌、酵母或者其他生物那样进行有性繁殖，或者通过其他复杂的方式进行繁殖。但它们确实会进行自我复制，并且效率惊人。这一点让细菌们难以望其项背，更加难逃死亡厄运。

噬菌体的种类很多，但到目前为止，被研究得最多、记录最完整，或者说在科学上特征最清楚的噬菌体是以大肠埃希菌为攻击对象的T4相关大肠埃希菌噬菌体（T4-related coliphages）。它们看起来像一艘迷你外星飞船，长着细细的长腿，跟卡梅伦用乐高积木搭出来的《星球大战》里的步行机样子差不多。与大多数病毒一样，大多数噬菌体的"头部"是一种被称为衣壳（capsid）的蛋白质外壳，衣壳立在尾部和细长的足上，构成噬菌体独特的结构。尾部和细足的形状和大小依据噬菌体的种类不同而各异，衣壳通常是二十面体的形状，类似于佛罗里达州迪士尼主题公园的艾波卡特（Epcot）中心[1]。

大多数噬菌体都有中空的尾巴，或短或长。噬菌体利用这些尾巴来附着在宿主细胞的细胞壁上，然后像注射器一样，将它们的遗传物质注射到细菌细胞内。从技术上讲，所有这些名称——头、腿、尾——都只是为了我们更容易理解和描述而创造出来的。然而这些噬菌体真正重要的控制中心并不在这些被我们描述得栩栩如生的外在特征中，这些外部特征只是为噬菌体提供一种运输方式——就像一个一次性的纳米航天飞机，目的是运送衣壳里的带状遗传物质。

根据噬菌体的基因组成不同，一些温和的噬菌体在入侵细菌细胞后会将自己的遗传物质整合到宿主的基因组里，然后安静地蛰伏，静待时机，当受到某

1　艾波卡特（Epcot）中心：美国奥兰多迪士尼四大园区之一，园区入口处有一个网格多面体结构的地球模型，被称为"spaceship earth"。

种特定的刺激时才会忽然转变成忍者模式。这一蛰伏可能是几小时，也可能是几十亿年。如果希望利用噬菌体迅速消灭细菌感染，你需要的是某种能够快速反应裂解细菌的噬菌体。

我之前从不知道噬菌体可以用来治疗人类的细菌感染，但这听起来确实是个很棒的主意。我于是又如饥似渴地读了更多相关文献，想看看在哪里可以找到能够进行噬菌体治疗的医生。可我的希望在几分钟之内就破灭了，因为这样的医生并不存在。尽管美国环境保护署（Environmental Protection Agency）在2002年批准噬菌体试剂可以用作杀虫剂来治理番茄腐烂的问题，美国食品药品监督管理局（Food and Drug Administration, FDA）也在2006年批准噬菌体可以应用在食品工业中，在肉类和家禽出售前，可以使用噬菌体去除其上的李斯特菌。但FDA尚未批准噬菌体用于治疗人类细菌感染。我找到一篇关于欧洲使用噬菌体治疗烧伤患者的临床研究论文，但查遍美国国立卫生研究院（National Institutes of Health, NIH）的临床试验网站，都找不到任何在美国进行的噬菌体临床试验。我也没有发现任何能够用于治疗汤姆的鲍曼不动杆菌的噬菌体治疗方案。

这着实让人费解。首先，关于噬菌体疗法的文章可以追溯到20世纪30年代和40年代。有几篇关于噬菌体治疗沙门氏菌感染的病历报告发表在世界上最负盛名的医学期刊之一《美国医学会杂志》（*The Journal of the American Medical Association*）上。其次，我在搜索中很快就发现，在一些国家，如格鲁吉亚、俄罗斯以及波兰等国，噬菌体疗法曾经被广泛使用。根据2014年3月一篇文章的描述，一些绝望的超级细菌感染患者曾飞到东欧进行治疗。在格鲁吉亚的第比利斯(Tbilisi)，埃利亚瓦噬菌体治疗中心（Eliava Phage Therapy Center）已经存在了几十年。

然而在大多数国家，自从20世纪40年代青霉素上市后，噬菌体治疗就已经不受青睐。这并不难理解，因为直到1959年细菌的抗生素耐药性这一重大问题出现之前，抗生素都是真正的神药。耐药性问题的出现预示着致命的抗生素耐药性细菌很有可能会在全球范围内大流行并威胁人们的生命，但人们对于这一警钟却充耳不闻。陈旧的观念、无知，以及偏见使科学界和医学界备受羁绊。尽管基础科学家使用分子生物学和基因工程技术对噬菌体进行了广泛的研究，但只有为数不多的科学家愿意深入研究噬菌体的治疗潜力。他们大多在大学或少数几个小型生物技术公司中默默无闻地工作。

一些支持者非常希望看到噬菌体疗法作为治疗抗生素耐药性细菌的一种潜在"新"方法被主流接受，但由于官僚主义的障碍和缺乏关于疗效的经验性数据，在西方世界，一个多世纪以来，将噬菌体疗法推向临床应用的努力始终困难重重。来路如此荆棘，前路则更加漫漫。因此，尽管在第比利斯和弗罗茨瓦夫（Wrocɫaw）的噬菌体治疗中心对其疗法大肆宣传，网上也有一些成功案例的报道，但在英文期刊上发表的严谨的临床研究却少之又少。

我连一篇描述噬菌体疗法治疗人类感染鲍曼不动杆菌的文章都找不到，但类似的实验在培养皿中是进行过的。在小鼠和大鼠中也有过尝试，看起来很有希望。但我真的可以把我的丈夫当成小白鼠吗？如果事情出了问题，我该怎么跟他的女儿们解释，是我决定给她们的父亲注射一堆病毒的？

这样用病毒来追击细菌的情景，让我想起了一首儿歌中关于老太太吞蜘蛛捉苍蝇的故事：

> 我不知道她为什么吞下一只苍蝇，
>
> 然后又吞下一只蜘蛛去捉苍蝇。
>
> 我只知道她搞不好会送命。

那天晚上十一点，我正昏昏欲睡，却听到来自脸书的信息提示音。我和汤姆的共同好友，也是我在旧金山的同事玛利亚·埃克斯特兰德（Maria Ekstran）发来信息说，她的一个朋友曾经飞到第比利斯，在埃利亚瓦噬菌体治疗中心接受过MRSA感染治疗，并且治疗起了作用。这又是一个冥冥之中的巧合吗？有人可能会说这是个征兆，也许吧，但我需要的不仅仅是一个征兆。我需要一条前进的道路，哪怕这条路需要我自己去建立。我给奇普发了一封邮件，附上了一篇关于噬菌体治疗鲍曼不动杆菌的研究论文，作者是玛雅·梅拉比什维利（Maia Merabishvili）博士，他是埃利亚瓦治疗中心的噬菌体研究员，现在在布鲁塞尔。我能想象到奇普读到我的邮件时眉毛拧在一起的样子。

> 亲爱的奇普，我知道我们快要黔驴技穷了，所以我一直在寻找抗生素疗法的替代品。你觉得噬菌体疗法怎么样？我知道这听起来有点疯狂，但也许值得一试。

想要用一种实验性的治疗方法来挽救汤姆的生命，需要天时地利人和。它不仅需要很好的运气，还需要付出更多的精力。但只要一想到噬菌体疗法就会让我兴奋得肾上腺素激增。本科时代我就对病毒学格外感兴趣，但现在我所面临的挑战已经远远超出学术性的兴趣了。一想到我要从我过去的经历、训练中，将一项看起来毫不起眼的科学研究推进到前沿，为汤姆找到治愈的方法，我就感觉责任重大。事实上，答案可能一直就藏在某个地方，等待着我或者其他人去发现。我能感觉到内心的激动，这种激动与从卢克索开始就一直萦绕在我心头的恐惧截然不同。也许这就是冥冥中的天意？

我在睡前又查了一下邮件。奇普也是个夜猫子，他已经回复了我的邮件。

> 这是个很有趣的想法，虽然听起来有点超前，但的确值得考虑……如果你能够找到一些对鲍曼不动杆菌有活性的噬菌体，我可以给美国食品药品监督管理局（FDA）打个电话，看看他们是否能够发给我们一个探索性研究用新药研究（exploratory investigational new drug, eIND）许可，用于特许怜悯治疗（compassionate use）。

奇普的积极回应本应让我激动不已，但我的注意力最初只能集中在邮件的最后两个词："怜悯治疗"。我盯着这几个字看了足足1分钟。所以，这很清楚了，连奇普现在也承认汤姆快死了。

我听到过他非常客观地和他的太太康妮陈述汤姆的病情。奇普是个很富有同情心的人，但他曾经告诉过我，作为医生，你必须要把自己的情绪分开。你不能让自己情绪化到无法发挥医生的作用，否则就意味着患者没有了医生，那将更糟。你必须从科学和医学的角度出发实事求是地做出决策。但事实是，尽管大家都很努力，都试图向好的方向看，但我根本无法说服自己，让自己相信汤姆会好起来。现在的汤姆几乎没有任何意识，他的肾脏尚在勉强维持，但需要升压药来维持脉搏，需要呼吸机来获得足够的氧气。而现在超级细菌并不是他唯一的问题。另一个极其重要的潜在问题——胰腺炎和附带的损伤正在一点一点地将他的身体推向崩溃的边缘。他的器官系统正在衰竭。

现在，我们最大的希望是，既然无论如何汤姆都快要死了，FDA能够批准噬菌体实验性治疗，让我们冒险一试。

我经常和汤姆开玩笑说，无论我们去哪里旅行，汤姆都会"收集"当地的寄生虫或者什么奇怪的传染病，总是带着这样或那样的恶疾回家。就像卡梅伦收集神奇宝贝卡片一样。在我们感染MRSA后，有一次汤姆甚至说他的目标是收集所有6种致命的ESKAPE病原体。当时听起来这似乎很有趣："一定要把它们都抓到！"现在，继鲍曼不动杆菌之后，他收集的下一个卡牌可能是一副全新的牌组中的崭新角色，一个有保护能力的角色，而这张牌也许将会成为他致胜的杀手锏。

第二天早上，我来到医院，漫步穿过中庭，感觉自己沐浴在阳光下，仿佛感受到了一种"一切皆有可能"的能量。去往TICU的路上，我也并没有像往常那样沮丧地陷入恐惧。当我到达11号床时，我准备好了要与汤姆开始一场痛苦但重要的谈话。汤姆和我需要再进行一次"生死攸关"的谈话。我们第一次进行这样的谈话是在法兰克福的重症监护室，也就是这次"濒死"经历的两个多月前。无论那天我说了什么，都重新激发了他的斗志。今天的气管插管让我们的谈话变成了单向对话，但我们必须尽力而为。

我靠得很近，把汤姆的手握在我的手里，只恨自己不能摘下手套。我想我察觉到汤姆的嘴唇在我的触碰下动了一下，这是个好兆头。也许他刚刚有意识能够听到我的声音。

　　我对汤姆实话实说。医生们现在已经束手无策，他们的抗生素都用完了，他也不适合做手术。所以，如果他想活下来，他就得再打起精神进行一场战斗。这将是一场为了争取时间的斗争，让我有时间去寻找一种我不知道能不能找到的替代治疗方法。这也是一场和身体持续恶化、器官开始衰竭之间的斗争。我们毫无胜算，但一旦停止努力，就一定会输。

　　"还记得我们在法兰克福重症监护室里的那次谈话吗？我告诉你，如果你想活命，就必须战斗！"我开口了，声音颤抖，喉头哽咽。我咽了咽口水，又试了试。"亲爱的，我知道你一直在拼命地挣扎，你也很累了。这里的医生已经尽力了，但他们告诉我，他们已经无能为力了。"

　　我知道他对此心知肚明。在静止的停顿中，我看着他的眼角有一滴泪水，沾湿了他的睫毛。他眨了眨眼，但眼睛还是闭着，而另一滴泪水则顺着他的脸颊流了下来。我松开了他的手，用毛巾擦了擦他的脸。过了许久，我才发现自己的另一只拳头攥得紧紧的，指甲在手掌上掐出了四个红色的月牙。

　　"我想和你白头偕老，汤姆。但我不希望你只是因为我想让你活着才决定活下去。那样的话我就太自私了。这是你的生活，不是我的，"我深吸了一口气，"还有，如果你真的不想再坚持了，也没关系。"

　　没有明确的回应。我试着客观地做出判断，但不得不承认，这越来越难。他看不到我，但我很肯定他听到了我声音中的矛盾。我又轻轻地握住了他的手。

　　"不过，如果你想要坚持，我会一直和你在一起。我们是一体的。我不会放过任何一点机会。其实，我一直在看一些关于实验性治疗多重耐药性感染的文章，并且有了一个想法……"

　　我告诉了汤姆关于噬菌体的事，告诉他它们是如何经过几千年的进化，成了它们的宿主细菌的完美捕食者的。当然，如果他醒着的话，他一定会刨根问底，问出无数个问题。但此时此刻，我必须把所有可能的问题都涵盖到，这算是一种知情同意吧，万一他听得到我的声音呢。所以，我仔仔细细地讲了起来：

这是一种历史悠久的治疗方法，科学上证据充分，但从未在全身性感染了完全耐药的鲍曼不动杆菌的人体上进行过测试。这是一种实验性的疗法，这意味着它可能需要一段时间来获得FDA的许可，才能在他身上使用。谁都不能保证它能够起作用，即便起了作用，也不能保证逆转他的身体现在已经受到的损伤。

"我还不知道具体该怎么做，不过也许我们可以试着给你使用一些实验性的噬菌体疗法。"

我轻轻地捏了捏他的手。"如果你愿意试试，能不能捏捏我的手？"

他似乎一动不动，然后……什么也没有发生。再然后……他忽然用力地捏了我一下。坚定，没有犹豫。

那天晚上，当我上床睡觉时，哪怕是清楚地看到最坏的情况，我也没有哭着睡去。我梦见自己在齐腰深的沼泽地里蹚着水，像淘金一样寻找着噬菌体。沼泽里的水浑浊而腐烂，漩涡里涌动着噬菌体外星人一样的影像，它们的头好像缩小的大地圆顶，火箭飞船一般的尾巴拖着长长的丝状纤维。当我低下头时，却忽然发现自己手里拿着的不是淘金用的平盘，而是卢克索诊所里的裂纹便盆。我惊恐地醒来，用满是汗水的手掌揉了揉脸，发现这只是一个梦，我才松了一口气。但这一次，尽管从噩梦中回到噩梦般的现实生活，我却第一次不像过去那样绝望，反而感到更加振奋。我飞快地跳下床，把蜷缩在我膝盖上睡着了的纽特和小幼猫都吓了一跳。

现在，我唯一要做的就是找到一些噬菌体了。这能有多难？

汤姆独白：插曲 5

一出戏的大幕拉开了。我在观众席上，被动地看着演员们的表演。房间里是暗淡的白色，在刺眼的人造灯光下，显得更加冰冷与刺眼。房间的两面墙几乎都是玻璃的，在其中一面玻璃墙前，人群透过窗台的苔藓窥视着我的房间，就像在动物园参观。房间中间有一张床，四周被泥炭沼泽围绕；沼泽中的水少得几乎看不见，水是黑色的，咸咸的。每当有人踏进房间，空气中就会弥漫着一股挥之不去的腐臭味，那是无法避免的死亡的味道。天花板上，一盏白炽灯在我身旁闪烁并嗡嗡作响，像一只等待腐肉的萤火虫。

床边，电视屏幕上闪动着数字和弯弯曲曲的线条，还有警报声不时响起。我感觉不到自己的身体，这本应该是件很可怕的事，但我已经不在乎了。我漂浮在床的上方，瞥见一根输液杆的顶端，上面挂着5个袋子，其中一个袋子里装着一半的暗红色血液。

斯蒂芬妮也在戏中。她本来在台下的角落里打着盹，一听到警报声就跳起来，进入左边的舞台。冲到床边，她用戴着手套的手指按下了呼叫按钮。舞台右侧突然出现两个演员，一男一女，都穿着飘逸的长袍。一瞬间，他们各自把黄色的长袍拉到头上，套上手套，走到了床前。

就在这时，我被眼前的景象惊呆了。一条蛇躺在我的床中央，全身蜷缩着，一动不动。为什么我之前没有看到它，我不知道。这让我疑惑不解。伴随着越来越强烈的恐惧感，我渐渐明白，只要蛇还活着，我就可以不死。可是，现在这条蛇已经奄奄一息。它的眼睛就像两条狭缝。在它的眼皮表面上，可以看到一张张绿色的血管网，好像是被蜘蛛网包住一样。它的皮肤是黄褐色的，腹部灰黑色和黑色的伤痕已经斑驳，还有一些红色的伤疤分布在那些被无情地戳插过的地方。它布满鳞片的皮肤很薄，几乎是半透明的。透过蛇的皮肤，我可以看到那仅存的生命之光在它尾巴尖上的灰烬里闪烁着，那光芒随着心脏的跳动而微弱地一明一灭。斯蒂芬妮温柔地吻着它的嘴唇。它的嘴唇是蓝色的，上面沾满了凝固的血迹和唾液。

蛇舔了舔嘴唇，那是我的嘴唇。我就是那条蛇。我就快死了。

这条蛇正在被一个恶魔吞噬着。那恶魔就像火山岛一样从阴间的泥潭中钻出来。恶魔的头像狮子，下巴像鳄鱼，那是残忍的食魂者。恶魔张开嘴，我闻到一股令人作呕的气味。我感到它的牙齿撕咬着我的皮肤，把我的皮肤撕成长长的纸带，掉进沼泽里，在那里被腐蚀消化成胶状的泥炭。它那参差不齐的尖利牙齿像手风琴一样来回撕扯着我，我不得不扯着肺大口大口地呼吸，使劲吞咽着黑色的胆汁。胃酸冲刷着我裸露的心脏，我的心脏白得发灰、毫无血色，几乎没有任何脉动。这就是埃及太阳神"Ra"消失在冥界时吞噬过的恶魔吗？如果是这样的话，我就再也见不到太阳了。我感觉到了一种泰山压顶的绝望感；我从未感到如此孤独。

一个男人和一个女人围着盘绕在床上的蛇；男人将气管镜插到蛇的身体里。那银色的管子滑入蛇的喉咙，几秒钟内就吸出了一管晶莹的黏液。氧气恢复了，眼睛上的蜘蛛网短暂地消失了，我又回到了自己的身体里。

3个医生一起朝我的巢穴走来，他们的白大褂相互拍打着。我使劲摇着手指指着他们。斯蒂芬妮笑了，她知道我在催促她加入交班讨论，他们会像讨论标本一样讨论我的情况。

当我眼前的棕色帷幕落下时，我想起了噬菌体。

来吧，让那些小混蛋们上场吧。

15. 完美的捕食者

奇普说的"找到那种噬菌体",到底要怎么做？奇普邮件的鼓励和支持让我在昨天，甚至是今天早上都觉得这件事没什么难的，但在喝完两杯咖啡后，我仍然没有从昨晚疯狂的噬菌体淘金噩梦中摆脱出来。我已经翻阅了 PubMed 上浩如烟海的研究资料，得知地球上估计有 10^{31} 个噬菌体——在任一时刻，都有一千万万亿的噬菌体存在，没有人知道到底有多少噬菌体偏爱攻击哪种细菌，可能只有几十种，也可能有几百种，甚至几千种。我怎么会知道哪些细菌可能会杀死汤姆的细菌，然后及时找到它们？在一千万万亿噬菌体中识别出哪些噬菌体可能对汤姆的鲍曼不动杆菌有效，听起来比大海捞针还要困难无数倍。这是个不可能完成的任务，我不可能做到。用我母亲的话说是"不自量力"。她对我的评价一直这样尖锐。我试着将这些自我怀疑从头脑中赶走。汤姆指望着我，女儿们也是。我想象着如果汤姆能说话的话，会说什么。那个富于哲思的他也许会说："敌人的敌人就是我的朋友。"或者，如果他的幽默感还健在的话，他也许会说："嘿，我的收藏记录里又多了一个致命病毒。"他一直是个富有冒险精神的人。所以，现在我已经没有退路了，唯一的问题是前路在哪里。

世界上有谁在做这个工作？我又该从哪里下手呢？我已经很久没有像这样毫无头绪了。

由于噬菌体疗法不在现代医学承认的治疗范围内，所以，要想知道它是否可以使用，以及如何使用，就需要摒弃传统，发挥想象力。更重要的是，在科学和医学的方法论框架中，这个过程有时需要几十年甚至更长的时间，可我们没有时间了。我们必须要加速前进，否则，汤姆会在等待中死亡。

作为一名传染病流行病学家，我经常跨时间、跨空间、跨人群地追踪数据，探寻新发现。现在，当我读到有关噬菌体的发现和一百年前首次尝试噬菌体治疗的文章，再想到奇普对于噬菌体治疗是一个"超前的想法"的评论时，感觉这简直是一种讽刺。幸好我们现在有了互联网，也多亏了我们大学的在线图书馆，我找到了一些历史久远的研究文章，这些文章详细介绍了科学家们在福特T型车流行的年代里[1]对噬菌体所进行的基础研究。这些研究工作的作者们早在我的博士生导师去世之前就都离开人世了，可他们现在却又重新成为我的新导师。

关于噬菌体的文章涵盖极广，从临床研究到基础科学，再到噬菌体从大约4.5亿年前与第一批陆生动物一起出现以来所走过的进化道路，不一而足。

现在，大多数学者将噬菌体的"发现"归功于科学家费利克斯·德赫雷尔（Félix d'Hérelle），他在1917年观察到了一种"能够通过过滤器的杀菌物质"。但搞清噬菌体是如何杀死细菌的，远比观察到它更为复杂和富有挑战性。1915年，一位名叫弗雷德里特·特沃特（Frederick Twort）的英国细菌学家正在研究开发一种天花疫苗，但他实验室中的培养基经常被葡萄球菌污染。仔细研究后，他观察到培养皿中葡萄球菌构成的薄膜上有一些小的、有光泽的斑点。在这些斑点出现的位置，葡萄球菌不再生长，就像我1986年在病毒学实验课上看到的那样。尽管特沃特并不知道是什么东西杀死了葡萄球菌，但他用实验证明，这种东西可以通过极细小的巴斯德陶瓷过滤器，并感染新的细菌培养物。巴斯德滤器（Pasteur filter）以著名的微生物学之父路易·巴斯德（Louis Pasteur）的名字命名，能阻止包括细菌在内的较大微生物通过。所以，不管这种杀菌物质是什么，

1　美国福特公司于1908年至1927年推出福特T型车，它的面世在汽车工业史上具有里程碑的意义。

一定是比细菌小的。特沃特并不确定这到底是什么，但他对这种能杀死细菌的"溶菌物质"的发现发表在当年的顶级医学杂志《柳叶刀》（*The Lancet*）上。

两年后，费利克斯·德赫雷尔进行了类似的实验，但他又将这些观察结果进行了更进一步的研究。他确信这些杀死细菌的东西是某种新的生命形式，并且认为那是一种病毒。费利克斯和他的妻子将它们命名为"细菌噬菌体（bacteriophages）"。当时，关于是特沃特还是费利克斯首先发现了噬菌体，以及噬菌体是病毒还是酶的问题，存在着激烈的争论，因为没有人知道噬菌体长什么样子，只知道它们似乎能可靠地消灭细菌。

我阅读过传记作者、耶鲁大学医学史学家威廉·萨默斯（William Summers）博士撰写的费利克斯的生平故事。了解得越多，就越觉得他和我有不少相似之处。他在蒙特利尔长大，所以他认为自己是加拿大人，这一点与我很像。他也曾被同龄人排斥，性格有点孤僻。我还通过搜索，发现了另一个巧合：1922年费利克斯写了一本关于噬菌体的专著，恰巧是我的母校多伦多大学出版的。我点了一下鼠标，从亚马逊上订购了这本书的英译本。这本书很快就成了我的睡前读物。

由于没有受过正规科学教育，费利克斯被讥讽为"民间科学家（vagabond scholar）"，但作为最早的应用微生物学家之一，他那"以微生物为中心的世界观"却是业界公认的富有预见性。在事业上，费利克斯始终以路易·巴斯德为榜样。巴斯德率先阐释了微生物在酒精发酵中的作用，费利克斯则试图将枫糖浆发酵成威士忌，尽管并没有成功。

在科学探索的过程中，费利克斯甚至到过一些我与汤姆也进行过科学考察的地方。1907年，他受雇于墨西哥政府，继续从事发酵方面的工作。1909年，他成功地将一种龙舌兰酿成了烈酒，味道可能与汤姆和我在那里旅行时品尝过的陈年发酵"龙舌兰酒"类似。

费利克斯同样也有一种与生俱来的好奇心。1910年，当一场蝗虫瘟疫席卷尤卡坦州（Yucatán）时，当地人带他去了一个地方，那里的蝗虫死于一种不知名的疾病。费利克斯注意到，这些死去的蝗虫周围有大量的黑色腹泻物。通过对蝗虫的粪便进行培养，他得出结论，这些蝗虫是死于昆虫版的"血液中毒"，而这种血液中毒与球菌感染有关。顺着这一现象，费利克斯进一步发现，这种球菌对人类并没有明显伤害，并进而证明，通过在蝗虫吞噬的农作物上涂抹这种球菌培养物可以消灭蝗灾。这种方法也在南美和北非的其他地方被用于防治蝗虫瘟疫。费利克斯因此被誉为"生物害虫防治之父（Father of Biological Pest Control)"，但他的科学贡献并未止步于此。

费利克斯敏锐地发现，有些蝗虫似乎对球菌感染不敏感。他将这些在球菌感染中幸存的蝗虫的粪便涂抹在布满球菌的琼脂培养基上，然后观察到一些细菌菌落周围形成了明显的斑点。有什么东西杀死了这些细菌，但会是什么呢？

直到多年后搬到巴黎，费利克斯才解开这个谜团，这一过程比任何一部《法医档案》都要精彩。在第一次世界大战进行到如火如荼的时候，费利克斯在巴斯德研究所（Pasteur Institute）工作。那时巴黎发生了一场痢疾大流行，而费利克斯被要求协助调查疫情。他将在痢疾中幸存的患者的粪便样本接种到培养基中，在培养18小时后进行过滤，然后将滤液加入装有导致痢疾的志贺菌培养液的试管中。试管起初是浑浊的，因为那里面充满了志贺菌，相当于一锅"细菌汤"。但第二天，试管就完全清澈了！费利克斯在光学显微镜下对溶液进行了观察，发现里面的细菌消失了。那一刻是噬菌体研究历史上的高光时刻。由于杀灭细菌的东西能够通过巴斯德过滤器，费利克斯断定，一定是比细菌还要小的病毒杀死了细菌。

如果你读过费利克斯在1917年的实验记录，你一定会对他的前瞻性钦佩不已。他在实验记录中这样写道：

……在打开培养箱的时候，我经历了一个罕见的情绪激动的时刻。对于我这样的科研工作者来说，付出的全部努力在那一刻都得到了回报：我一眼就发现前一天晚上还非常浑浊的细菌培养物完全澄清了：所有的细菌都消失了……而琼脂培养皿上也没有任何细菌生长。我瞬间明白了：构成琼脂培养皿上斑点的原因其实是一种看不见的微生物，一种可以通过过滤器，但却可以依靠寄生细菌为生的病毒。这让我如何不激动呢？另一个念头也几乎同时在我的脑海中浮现出来。如果这是真的，那么在患者身上很可能也会有相同的作用。患者的肠道就像我的试管一样，里面的痢疾杆菌会在这种寄生病毒的作用下溶解掉。如果真的是这样的话，痢疾患者就有救了。

在看到培养皿里的斑点时，费利克斯说他经历了"罕见的情绪激动的时刻"。他对自己情绪的客观描述让我笑出了声。如果汤姆在这里，他会说费利克斯说话的方式跟我一样，然后我们会一起大笑。我想会有这么一天的，我告诉自己，但那得等一等。汤姆可能也会在费利克斯身上找到一种精神上的共鸣，因为他们都乐于进行自我实验，尝试新的治疗方法。汤姆就曾经做过一次灾难性的尝试，他在几天的时间里，试图通过食用毒橡木来使自己对其脱敏。（他成了有史以来最严重的过敏病例，读者们千万不要在家里尝试。）费利克斯希望噬菌体疗法能够在痢疾大流行时帮助生病的孩子们，并在身体力行地向前推进。但由于噬菌体疗法尚未被用于治疗人类细菌感染，他首先在自己身上进行了预实验。这听起来很疯狂，但在一个世纪前，自我实验其实很常见。

在自我实验成功之后，他给一个患有严重痢疾的12岁男孩注射了活性弱化的这种噬菌体。仅仅经过一次注射后，男孩的症状就消失了。接着又有3个孩子接受了治疗，他们也都在24小时内开始恢复。

我对于噬菌体的基本知识只有浅显的了解，因此花了好几小时在PubMed上翻阅论文补课。如今，在费利克斯发现噬菌体一个世纪之后，科学家们对噬菌体有了更多的了解。一滴水可以容纳一万亿个噬菌体，它们几乎无处不在——土壤、海洋以及我们的身体里。噬菌体侵入细菌并利用它们进行复制的方式，就像科幻小说《天外魔花》（*Invasion of the Body Snatchers*）中描述的一样，唯一的区别是这并非虚构。无怪乎噬菌体是地球上数量最多的生物，它们是效率惊人的微型机器。接触、注入、复制、释放，并在这个过程中将细菌的细胞壁彻底摧毁。

尽管噬菌体一旦进入细菌体内，对宿主细菌的杀伤力惊人，但要想做到这一点也确实面临着一些挑战。首先，它们必须躲避人体的免疫系统和防御反应。其次，噬菌体必须战胜细菌的抵抗，而这可能会在几分钟内发生。随着对某一特定噬菌体易感细菌的死亡，对同一噬菌体有抗性的突变细菌则会蓬勃发展，并代替易感细菌的生态位。与抵抗抗生素的适应性策略相似，细菌们也进化出了一系列战术来抵御噬菌体，包括利用它们自己的免疫系统——一套被称为 CRISPR[1] 的系统。通过 CRISPR，细菌可以阻断、禁用或者改变噬菌体入侵所需的受体，也可以通过修改构成自身外壳的分子，使其黏滑的保护罩更加坚固，或者通过创造新的内部机制，阻断噬菌体的复制或者干扰其组装，使宿主细胞免受破坏。

　　俗话说，魔高一尺道高一丈，事实也确实如此。噬菌体的进化是为了捕食细菌，虽然细菌进化出了 CRISPR 机制通过基因沉默来抵御其中的一部分，但噬菌体也已经进化出了反 CRISPR 防御机制，使得它们可以继续攻击。此外，这个世界上有数十亿种不同的噬菌体，许多噬菌体能够通过不同的受体入侵同样的细菌。研究人员的任务就是找到那些与目标细菌相匹配的噬菌体，通过纯化确保它们能够被安全地使用，然后将它们送入人体——也就是汤姆的身体里。

　　不少有说服力的证据都支持噬菌体治疗。理论上来讲，噬菌体疗法似乎是治疗像汤姆那样的多重耐药细菌感染的理想选择。我现在对噬菌体的这些特点如数家珍。首先，噬菌体是细菌的天然捕食者，很多噬菌体可以特异性地针对有害的细菌而不伤害"好的"细菌。其次，既然噬菌体在自然界中大量存在，理论上来说，对于许多致病细菌来说，找到特异性攻击这些细菌的噬菌体应该相对容易。第三，当宿主细菌数量稀少时，噬菌体的数量也会随之减少，当人体被感染时，噬菌体也会在细菌大量繁殖的位置急剧生长。当宿主细菌被逐渐消灭后，漂浮的噬菌体就会被过滤到肝脏和肾脏，并在那里被免疫系统中的专门细胞吞噬并消化掉。这就意味着，一旦噬菌体的工作完成，基本上就会消失。

1　CRISPR: 全称为 clustered regularly interspaced short palindromic repeats，指成簇的、规律间隔的短回文重交序列。

与之相比，抗生素会产生更长期的影响，已知的副作用包括损害人体组织，破坏微生物群落的自然平衡等。但是，噬菌体会像理论上推测的那样在实践中发挥作用吗？答案还是个未知数。

　　并非没有人尝试过。噬菌体和青霉素在同一时代被发现——噬菌体被发现于1917年，青霉素则被发现于1929年。但为何一百年前发现的一种成功的治疗方法到现在还没有得到更广泛的应用？这一令人难以置信的滞后，在噬菌体疗法和青霉素治疗的历史发展过程中都存在。从青霉素的神奇疗效被发现，到青霉素在大药厂被规模化生产，在起初的十余年里，由于分离、纯化和向大众推广均需要时间，青霉素的开发过程始终停滞不前。直到第二次世界大战期间，越来越严重的士兵伤亡使人们产生了紧迫感，而正是这种紧迫感最终促成了青霉素的商品化。

　　但这样的理由听起来很难解释噬菌体治疗长达一百年的停滞。费利克斯在发现噬菌体疗法后，又将其应用到了在印度发生的数千例霍乱和鼠疫的治疗中。费利克斯为人高调，乐于抛头露面，这使得噬菌体治疗在国际上引起了广泛的关注。他本人也吸引了越来越多的追随者，并成为辛克莱·刘易斯（Sinclair Lewis）1925年普利策奖获奖小说《阿罗史密斯》（*Arrowsmith*）的灵感来源。所有这些喧嚣都使得噬菌体疗法的知名度一时间提高了不少。

　　然而围绕噬菌体治疗，始终不乏批评的声音，并发症的存在也不容忽视。尽管费利克斯坚持噬菌体制剂应当与患者的个体感染相匹配，但这在实际操作上很难做到。所以一些公司只是在实验室里生产出统一的噬菌体制剂，供一般的抗感染使用。一些公司，包括礼来（Eli Lilly），雅培（Abbott）的一个部门[1]，以及百时美施贵宝（Bristol-Myers Squibb，BMS）[2]的前身之一，首先开始销售噬菌体制剂来治疗伤口和上呼吸道感染。其中一些噬菌体产品一度风行一时，但很快就出现了问题。有一些产品被夸张地宣称为可以治疗病毒性感染，如疱疹

1　雅培的一个部门：指Swan-Myers。

2　百时美施贵宝：原文误作欧莱雅（L'Oreal）。

等，但事实上，噬菌体不可能做到这一点，因为它们针对的是细菌，而不是其他病毒。并且直到20世纪30年代末，噬菌体混合制剂经常在未经过净化的情况下就被直接出售，因而可能会在实际使用中造成其他伤害。还有一些制造商在噬菌体制剂中加入他们以为的"稳定剂"，却错误地将噬菌体进行了灭活。总而言之，许多在当时被出售的噬菌体制剂都是毫无用处的。

在科学界内部，噬菌体治疗更是从一开始就面临着重大挑战。在费利克斯发现噬菌体之后的大约30年里，科学家们仍然缺乏有效的技术手段来对噬菌体进行直接观察。一些科学家，甚至包括一些诺贝尔奖获得者，都对费利克斯关于噬菌体是微生物的说法嗤之以鼻。相反，他们认为噬菌体是一种酶。直到20世纪中期第一台电子显微镜被制造出来，人们才第一次观察到噬菌体，费利克斯也终于被证明是对的。现在，新的治疗方法要经过随机临床试验和生物伦理学审查，但在当时，这些标准和审查过程尚未被建立起来。没有有效的质量监控和安全检查手段，噬菌体疗法很难取得大众的信任。

青霉素上市后，至少在北美地区，噬菌体疗法被迫退居幕后。但这不仅仅是由于科学的原因，也是由于工业界对于噬菌体治疗商品化的热情逐渐冷却的缘故。与此同时，政治上的原因也不容忽视。你有没有想过，为何少数几个提供噬菌体疗法的治疗中心之一是在第比利斯？这件事情的来龙去脉，与噬菌体的发现一样充满戏剧性。第一次世界大战结束后，费利克斯在巴黎的巴斯德研究所认识了一位年轻的格鲁吉亚裔细菌学家吉奥尔基·埃利亚瓦（Giorgi Eliava）。埃利亚瓦和费利克斯相谈甚欢，一拍即合，一起开展了好几个噬菌体研究项目。1923年，埃利亚瓦回到第比利斯，继续担任微生物研究所所长一职。他的梦想是让自己的研究所成为苏联第一个以研究和推进噬菌体治疗为特色的中心。这一梦想在1926年实现了。

埃利亚瓦建立的新噬菌体治疗中心看起来棒极了。它坐落于一条流经第比利斯的小河旁的一片柏树林中。斯大林（Stalin）甚至还曾经为这家治疗中心送过祝词，尽管在此之后，治疗中心并未长久地得到苏联政权高层的欢心。1934年，埃利亚瓦邀请费利克斯去参观，并希望他能够帮助他们的治疗中心成为世界上首屈一指的噬菌体治疗机构。费利克斯应邀前往，并在第比利斯待了半年。后来，费利克斯计划将家搬到第比利斯，埃利亚瓦就在研究所的院子里建起了一座"德赫雷尔之家(d'Hérelle's cottage)"，供费利克斯居住。

如果非要说我们的噬菌体先驱者和斯大林之间有一段情谊，那也是极为短暂的。埃利亚瓦被捕，并被秘密警察局长拉夫伦蒂·贝利亚(Lavrenti Beria)宣布为"人民公敌(enemy of the people)"，这位秘密警察局长被斯大林称为"我们的希姆莱(Himmler)"[1]。1937年，贝利亚目睹了埃利亚瓦被处决。当时，许多科学家都遭遇了与埃利亚瓦相似的命运。埃利亚瓦的死让费利克斯很伤心，因此搬家到第比利斯的计划始终未能成行，他也从未住进过为纪念他而建的小屋。事实上，它一度被后来的克格勃临时占用，讽刺的是，这些克格勃正是受命于贝利亚。

后来被称为"埃利亚瓦噬菌体中心"的治疗中心在刚建立时并非一帆风顺，但随后在整个地区，乃至国际上都富有名望。20世纪80年代是噬菌体中心的巅峰时期，大约800人受雇在那里工作，包括100多名噬菌体研究人员。他们每天生产的噬菌体混合制剂、喷雾剂、药膏、软膏和药片可以达到数吨。其中大约80%的产品供苏联军队使用，主要用于治疗痢疾。

2016年，主要的噬菌体治疗中心有3家，包括埃利亚瓦噬菌体中心，以及另外两家分别位于第比利斯和波兰弗罗茨瓦夫的治疗中心，都有几十年的噬菌体治疗经验。尽管噬菌体治疗长期以来并未得到现代医学的认可，但仍有人定期从西方国家飞到那里去治疗不同类型的感染。

噬菌体疗法在东欧为什么没有像这里一样被抗生素取代？这是因为在第二次世界大战初期，青霉素的发现被认为是军事机密，一开始，苏联国家根本不知道它的存在。即使后来他们知道青霉素后，也无法在那里形成稳定的青霉素供应链。与美国一样，人们很难制造出足量的青霉素，以至于在生产技术

---

1 我们的希姆莱(Himmler)：海因里希·希姆莱，纳粹德国重要政治头目，被认为对欧洲600万名犹太人、同性恋者、共产党人和20万~50万名罗姆人进行过大屠杀。

完善之前，人们会从接受青霉素治疗的患者尿液中回收青霉素，其珍贵可见一斑。但噬菌体治疗则没有这样的问题。事实证明，它们是治疗战斗受伤的理想选择。日本军方使用过噬菌体，德国人也使用过。隆美尔（Rommel）的北非部队的医疗包中有噬菌体制剂被发现，而苏联人在第二次世界大战期间对芬兰人的战争中也用噬菌体治疗伤口。最近，噬菌体也在车臣战争中被使用过。

20世纪30年代到40年代，美国医学协会接连发表了一系列批判性的研究报告，声称除了用于治疗葡萄球菌感染之外，没有多少数据支持噬菌体疗法的疗效和可靠性。这更加深了人们对噬菌体治疗的排斥，尤其是在美国。阻碍对噬菌体治疗进行进一步研究的强硬立场是由多种因素造成的，不仅是因其盛行于当时的苏联而导致的地缘政治上的偏见，更是由于西方科学界内部的学术偏见。孤立主义不是真正科学的朋友。

在过去的噬菌体文献中不断出现的几个研究者中，其中之一是现在退休的美国国立卫生研究院生物学家卡尔·梅里尔（Carl Merril）。年近八旬的他为推动噬菌体治疗在美国的发展努力了50年——比我活着的时间还长。但在那个时代，政治因素扼杀了人们对噬菌体研究的兴趣，而技术的局限性以及使用噬菌体的国家提供的不完整的数据更意味着卡尔面临着的是一场艰苦的斗争。

我后来才知道，20世纪70年代尽管卡尔在自己的实验室进行实验的过程中遇到了很多障碍，但他成功地发现，当噬菌体被注射到实验动物的血液循环系统后，会被肝脏和脾脏破坏。在20世纪90年代中期，他和他的学生比斯瓦吉特·比斯瓦斯（Biswajit Biswas）掌握了如何在实验室里选择噬菌体菌株以逃避肝脏和肾脏的过滤作用，使它们在血液循环中停留的时间更长，从而起到更加持久的灭菌作用。到了2002年，他们利用噬菌体疗法成功地治疗了感染了对万古霉素（一种强效广谱抗生素）耐药的粪肠球菌的小鼠。在这些卓有成效的动物实验之后，卡尔试图促使美国国立卫生研究院支持临床研究，但没有成功。最终，在资金支持和内部政治趋向性完全对立的情况下，卡尔终于迫于压力退休了。但他从未放弃过他的科学信念。他相信，进一步对噬菌体疗法进行完善，将会拯救更多生命。

还有一件事让我觉得颇具讽刺意味。就在噬菌体疗法在西方国家被抛弃的时候，对噬菌体的纯科学研究——噬菌体生物学，正以其他方式蓬勃而起。如果你看一下早年间基础科学领域的诺贝尔奖获得者，他们中大约有一半都是噬菌体研究者。大部分的获奖工作都是在20世纪40年代和50年代完成的，但直到很久之后才得到业界认可。噬菌体被用来研究基因是如何开启和关闭的，噬菌体酶是分子生物学、基因工程和癌症生物学等领域研究的基本工具。最近，噬菌体更是在珍妮弗·杜德娜(Jennifer Doudna)博士和埃马纽埃尔·卡朋蒂耶(Emmanuelle Charpentier)博士开发CRISPR-cas9基因编辑系统的研究中发挥了关键作用。这一开创性研究为合成生物学带来了革命性的变化。

费利克斯已经去世多年，卡尔也归隐已久。在北美地区，相信噬菌体治疗潜力的研究者似乎越来越少。如果任何科学家有对鲍曼不动杆菌有活性的噬菌体，我必须找到他们。现在，科学和技术的发展使得我们有能力观察和研究噬菌体，调整它们的基因，调节它们的活性。也许是时候让这一领域重新回到大众的视线中了。

几小时后，在去医院的路上，我给卡莉和弗朗西斯分别打了电话，将我的想法告诉了她们。你如何告诉你的继女们，为了治疗细菌感染，你想给她们的爸爸注射活的病毒？这听起来有点荒谬，但我还是尽了最大的努力。两人都很认真地听着，听到奇普很支持这个方案，她们也很受鼓舞。

"所以，基本上，这就像是抗生素的绿色替代品，对吗？"卡莉问道，她是在家接到的我的电话。卡莉住在旧金山北部的一座维多利亚式农舍，距离我大约10小时车程的地方，她在和丹尼结婚前不久搬到了那里。听到电话那头传来的麻雀叫声，我可以想象到她眼前的田园风光。如果汤姆在这里的话，他一定会说出这些鸟的种类——如果他能说话的话。

"我之前没有这么想过，但我觉得你可以这么说。"我回答。我坐在车里，开着免提，堵在I-5号公路的车流中。"数百万年以来，噬菌体与细菌共同进化，甚至已经成为超级细菌的那几种细菌也有对应的噬菌体。"

"自然太伟大了，"卡莉俏皮地说道，"可是，你要去哪里找那些噬菌体？"

"这是个很难回答的好问题，我还没有答案。"我承认道。

"但我相信，有志者事竟成。"

我松了一口气，卡莉站在我这边了。搞定一个，还有一个。我联系到弗朗西斯的时候，她正在进行一个生物科学项目的野外调查工作。

"你是不是《法医档案》看得太多了，斯蒂芬妮？"她取笑我。我知道她不喜欢这个节目。在她上次来的时候，我强迫她和我一起看了一集，在那一集里，一个科学家利用沼泽里的浮游生物解决了一个几十年前的谋杀案。

"至少我不是个想用琥珀胆碱干掉她丈夫的黑寡妇。"我反驳道。琥珀胆碱是节目里凶手经常使用的一种毒药。"另外，另一个节目更适合你爸爸的病：《体内怪物》（*Monsters Inside Me*）[1]"。

在我详细解释了噬菌体治疗的想法后，弗朗西斯也表示支持和祝福："这东西听起来还是挺炫酷的。"

由于噬菌体大量存在于人类和动物的肠道中，每天都有数十亿的噬菌体被以粪便的形式排泄到环境中。所以，想要寻找汤姆的解药，首先要找到这种特殊有机物——粪便——富集的地方。这意味着最好的地方之一就是未处理的污水，或者说粪池。具体的细节就以后再解释吧，如果真有人感兴趣的话。我想象着有一天，《国家询问报》（*National Enquirer*）的头条将会是："震惊！净化的下水道污水救活超级细菌感染者。"

---

1 《体内怪物》（*Monsters Inside Me*）：一档介绍被致命寄生物感染的患者所经历的真实恐怖故事的节目。

16. 永远忠诚，永远坚强

2016 年 2 月 21—26 日

2 月 21 日晚上，为了追寻一条可能找到噬菌体的线索，我一整个晚上都挂在 PubMed 数据库上，还干掉了半瓶仙粉黛干红葡萄酒。牛顿和小猫崽们围着我，把盖在我腿上的毯子当成了新窝，争先恐后地往我跟前凑，等着我挠挠它们的下巴或者肚皮以示奖励。到了晚上十一点，我整理好了一份名单，凡是在发表的论文中提到过鲍曼不动杆菌的顶级噬菌体研究者，都在我的名单上。我重点圈出了那些位于美国科研机构的研究人员，因为我知道时间很重要。连接着环绕立体声的电视被设置为随机播放，我点开它来抵挡此刻令人不安的寂静。房间里被歌声填满。那是我最喜欢的歌曲之一——悲剧之果（Tragically Hip）乐队演唱的《勇气》（*Courage*）。生活大抵就像歌词中唱的那样吧，有时候，我们唯一能做的就是在最坏的情况下依旧鼓起勇气、挺起胸膛，做出当下最好的决定，无论结果如何，都勇于承担。

我忽然思绪烦乱。现在，距离我上次听到汤姆的声音已经有一个多月了。我深吸了一口气，按下了电话答录机的按钮，他那低沉的男中音响起："你好，这是汤姆和斯蒂芬妮的电话。我们现在不在家……"

"好了，现在不是自怨自艾的时候。"我对着小猫崽们宣布，也像是对自己说。我想到了汤姆。为了活下去，汤姆要与这种我曾经不屑一顾的超级细菌战斗。他既然已经决定了要战斗，我自然要与他站在一起。当我跟着音乐大声唱响《勇气》的时候，我将身上剩下的所有力量都召集起来面对接下来的挑战。

从搜索结果上看，在美国，只有寥寥几人可能——只是可能——有对付鲍曼不动杆菌的噬菌体，而且离得足够近，有可能及时帮上忙。我凝视着空白的电子邮件页面，它也盯着我。我现在应该做的是拿起电话一个一个拨过去，或者一通邮件发过去。对此我早已经轻车熟路，因为在工作中，我经常需要联系业内领先的研究人员，向他们请教专业性问题。但现在，同样的事却让我感觉有些异样。这有几个原因。首先，虽然我的本科学位是微生物学，但噬菌体并不是我最熟悉的研究方向，我不认识这个圈子里的人，这个圈子里的人也同样不认识我；其次，这次我要问的不是一个专业的问题，而是我个人的请求——我要恳请一群陌生人帮我把我的丈夫从死亡线上拉回来。汤姆的生命危在旦夕，而我只有孤注一掷，听天由命。如果依旧不能挽回汤姆，至少我已尽力，问心无愧。

我花了15分钟写了一封通用的邮件，根据名单上的每一个研究人员稍微修改了一下。第一封是写给得克萨斯农工大学(Texas A&M University)的莱兰·杨(Ryland Young)博士的，他是噬菌体技术中心主任。一篇发表在顶级科学杂志上的新闻报道中引用了他的话，他在新闻中说，找到针对特定细菌的噬菌体是"相对容易的"。真是如此吗？

> 尊敬的杨博士，
>
> 　　我在《自然》(*Nature*)杂志的一篇评论中了解到你们在进行噬菌体研究。作为一名传染病流行病学家，我觉得这种利用噬菌体在临床上治疗耐药性ESKAPE病原体的方法非常吸引人，而在专业之外，我个人对此也有兴趣，因为我的丈夫现在患上了严重的胆石性胰腺炎。另外，由于他在埃及感染了多重耐药的鲍曼不动杆菌，并在那里发病，他现在的病情变得更加复杂。经过3个月的急性期，他现在正住在我所工作的UCSD附属医院接受治疗。参与治疗的UCSD同仁们不乏顶级传染病专家，但由于感

染无法控制，他的病情依旧在恶化。因此我们开始考虑采用非传统的治疗方法。我知道你们的实验室主要做体外研究，但我想知道，对于噬菌体治疗，你对我们有没有什么建议。我知道这一请求很唐突，非常感谢！

当我逐一修改每封邮件，然后按下发送键时，我能感觉到自己的绝望在不断积累。他们真的会读我的邮件吗？汤姆和我每天都收到无数封骚扰邮件，一些垃圾邮件会伪装成紧急邮件的样子，还有一些贪婪的杂志编辑发来的约稿邮件——当然，要支付天价发表费。毫无疑问，其他研究人员的经历也大体如此。即使他们真的打开了我的邮件，我又如何能指望一个完全陌生的人会回应这样一个唐突的请求，然后立刻付诸行动呢？

第二天一早，像往常一样，有一百多封新邮件在等着我。大多数是寻常邮件，还有一些垃圾邮件。我简单地扫了一下，把一些与工作有关的邮件分拣出来，然后删除了其他的。这些邮件中有几封来自我前一天晚上联系的噬菌体科学家，他们对我的情况表示遗憾。有几个人礼貌地解释说他们没有针对鲍曼不动杆菌的噬菌体，其他人则说他们的方法尚不能在人类中进行实验。

只剩下来自得克萨斯农工大学莱兰·杨的邮件了。当我点开邮件的时候，我已经做好了又一次被拒绝的心理准备。和其他科研人员一样，他写道，他对汤姆的病情和绝望的情况感到很遗憾，汤姆的情况让他心痛不已。但与别人不同的是，他提出可以试着帮我找找，看看能不能找到合适的噬菌体，也许可以治疗汤姆。他还建议我们尽快通个电话，并发给了我3个可以联系到他的电话号码。信的最下方，他亲切地署名为莱（Ry）。我的心一瞬间像被电击了。

我马上给莱兰打了电话，谈了将近2小时。那种感觉如同到了爱丽丝的梦游仙境一般。他在电话里给我恶补了噬菌体生物学的知识，帮我把从大学病毒学课到现在落下的30年都补齐了。

我做了一些笔记，大致梳理了一下我们所面对的情况。与对MRSA有活性的噬菌体不同，对于鲍曼不动杆菌，每一种有活性的噬菌体只对特定亚型的鲍曼不动杆菌有效。这意味着我们不仅需要找到针对某一细菌种属的噬菌体，还需要匹配实际感染的细菌亚型。换句话说，仅仅知道我们需要一个针对鲍曼不动杆菌的噬菌体是不够的，我们需要对在汤姆体内疯狂繁殖着的那种鲍曼不动杆菌进行取样，然后他们才能够在找到的噬菌体中进行筛选，以找到匹配的那一种。我们手上有汤姆的鲍曼不动杆菌分离物样本能够供莱兰或其他人进行匹配吗？是的。我会请UCSD微生物实验室的莎伦·里德马上寄一份给莱兰。

接下来，莱兰问我是否恰好留有埃及的土壤或水样，哪怕是登山靴里的土壤也行。莱兰解释说，如果汤姆的超级病菌是在埃及感染的，那么在该地区的环境样本里也许可以鉴定到匹配的噬菌体，因为在自然界中它们是共存的。我回忆起萨加拉和代赫舒尔是多么干燥，很怀疑我们的靴子上可能连一点对他有用的灰尘都很难留下。我们没有土壤，帮不上忙。

最后，莱兰解释说，找到一种对汤姆的鲍曼不动杆菌有活性的噬菌体是不够的，如果可能的话，最好能多找到几种。"你也知道，细菌的变异能力非同寻常，"他解释道，"即使我们幸运地找到一种与汤姆的细菌分离物相匹配的噬菌体，如果我们只用这种噬菌体为基础，制作噬菌体制剂来治疗汤姆，他的细菌很可能会对它产生抗药性，而且几乎是立即就会产生抗药性。当然，我也必须坦诚地告诉你，如果能找到一种匹配的噬菌体，也已经上天降临的好运气了。我不想对你有丝毫隐瞒，我们的实验室在过去7年里只收集了少数几种鲍曼不动杆菌噬菌体。但我只要拿到汤姆的细菌培养物样本，就会让人将这些噬菌体在汤姆的细菌培养物上进行检测，一两天后我们就会知道是否有匹配的结果。我也会让我的团队用已有的环境样本对他的细菌培养物进行一下测试。你明白环境样本的意思吧？"

我是做了功课的。

"您是指在污水样本中找一找。"我回答说。

"是的，这些样本来于污水管道、沼泽水、农场，等等。基本上来自任何能找到粪便的地方。"他说。

"那……我们需要找到多少个噬菌体？"我问道，内心的担忧与时俱增。

"没有人知道答案，"他回答，"噬菌体治疗在北美还未被开发。格鲁吉亚和波兰都有噬菌体治疗中心，所以他们的实践经验最丰富。但他们的临床经验数据还不足，无法说服FDA和其他监管机构相信噬菌体疗法能起作用。而且他们的大多数病例都是普通感染，比如葡萄球菌、假单胞菌，或者克雷伯氏菌。汤姆感染的伊拉克菌现在已经变得极为耐药，杀伤力又很强，甚至在超级细菌中也是佼佼者。我的猜测是，我们可能需要更多的噬菌体才能治好像汤姆这样的患者，因为他已经全身感染了。先争取找到三到四种吧，如果找到的话，我可以在我的实验室里培养它们，然后将噬菌体混合制剂调好寄给你。"

"那真的太好了，"我说，声音都有些颤抖，"您愿意为一个完全陌生的人出手相助，我很感动。"

"我和你丈夫是同龄人，"莱兰回答，"我们都是马上就要退休的老家伙了，也许这就是为什么他的故事能引起我的共鸣吧。我也希望这项研究以及我在噬菌体生物学上的职业生涯能够对这个世界产生一些实在的帮助。"

莱兰的话多少带着些自谦的幽默味道，实际上，他一点不像一个要退休的人。相反，他的年资和丰富阅历只代表着他见证了噬菌体疗法这些年来的发展，以及停滞。

"全世界有少数科学家一直在试图推动噬菌体疗法的重新兴起，但大多数情况下，他们并不被整个噬菌体界认可，有些人甚至被整个领域唾弃，"莱兰说，"别忘了，噬菌体早在沃森（Watson）、克里克（Crick）以及罗莎琳德·富兰克林（Rosalind Franklin）发现DNA双螺旋的奥秘之前就被发现了，所以其早期研究不免有诸多缺陷。但我真的相信，现在是噬菌体治疗重回舞台的时机了，因为即便是最好的抗生素对超级细菌也越来越束手无策。像我们这样的努力，如果成功的话，会为噬菌体治疗背书，也许也能给噬菌体治疗研究带来更多的资金。"

莱兰对这次的项目有一种发自内心的狂热，他认为这是一个推动噬菌体治疗研究的机会。莱兰在早期职业生涯中，有很长一段时间都是一名"反噬菌体治疗卫士"。正如他所言，20世纪70年代初，在他的研究生时代，他被分子生物学界普遍存在的偏见所影响，认为噬菌体疗法是医学史上的"诡异的一章"，应该被永远地尘封。那时的人们普遍认为，虽然噬菌体一直以来都是分子生物学研究方面非常强大的工具以及模型，但要想将其应用在临床中治疗患者，简直就是个笑话，是痴人说梦。

但在2002年一次全国性的微生物学会议上，莱兰听到了一种与众不同的现代化噬菌体治疗方法，那是由一位来自印度的国际知名生物技术科学家、企业家报告的。莱兰被他的观点说服，并得到了启发，成了一名噬菌体研究广泛化的倡导者，他的一个目的就是推动噬菌体治疗。莱兰最终赢得了得克萨斯农工大学上层的支持，并在2010年成立了噬菌体技术中心(Center for Phage Technology, CPT)，为噬菌体科学家提供了科研职位和基础研究预算。该中心成了美国最早的噬菌体中心之一。莱兰和CPT的同事们多年来的研究成果发表在不少有影响力的同行评议期刊上，这些期刊曾经对噬菌体治疗嗤之以鼻。正是这些研究论文指引着我找到了莱兰。

"如果能成功的话，那将改变整个领域的游戏规则。"莱兰说。

"不管怎么样，我们先把眼前的工作做好，"他说，"如果你同意的话，过一会儿我会把你的邮件转发给我认识的所有人，他们可能也会有一些鲍曼不动杆菌噬菌体。如果运气好，他们也许能立刻寄一些到我的实验室，我们可以测试这些噬菌体的活性，与你丈夫的菌株对比。所以请马上把汤姆的细菌分离物寄给我。如果你有其他信息能让更多的人感兴趣并参与其中，也请你发给我。我会设置一个谷歌硬盘来共享文件。"

我欣喜若狂地挂了电话，心仿佛跳出了我的胸膛。现在，如果汤姆的心电监护仪被接到我身上的话，它一定会发出心跳过速的警报。我立刻给莱兰发了两张汤姆的照片，包括那张他与我和他的伊拉克细菌T恤的合影，还有一张汤姆在2012年的老照片，当时他还很健康。我把汤姆的学术履历和简历也加了上去，那足足有100多页。

奇普刚一到他的办公室就接到了我的电话。我迫不及待地与他分享了这个好消息。

"你相信吗，得克萨斯农工大学的莱兰·杨回复了我的邮件，并表示愿意帮忙一起寻找匹配的噬菌体。所以，我想我现在应该正式地问你一下：如果他们找到了至少一个匹配汤姆的噬菌体，你愿意成为这个临床研究的主要负责人（Principle investigator, PI）吗？"

这是一个关键的问题，因为我自己不能做这项研究的负责人。原因有二：首先，我不是医学博士，而临床研究的负责人需要具有医学博士学位；其次，我是患者的妻子，这意味着这项研究与我有很大的利益相关性。

我能够从电话中听到奇普"呼"的一下子坐在了他的办公椅上。

"哇，这可真是个大进展，"他说，"当然，我当然愿意做这项研究的PI。我会去找我在FDA的联系人，让他开始准备文件，申请特许怜悯治疗。我们需要把这些工作都提前准备好，一旦他们发现了噬菌体，我们这边能够立刻开始。"

得知莱兰需要将噬菌体与汤姆的细菌分离物相匹配，并且需要找到不止一种噬菌体来克服耐药性时，奇普并不惊讶。奇普曾担任NIH评审小组的主席，这个小组专门负责裁决抗生素耐药性相关的研究提案，因此他很清楚一项紧急性新药研究许可（eIND）在FDA的审查过程中面临着哪些监管挑战。所谓紧急性新药研究许可（emergency investigational new drug）[1]，是指这些药物尚未获得FDA的批准，是当患者濒临死亡且所有常规治疗都失败时才会使用的最后治疗手段。汤姆在这两个方面都符合条件。没有谁比奇普更有资格来领导这个项目了。现在的问题是，审批程序是不是够快——如果莱兰他们找到任何噬菌体，我们能够马上用它来救治汤姆吗？

"这可能是个愚蠢的问题，"我说，"但我们为什么需要FDA的eIND呢？噬菌体又不是药物。"

"这是FDA审批任何新疗法的唯一途径，"奇普解释说，"也是阻碍研究者对噬菌体治疗这样的新疗法进行临床实验的部分原因。FDA需要一个新的监管模式，但这种情况在短时间内出现改变的可能性近乎为零。当然，如果我们能用噬菌体疗法治好汤姆，这也许会促使FDA做出一些改变。"

1　紧急性新药研究许可（emergency investigational new drug）：原文误作 experimental investigational new drug。

第二天早上，我收件箱里的邮件比平时多了很多。由于时差的关系，一夜之间进展颇丰。莱兰的邮件很奏效，来自印度、瑞士和比利时的噬菌体研究人员都纷纷同意将鲍曼不动杆菌噬菌体寄来进行测试。比如，来自比利时布鲁塞尔阿斯特里德王后军医院（Queen Astrid Military Hospital in Brussels）的负责人让·保罗·皮尔内（Jean-Paul Pirnay）博士是我找到的那篇梅拉比什维利博士论文的合作者。他回信写道，他的团队有一些鲍曼不动杆菌噬菌体，他们曾希望用这些噬菌体对烧伤士兵进行局部治疗。令人难以置信的是，他提出可以将他们的噬菌体通过外交方式寄送给我们。

奇普那边也传来了新消息。他给他在FDA的联系人凯拉·菲奥里（Cara Fiore）博士打了个电话。他本准备向她仔细解释什么是噬菌体疗法，以及为什么我们需要给汤姆使用这种疗法。但菲奥里博士是FDA生物制品评估和研究中心的微生物学家，对这方面的情况了如指掌，并熟悉美国所有从事噬菌体治疗的主要实验室。她甚至主动提供了几个不在我们名单上的实验室的联系方式。

这比我和奇普之前期望的要好太多了。

"另外那两个不在名单上的实验室是哪两个？"我问奇普。我觉得我的搜索已经很彻底了，居然漏掉了两个参与鲍曼不动杆菌噬菌体研究的实验室，这让我有些奇怪。

"是陆军和海军研究所。是不是有些难以置信？"

我低低地惊叹了一声："哇喔，这简直是在开玩笑吧，军方在搞噬菌体研究？难怪我没有找到这些研究的任何信息。你说，这不会是机密吧？"

"嗯，那我就不知道了。不过想想看，他们的许多现役军人都是从中东回来的，不少都携带着多重耐药性感染，所以他们早就开始研究这个问题也很正常，"奇普说，"我今天下午晚一点会给这两个人打电话。"

第二天，我的手机响起了艾瑞莎·弗兰克林（Aretha Franklin）的《尊重》（Respect），这是我最近为奇普设置的专用铃声。我接起电话，立马从他的语气中察觉出他有些不高兴，这在他轻微的南方口音里显得更加明显。

"我跟陆军和海军的噬菌体项目的负责人谈了。两个人都不愿意插手平民百姓的事儿，"他叹了口气，气愤地接着说，"我告诉他们，我将是这个临床试验的负责人，他们只需要把噬菌体送来。他们还是不断推诿。后来我告诉他们，我对比利时军方的印象比对他们好多了，因为连人家都愿意把噬菌体通过外交方式寄给我们。"

这真是不折不扣的奇普。虽然我的外号是斗牛犬，但当有人损害了患者的权益时，奇普才更像一只守护骨头的斗牛犬。这种特质虽然为他树立了一些敌人，但更多的时候，更让他赢得了患者和专业同行的尊重。而在许多类似的情形下，赢得了尊重就胜利了一半。

"总之，陆军那边肯定是没戏了，"他说，"但我想我说服了海军，至少他们同意让我们在他们的噬菌体库中对汤姆的细菌分离物进行测试。如果真的有任何抗菌活性的话，海军的副指挥官塞隆·汉密尔顿（Theron Hamilton）说他可以帮忙协调。批文需要直接上报给海军司令部。"

塞隆愿意帮这个忙很不容易，因为这是要承担很大责任的。但与此同时，海军借此机会所了解到的关于鲍曼不动杆菌的一切，以及如何对其进行治疗的信息，都会进一步增强海军的医疗实力，如果在将来的某一天，鲍曼不动杆菌在军队中流行，他们将会有所准备。这些信息同样也会在未来的生物恐怖袭击中证明其价值。因此，从这个角度来讲，帮助汤姆可以说是一举两得。在20世纪60年代的越南战争期间，汤姆是绝不愿服兵役的。如今，在这场发生在他体内的战斗中，他可能终于有机会为军队做点贡献了。

"好吧，我觉得这也算是很大的进展了。"我回答道，一边用肩膀夹着手机，一边赶着牛顿离开了小猫崽们的食物。它的肚子最近越来越大了。

"我告诉塞隆，他描述他们的'埃及噬菌体藏品'的样子就像品酒师描述一款好酒一样。然后他才对我慢慢变得热情起来，"奇普半开玩笑地说，"他说他会命令他的实验室这个周末两班倒，这样一旦从我们这里收到汤姆的细菌分离物，他们就能将它与他们的噬菌体进行匹配。"

所以，现在在日以继夜地帮我们进行噬菌体搜寻工作的不是一个实验室，而是两个。在短短几天的时间里，这是一个惊人的进展。

"我真想赶快告诉汤姆，即使他现在听不到我的声音。"

现在还不知道这两个实验室是否能找到与汤姆的鲍曼不动杆菌相匹配的噬菌体，但我们不能坐等答案。在这段等待的时间里，我们必须尽最大努力推进临床方面的行政审查和签字流程，这样才能保证如果发现了噬菌体，不会延误治疗时机。我们必须时刻准备着，带着对付这种超级细菌的新弹药到前线报到。

我和奇普结束了通话。我们每个人都有一个长长的任务清单。微生物实验室已经把汤姆的细菌分离物寄到了莱兰那里，莱兰的 CPT 小组现在会将一份培养物样本再寄给海军。而我将开始起草这次临床试验的提案，交到 UCSD 的伦理委员会（ethics committee）。我们还需要签署一份正式的协议，授权 UCSD 和得克萨斯农工大学之间的合作和材料转移，类似的协议也要和海军签一份。

奇普的任务则包括与 FDA 跟进，如果顺利的话，则开始制订临床方案，建立正式的噬菌体管理指南。他还需要获得 UCSD 生物安全委员会的批准。通常情况下，完成这些审批的行政流程至少需要两周，有时甚至是几个月的时间，但通常情况下，那些临床项目并不像汤姆现在的情况那样紧急、生死攸关。

作为科研人员，我们都清楚这个流程，也知道这些步骤和保障措施是必要的。FDA 经常被人认为扮演着阻碍创新的反面角色，但事实上，这些保障措施对保护我们所有人都至关重要。濒临死亡的患者和他们的家人都很脆弱，很容易成为假药贩子的靶子，而这些假药贩子提供的治疗方法可能不但不会帮助患者，反而会加重伤害。更糟糕的是，在今天的世界里，牟取暴利者正在利用科学和医学的语言来对未经证实的说法和服务进行包装，使其更加具有迷惑性。

同样重要的是对成功的案例进行评估，这样才能够将它们推进到随机临床试验，并以此确定这种疗法能否在更大范围内起作用。而对于失败的案例，我们需要知道失败的原因，这样这些死亡的患者才不会白白牺牲，我们也才不会重蹈覆辙。因此整个审批过程需要时间，理由很充分。但汤姆没有时间了，哪怕晚了一秒，一切就都前功尽弃，而谁也不知道那一秒会在什么时候到来。

两天后，我的手机铃声响了。来电显示区号是979。电话是莱兰打来的。虽然已是星期五晚上8点多，但他想把我介绍给CPT里的4个人，他们都参与了救治汤姆的项目。他们一个接一个地介绍了自己。助理教授杰森·吉尔（Jason Gill）是CPT团队中在转化噬菌体研究方面经验最丰富的人，也是莱兰的长期合作伙伴；阿德瑞娜·埃尔南德斯-莫拉莱斯（Adriana Hernandez-Morales）是莱兰的博士生；雅各布·兰开斯特（Jacob Lancaster）和劳伦·莱索尔（Lauren Lessor）则都是实验室的技术人员。我向他们表示了深深的感谢，他们就分头去工作了。我也是，那天晚上我就开始起草提案，希望这一提案能够得到UCSD医学伦理委员会的批准。

所有在人体进行的科学研究都需要经过伦理委员会的审核和批准。我在职业生涯中曾经写过很多这样的提案，但这次不一样。这次的研究对象只有一个：我的丈夫。并且这是个特许怜悯使用申请，也就是说，我们请求伦理委员会批准在一个濒临死亡的患者身上使用一种未经FDA批准的治疗药物。

我用了两段总结了汤姆从三个多月前病倒的那天起到现在的病史，涵盖了一系列急救转运过程以及一个多月前他因腹部引流管滑落而导致的昏迷。我按时间顺序记录了汤姆的病程，并列出了他用过的所有抗生素。替加环素、美洛培南、万古霉素、达普霉素、利福平、黏菌素、阿奇霉素、替考拉宁、甲硝唑、亚胺培南。他简直快成了真人版的药典了。

接下来是怜悯性使用的理由。我的手指在键盘上方停住，无法移动。我一动不动地坐了15分钟，盯着电脑屏幕发呆。不一会儿，屏幕保护程序开启了，里面轮换播放着我和汤姆一起旅行的照片：去年夏天我们俩在卢旺达追踪山地大猩猩的照片，在马里的班迪亚加拉（Bandiagara）悬崖上徒步旅行的照片，在巴布亚新几内亚与胡里族(Huli)维格人(Wigmen)跳舞的照片。我写不下去了，一个字也写不出来。一阵阵恐惧、悲伤和恐慌的情绪瞬间涌上心头，我放声大哭，崩溃在颤抖的哭泣中。

够了。

我给奇普发了一封邮件，将写到一半的提案草稿放到附件里。"剩下的部分交给你了。"我写道。

由于感到精神上的无助，我抽空和罗伯特进行了一次视频通话，他总是让我感到精神焕发。这一次，他告诉我，他确信噬菌体治疗一定会成功。

"这些小食豆人要大快朵颐了！"他双手合十感叹道，然后满怀期待地搓了搓手，"而且我还感觉到，其中有一个噬菌体像个超级杀手，比其他噬菌体吃掉的细菌都要多。我做通灵师50年来，还从来没有过像现在这样兴奋过。"他诚挚地告诉我。

"是啊，我也兴奋了一分钟呢。"我回答道。然后我们俩都笑了起来。也许这只超级细菌终于要遇到它的超级克星了。

17. 最后一搏

2016年2月27日——3月9日

在噬菌体计划启动的6天后，噬菌体实验室和TICU都热火朝天，一边在忙着给汤姆寻找合适的治疗方法，另一边则在忙着维持他的生命。而这一切的中心——汤姆，依旧毫无反应地躺在各种各样的生命维持装置中。

第二天查房的时候，TICU的医生们都挤在汤姆的11号病房的门口，汤姆插着气管插管，接着监护仪。他还活着，但毫无反应。围着他的这群人包括主治医生费尔南德斯医生、住院医师艾瑞克、主治护士玛丽莲、护士克里斯，还有我。克里斯首先阅读了他手上的检查报告的总结部分，然后艾瑞克向费尔南德斯医生简要通报了汤姆最新的培养物和化验结果，大家也都靠了过来。

"汤姆的肌酐呈上升趋势，从1.8到2.2，"艾瑞克指着他的笔记本电脑说，语气里透露出来的担忧比昨天更深了一层。成年男性肌酐的正常范围是0.6到1.2，这是肾功能的一个标志物。费尔南德斯医生俯身查看了过去一周的肌酐水平和变化。条形图陡峭的上升斜率并不是一个好兆头。

"最好叫肾内科一起会诊。"他告诉艾瑞克。我知道这意味着什么：汤姆的肾脏开始衰竭了。鉴于他现在的情况，透析并不会帮他争取到多少时间，甚至可能一点用都没有。汤姆的心脏和肺都已经衰竭，依靠生命维持装置勉强支撑，一旦开始透析，将标志着全系统器官衰竭的第三个指标终于达到——那是死亡的前奏。

通常情况下，在查房时，团队在病情通报后并不会停留太久，而是进入下一间病房继续查房。我现在已经是汤姆查房团队的常客了，也经常问一些问题来搞清汤姆的现状，以及治疗和护理方面的技术细节。但今天，查完房后，费尔南德斯医生和艾瑞克医生先是互相看了看对方，然后看向玛丽莲，最后看向我，并向我提出了一个问题。

"我们听说你和奇普正在计划用病毒进行某种实验性治疗。"费尔南德斯博士开口了，他的语气谨慎而又好奇。"能和我们说说吗？我们都没有这方面的经验，但我们需要了解情况。"所有的目光都转向了我。

有那么一瞬间，我有些手足无措、尴尬万分，生怕他们以为我在质疑他们的能力。但我从他们的眼神中看到，他们是真的想救汤姆，却为自己没有了办法而感到沮丧。在这家国际领先的医院里，没有什么现代医学技术是这些顶级医生们不了解或者没有经验的，但他们对于噬菌体治疗的盲点是可以理解的，因为几十年前，噬菌体治疗在西方医学中被边缘化了，而这种情况或许要在现在被改变。

我解释说，我和奇普在不到一周前才寻求到CPT和海军的帮助，还不知道他们能不能找到匹配的噬菌体，也不知道需要多长时间。听了我的话，费尔南德斯博士和艾瑞克的表情中透露出浓厚的兴趣和自然而然的疑问。作为一个科学家，我了解这种感觉。

"我知道这听起来不太容易，"我说，"也明白这很冒险。但除此之外我找不到有什么别的可以尝试的替代方案。"

费尔南德斯医生缓缓地点了点头。"我也是。老实说，我们已经没有办法扭转你丈夫的病情了。"

他接着补充说，我提出的噬菌体疗法就像是将一个四分卫的眼睛蒙住，在第四节还剩不到一分钟的时候，让他做出一个万福玛丽传球（Hail Mary pass）[1]，

1　万福玛丽传球（Hail Mary pass）：在橄榄球比赛中，四分卫在非常艰难的情况下，扔出的长距离传球。

但值得一试。"如果你能成功的话，可能会让很多其他患者受益。所以，我会全力支持你和奇普。"

我向他表示感谢，并答应向他的主任阿图尔·马霍特拉（Atul Malhotra）博士以及 TICU 的主任金·克尔（Kim Kerr）博士随时汇报最新情况。

查房团队离开了，屋里又只剩下我和汤姆。我温柔地给汤姆梳了梳头发，又给他的前臂和腿部涂了一层特别厚的乳液。然后，我拿了一块多孔石，在他的脚底轻轻摩擦，去掉了一层又一层的老茧和厚皮。"终于能把你的脚修一修了，好几年前我就想让你修修脚了。"我对他说，假装他能听到我的声音。也许他真的能。

中午到了，我准备把汤姆交给克里斯照顾。我还知道再过几分钟，我和汤姆的两个学生也将会陪伴汤姆。卡莉的丈夫丹尼在网上发出了这次倡议，号召大家轮流来陪伴汤姆，并使用了一个在线日历工具来进行安排。这一倡议收到了来自四面八方的积极响应，朋友、家人、学生，以及其他人都纷纷加入每人2 小时的轮班中，从早到晚。

很难知道昏迷中的汤姆是否能够感受到他们的关怀，也不知道他能否听到我跟他说了什么或者做了什么。但有一些研究说，昏迷的患者有时能听到声音，而亲人的声音有助于他们的康复。罗伯特则更是坚持认为，亲人和朋友们的出现和与汤姆的互动对于汤姆至关重要，是一种人与人之间坚实的联系，让那个在管子、电线和高科技医疗设备包围中的他不至于与世隔绝。整体治疗师马丁也同意这一点。无论从科学理论上多么难以解释，但当汤姆的女儿们飞来法兰克福陪伴他时，汤姆的精神确实出人意料地好转了，即使当时大多数临床数据都表明他依旧生命垂危。类似的情形也在其他时候出现过。这些东西很难量化测量，但老实说，如果现代医学都已经到了需要到下水道中寻找可能的疗法的地步，那么假设床旁陪伴和单向对话有任何潜在的好处，我不需要 FDA 的批准也愿意相信并尝试一下。

在我和汤姆吻别的时候，他微微动了一下，轻轻呻吟了一声。

在我离开的路上，TICU 的保洁员罗茜（Rosie）像往常一样推着清洁车进入了汤姆的房间。她从走廊上走过来的时候，我就从她蹒跚的步伐中认出了她。我凄惨地笑笑，向她打招呼。

"全靠你了，罗茜。"我跟她说，出神地看着她把11号床旁边的地板扫得干干净净，将垃圾倒进一个生物垃圾桶，那里面装满了注射器盖、皱巴巴的面巾纸和汤姆脚上不断脱落的死皮。

罗茜的目光与我碰到一起。"我一直在为你和你的丈夫祈祷。你们俩都是那么充满生命力。"她温柔地说。我被她的善良感动，她对汤姆"充满生命力"的形容更是让我忍不住哽咽着抽泣起来。

第二天，医生们在查房时主要讨论了汤姆因缺乏营养而逐渐衰弱的问题。他从进入重症监护室时就开始使用的鼻饲管已经不能满足他现在的营养需求。无论从什么角度来讲，他都一直处在营养不良的状态。如果给他增加一根更大型号的鼻饲管，又有可能引入一个新的潜在感染源，甚至可能会立即引发新一轮败血症。然而此刻的汤姆已经极度虚弱，无论我如何捏他的手，他都完全没有任何反应。辗转反侧之后，我还是在同意书上签了字，授权介入放射科在第二天给他插上一根新空肠造口管。

手术后两天，我坐在汤姆床边陪着他。他静静地躺着，仍然没有反应，但当我赶到时，我惊愕地发现他的两只手腕都被困住了。甚至还没有完全清醒，他就已经开始反抗气管插管了，可是插管是现在唯一能保证他活着的方法。我在笔记本电脑上打开了潘多拉播放器，选择了他最喜欢的冥想音乐——美国土著鼓乐。暖暖的鼓声充满了整个房间，与心脏监测仪冰冷、单调的嘟嘟声形成了鲜明的对比。然而就在一刹那，心脏监护仪警报大作，打破了平静。汤姆的心率超过了130次/分，血氧水平降到了90%以下。我慌忙按下了呼叫键。克里斯刚刚交班上岗，急忙从走廊上跑过来。只见汤姆的呼吸又浅又急，脸憋得通红，脸上迸出豆大的汗珠。我和克里斯对望了一眼，看了看机器上的各种指标，几乎同时得出了相同的结论：败血症休克卷土重来了。

一直以来，汤姆的肠道内的感染部位始终难以充分引流。当天下午，医生们对汤姆进行了新的血液检查、实验室培养和CT检查。几天后，检查结果显示，那种我们从一开始就在假性囊肿中发现的真菌——念珠菌（Candida glabrata），现在出现在汤姆的血液中了。不知道什么原因，真菌突破了假性囊肿的壁，并且正在血液中扩散。念珠菌感染找上了汤姆。戴维告诉过我，这种病的死亡率高达50%。此时此刻，汤姆正在被细菌和真菌联合围攻，而我们正试图用数十亿的病毒来挽救他的生命。对于一个传染病流行病学家来说，生活似乎越来越像一个残酷的笑话。

有些日子的早晨，医院阳光明媚的中庭和棕榈树林的长廊对我来说仿佛不存在。当我无数次步履匆匆地走向日渐衰弱的汤姆时，那中庭里的阳光显得太明媚，太热烈，太积极向上，而与之相比，汤姆却在滑向越来越深的黑暗深渊。那个穿着时髦的双排扣西装的门卫，依旧像从前一样热情，但现在却让我开始觉得他像个守灵人。当其他家庭带着刚出院的亲人，举着气球走出医院时，我却向着相反的方向走进去。我也想为他们高兴，但一想到汤姆甚至可能永远也没办法从这里走出来时，我真的很难做到。在TICU，对时间的关注是无时不在的。心率、换班时间、排班计划、排便时间……人们用各种各样的方式对时间进行了切分和测量。然而在我的感受中，时间却是静止的。从汤姆在埃及病倒到现在有3个月，从汤姆被从法兰克福急救空运到桑顿医院有2个月，可这感觉却像是无限长。现在，突然之间，噬菌体疗法带来的希望让人感觉到也许奇迹终于即将发生。然而在噬菌体找到、汤姆得到治疗之前，我们却什么都做不了。我不再觉得时间凝滞在我的周围，而是感觉一切都是电光火石，我在高压、紧张的气氛中期待那一时刻的到来。自从我们开始酝酿噬菌体治疗计划到现在，已经两个星期了。我的心情在这两周里跌宕起伏，有时候感觉自己在计时倒数即将到来的一场爆炸，有时候又感觉是在经历末日降临前的最后几分钟。

那天，我到重症监护室的时候，汤姆一动不动地躺在他的11号床上，我不得不检查他的呼吸以确定他是否还活着。还好，还有呼吸。心脏监护仪显示他的心率为113次/分，有些快，但还算稳定。血压90/65 mmHg，不是很好，但和几个小时前我早上5点去护士站时一样，没有变化。

"自从换班后，他就一直没醒吗？"我问克里斯。他被派到汤姆身边刚刚两天。克里斯总给人一种温暖和鲜活的感觉，总是给这个冷冰冰的无菌病房增加一丝人情味。在重症监护室里，很多事情都是自然而然地以"让患者活下来"为重点，但克里斯总能更进一步，在护理上做出一些细微的调整，不仅让汤姆活下来，还尽量让他感到舒服一些。他总是积极地改善汤姆的护理，哪怕只是一丁点儿。除此之外，他还会花时间用通俗易懂的语言向我解释重症监护室里的专业术语。我到的时候，克里斯刚刚熟练地给汤姆刷完牙，正准备帮他翻身，为了预防褥疮，他每隔2小时就要给汤姆翻一次身。

"他们说从昨天早上你过来的时候到现在，汤姆都没有变化。"克里斯认真地说。也就是说，汤姆没有醒来过。

当汤姆在去年12月住进重症监护室的时候，汤姆曾坦言，他在晚上不敢入睡，因为怕自己一睡不醒。据说重症监护室的大部分患者都是在夜间去世的，尤其是后半夜。汤姆尽量不去关注那些紧急抢救呼叫，不去关注那些被推进来的骨瘦如柴的人，那些盖着白布推出去的尸体，以及空气中弥漫着的乳香味，那是牧师来做临终祷告时留下的。但真的很难不去关注。"这里要么是将死的人，要么是刚死的人。"汤姆曾经这样说。这两者之间的界限一天比一天模糊，这让人不寒而栗。

我精疲力竭地瘫倒在汤姆床边的椅子上，这样的"没有变化"让我们一筹莫展。但突然之间，我看到旁边克里斯平静地照顾着汤姆的样子。汤姆静静地躺着，依旧活着，这让我暂时从恐慌中平静下来。然而当天下午，任谁也无法继续掩饰或者美化最新的CT扫描结果。在汤姆的胰腺后部又发现了一个正在增大的新积液囊，新放置的进食管旁边也有一个。医生们只好插了2根引流管，现在汤姆身上总共连着5根引流管，这让他看起来就像个插针垫一样。他的体重掉了100磅，皮肤变得像死人一样苍白而蜡黄。监视器的嗡嗡声之前听起来是那么让人厌烦，现在却成为他活着的唯一信号。此时此刻，所有的希望都寄托在噬菌体上了。

18. 淘金

2016 年 3 月 1—11 日

在哪里找到的细菌，就该去同样的地方找捕食细菌的噬菌体。如果你想找到对付肠道细菌的噬菌体，那么粪便则是个好地方。对于鲍曼不动杆菌来说，你只能从一些不太高端的地方入手。换句话说，正如海军研究所的一位科学家总结的那样：那些"你完全不想去的最糟糕的地方"——包括污水处理厂，化粪池，堆满脏兮兮的尿布、粪便、腐烂垃圾，甚至动物尸体的垃圾场，还有当地医院或动物养殖场的废水。海军则会在国际航行的船只上搜寻噬菌体。另外，由于在位于贝塞斯达的 NIH 医院的下水道中也曾发现过一些很难对付的超级细菌，他们也会从附近的污水处理厂里收集样本。

另一个能找到噬菌体的地方则是一尘不染、秩序井然的噬菌体"图书馆"。与那些令人作呕的地方相反，这里的噬菌体已经被研究人员分离、处理好。这样的噬菌体库通常是一个大冰箱，位于微生物实验室里某个无人留意的小角落。与图书馆不同，这里收藏的不是一本本书，而是一个个小瓶子。这些小瓶子大多数比小指头还要小，上面贴着标签，便于保存和查找。这些标签对于我们的筛选和搜寻工作至关重要。

无论是在实验室的噬菌体库还是大自然中筛选，寻找对汤姆细菌分离物有活性的鲍曼不动杆菌噬菌体都不是一件易事。由于时间紧张，我们将搜寻主要集中在美国境内的来源上，因为国内运输相对容易。我们很幸运，在得克萨斯农工大学的CPT和海军的生物防卫研究局（Biological Defense Research Directorate, BDRD）实验室，我们找到了世界上最有声望和经验的噬菌体科学家。

一直以来，得克萨斯农工大学的莱兰致力于研究噬菌体在复制完成后如何裂解细菌细胞并将新合成的子代噬菌体释放出去。细菌细胞壁十分坚韧，能够承受巨大的压力，但不知道为什么，噬菌体不仅能够使被感染的细菌爆炸，而且还能够精确地控制引爆时间，使得噬菌体在细菌裂解时达到最佳数量。

海军实验室的比斯瓦吉特·比斯瓦斯（Biswajit Biswas）博士则是我们找到的另一位噬菌体专家。在加入海军之前，他在NIH工作。比斯瓦吉特师从卡尔·梅里尔，现在是塞隆负责的海军实验室的噬菌体小组组长。他在海军实验室工作了几十年，一直致力于研究如何能够有效地选择最佳噬菌体进行治疗。比斯瓦吉特在海军实验室的研究成果颇丰，其中值得一提的是，他参与开发了一种能够更快捷进行噬菌体培养的新系统，这一自动培养箱配备了精密摄像头和计算机，能够实时监控噬菌体培养情况并对数据进行分析。这意味着在实验室中，研究人员能够在几小时之内就对不同噬菌体和噬菌体组合对于目标细菌的疗效进行分析和判断，在此之前，这件事情需要好几天才能做到。近年来，海军开展了大量工作来研究噬菌体能否用于鲍曼不动杆菌感染伤口的治疗，并希望最终利用噬菌体疗法来治疗服役人员或退伍军人的多重耐药感染。但目前为止，他们只在动物模型上进行过实验，从来没有在人体上使用过。汤姆将是第一个。

两个团队里都有着众多技术娴熟、充满激情的科学家，每个人都有各自的研究重点、专长，以及历史，并相互补充。一瞬间，我仿佛感觉到一个噬菌体梦之队横空出世了。

他们的任务很明确，但并不简单。他们需要找到能够针对汤姆体内多耐药鲍曼不动杆菌的噬菌体，然后将其大量繁殖、纯化，再送至UCSD的药理实验室进行进一步制备。通常情况下，这一切需要几周的时间，但我和奇普每天，甚至每过几个小时都会与噬菌体团队相互联系并通报进度，因此他们知道汤姆的情形正每况愈下。所有人都在想方设法地在不牺牲质量、不牺牲汤姆的情况下加快进程。他们无法催促大自然，因为噬菌体复制需要时间，从噬菌体感染细菌到释放子代噬菌体需要二十到四十分钟。收集子代噬菌体、重复同样的繁殖过程，以及这之后的纯化都要耗费时间。因此，每个人都在加倍努力地工作，加快每一步骤的速度；多线程工作，尽量增加同一时间进行的实验数量；甚至通宵达旦地工作，以消除步骤之间的等待时间。塞隆开玩笑说，以后多的是时间睡觉。至于现在，从下水道到病床旁的这段路，我们唯有不停地奔跑。

一个团队在马里兰州，另一个团队在得克萨斯州，医疗团队和我们则在圣地亚哥，还有其他远程参与其中的人分布在全国各处。虽然时区不同，相隔万里，但此时此刻，所有人都在同一场对抗鲍曼不动杆菌的比赛中。一旦战役打响，一旦汤姆开始接受第一轮噬菌体治疗，那么无论成败，所有人都生死与共。

当奇普和我努力推进药物监管批准和其他事务性方面的工作时，CPT和海军的研究团队正在竭尽全力寻找并制备噬菌体。莱兰实验室的噬菌体库中有数百个噬菌体，对多种病原体都有活性，但在我联系到莱兰的时候，他们手头针对鲍曼不动杆菌的噬菌体并不多，大部分都是过去几年来在环境中搜寻其他噬菌体时收集到的。

"幸好我们从不清理冰箱，"杰森开玩笑说。得克萨斯团队那边的选择不多，因为截至目前，他们还没有对针对鲍曼不动杆菌的噬菌体进行过系统搜寻。

可海军团队那边则不同，因为他们对鲍曼不动杆菌噬菌体进行过系统性寻找。许多从中东战争中回来的水手和其他服役人员都携带着伊拉克菌感染。这些鲍曼不动杆菌通常不像汤姆感染的那种那样致命，但它们的存在促使海军针对鲍曼不动杆菌进行了噬菌体搜索，而我们现在是这场搜索的受益者。海军团队的噬菌体库很庞大，他们从环境中收集了几千种噬菌体标本，大部分标本是从淤泥中分离到的。他们对其中大约300种噬菌体进行了部分研究，发现150种噬菌体对不同亚型的鲍曼不动杆菌有活性。但由于鲍曼不动杆菌比大多数其他细菌更挑剔，所以我们还不知道是否有某种噬菌体能与汤姆体内的菌株相匹配。

比斯瓦吉特在业界被同行称为"噬菌体解语者"。或者用卡尔·梅里尔的话说，他是天生的噬菌体匹配师，知道如何将噬菌体相互混合、匹配，以获得最佳的治疗效果。比斯瓦吉特出身于印度的兽医世家，在那里开始了自己的医学生涯。但他也是一个天生的工程师，在漫长的科学家生涯中，他的诸多研究和发现都在业界享有很高的评价。他有着神奇的第六感，在选择噬菌体的时候，能够通过匹配不同的噬菌体类型，来保持其对不断演化、变异的细菌感染始终具有选择压力。

从某种意义上说，比斯瓦吉特为这一刻已经准备了近20年。1994年，他曾与美国一家开创性的噬菌体公司合作。但和卡尔一样，虽然他的动物实验结果很有希望，但也未能在当时的医学界为噬菌体疗法带来足够关注。尽管他对于噬菌体疗法成为救命药依旧坚信不疑，但最终还是将这项工作搁置了下来。源于对生物恐怖袭击的担忧，海军曾经对炭疽杆菌噬菌体进行过开发。在海军BDRD工作时，比斯瓦吉特曾经参与过这一工作。如今，接到这项为汤姆配制出一种噬菌体混合制剂的任务，他长久的蛰伏终于结束，他上场的时刻到了。

虽然得克萨斯实验室和海军实验室在运作方式和流程上有所不同，但一旦获得噬菌体，筛选的基本步骤是相似的。首先，我们要筛选出那些会裂解细菌的噬菌体。温和型的噬菌体并非我们的目标，因为它们不会立刻杀死细菌，而是仅仅将其遗传物质嵌入细菌中，然后就袖手旁观。另外，温和型的噬菌体往往会传播毒素基因和抗生素抗性基因，这会让事情变得更糟。

分离出一种对目标细菌具有活性的噬菌体后，还必须再培育出大量的同种噬菌体，以满足治疗需求。由于噬菌体只能通过感染细菌和裂解细菌来实现自身繁殖，因此必须将噬菌体和细菌混合培养。自费利克斯时代以来，这种通过混合噬菌体和细菌来进行噬菌体增殖的方式就没有发生任何改变。只不过当时的研究人员用培养皿培养细菌和噬菌体，而在当代的实验室里，高新技术的应用和更大规模的培养需求促使人们用手机大小的微孔板代替了培养皿。每个微孔板上都有96个小孔，用于培养细菌、分离噬菌体，通过多轮次的培养和筛选，来放大噬菌体对目标细菌的有效活性。如果你见过许许多多96孔板平铺在实验台上的话，你会觉得那样子有点像晚春时节中西部农田的鸟瞰图——精心培育的农作物整齐划一地排列着，一排又一排。

大量繁殖后的噬菌体群落是肉眼可见的。你可以看到细菌菌落上一个个光泽的斑块，在这些斑块中的细菌都被杀死了。研究人员可以用玻璃吸管将噬菌体从这些板块上收集下来。在布满细菌的96孔板上进行多轮培养和收集后，你就得到了一个装满噬菌体的烧瓶——在这个烧瓶中，每毫升液体中包含多达100亿个噬菌体。但是，噬菌体生长的另一个副产物是大量的死亡细菌、细胞碎片以及环境中的絮状物和喷射物。细胞碎片中含有内毒素，这是细菌细胞壁的有毒部分，可能引发患者的败血症休克，因此必须将其从噬菌体制剂中分离出来，以尽量降低治疗风险。纯化过程还可以去除其他潜在的有害残留物。卡尔后来告诉我，在20世纪30年代的早期噬菌体治疗实验中，因使用噬菌体混合制剂而死的人可能比噬菌体治愈的人还要多，因为当时没有人知道噬菌体需要纯化，也没有人知道如何进行纯化。在当时，噬菌体纯化是整个噬菌体疗法中最难的部分。

典型的纯化过程是这样的。研究人员将粗制的噬菌体制剂放入一个大的离心管中，然后利用强大的离心旋转迫使噬菌体颗粒沉到离心管底部，而细胞碎片和其他杂质则漂浮在上清中。莱兰曾经充满感情地跟我们描述过他在20世纪70年代使用过的那台老式离心机，说它就像一个老式洗衣机，里面却装着改装过的凯迪拉克发动机。你绝对不想在它全速运转时打开盖子。离心结束后，研究人员会将噬菌体浓缩液溶解在无菌液体中。这一步必须小心翼翼地进行，以免损坏噬菌体本身。接下来，噬菌体溶液会与酒精混合来去除内毒素。这一步完成后，研究人员会再次检测噬菌体制剂中的内毒素水平。如有必要，则再进行一次重复处理，进一步降低内毒素含量。

纯化噬菌体有几种不同的方式，得克萨斯和海军实验室采取的流程各不相同，但最终都需要满足FDA对人体使用产品的内毒素安全水平要求。没有人真正知道噬菌体制剂需要多"纯"，才能安全地用于人体使用，所以越干净越好。

我们需要的是纯净、有活力、能够快速杀死鲍曼不动杆菌的噬菌体。最好还能找到通过不同受体攻击鲍曼不动杆菌的噬菌体，以克服细菌可能的演化和变异。发现的噬菌体越多，对鲍曼不动杆菌的杀伤力越强，杀伤方式越多样化，对我们越有利。这样一来，细菌将会被重重围困，四面楚歌。它的攻击力一旦分散，噬菌体便有了更多机会趁虚而入。

在接下来的日子里，当实验室忙着收集、繁殖、处理噬菌体时，奇普和我则在忙着行政审批。我们每个人都有一张清单，上面是所需的程序性文件、许可、临床计划、委员会审查和批准文件，等等。还有一些法律文件，用来确保在治疗无效、汤姆死亡的情况下，提供噬菌体的人不会被追究法律责任。我们动用了各自在大学里的每一个人脉，依靠来自无数人的点滴善意和帮助来获得所需的批准。这类审批工作通常需要几周或几个月的时间，但我们在两天内就完成了。这真的要感谢无数无名英雄的努力，要感谢那些在行政部门内做着最基本工作的每一位工作人员。

3月初的一个半夜，在噬菌体计划启动的3个星期后，杰森给奇普和我发了一封电子邮件。来自得克萨斯农工大学的消息喜忧参半：坏消息是，他们测试了一小部分比利时噬菌体样本，但不幸的是它们对汤姆的鲍曼不动杆菌并不具备活性；好消息是，他们从其他来源发现了4种噬菌体，对汤姆的分离物具有活性。它们其中之一来自安普利菲生物科技（AmpliPhi Biosciences），它碰巧就位于圣地亚哥，是一家专注于噬菌体临床应用的初创公司。这家公司并没有在我的搜索列表中出现，因为我把注意力集中在研究鲍曼不动杆菌噬菌体的实验室。该公司的研究重点不在此，但他们刚好有一个来自澳大利亚患者的鲍曼不动杆菌噬菌体，并把它交给了CPT。当莱兰联系该公司的首席执行官，问他是否可以在汤姆的噬菌体疗法中使用它时，他立刻就同意了。而且，在了解了事情的紧迫性后，他表示所有常规的文书工作都可以省略。

另外3种有活性的噬菌体则是从他们实验室所在地附近的污水、土壤、蓄水池、畜栏里的粪便等环境样本中最新发现的。在短短几天内，莱兰的实验室就发现了3个新的鲍曼不动杆菌噬菌体。即使是通过电子邮件，我也能够清楚地感受到莱兰抑制不住的兴奋。于是，这3种新噬菌体和来自安普利菲生物科技的噬菌体将组成第一版得克萨斯噬菌体混合制剂。他们现在唯一需要做的就是纯化这些噬菌体，然后将它们混合制备在一起——就像提炼得州石油那样。

3月11日，在噬菌体计划开始不到3个星期，我们也收到了来自海军实验室比斯瓦吉特的邮件。在等待海军上层正式批准前，比斯瓦吉特和他的实验室研究人员用汤姆的细菌分离物（现在正式命名为TP1）对他们所收集的鲍曼不动杆菌噬菌体进行了初步测试，很快就确定了10种能够杀死汤姆细菌分离物的高毒力噬菌体。在18小时内，比斯瓦吉特在这10种噬菌体中又精心挑选出了毒性最强的4种，他们将用这4种噬菌体去做第一个噬菌体混合试剂。

海军方面还有一些行政流程需要塞隆上下疏通，但他成功地获得了BDRD主任艾尔弗雷德·马特桑（Alfred Mateczun）博士的支持。马特桑是一名退役的海军上尉，同时也是一名医学博士，以正直和果断著称。2001年针对美国几位政客的炭疽病袭击事件后，他曾积极参与到对此的调查和应对工作中，在近一年的时间里，从基础研究到样本分析，他均有所涉猎。当塞隆就汤姆的病例与他联系时，马特桑也直言不讳地说出了他的观点。

"嗯……他已经昏迷多久了，6个星期？那么他马上要器官衰竭了，可能很快就会死亡。"马特桑的语气客观而平静，然后问了两个关键的问题。

"我们有他感染的细菌样本吗？"

"是的，长官。"塞隆说。

"那我们有能杀死这种细菌的噬菌体吗？"

"是的，长官，我们也有。"

"好，那看起来值得一试，反正也是背水一战。把噬菌体送去吧。"

随着马特桑的这句话，"开始"键终于被按下了。海军回应了我们的求救信号。

现在，在海军的自动化的噬菌体繁殖系统中，最适合汤姆体内细菌的噬菌体正在严格监控下被大量繁殖，每隔15分钟，系统会对噬菌体和细菌的状态进行拍照并绘制图表进行分析。从对噬菌斑进行小规模收集开始，实验室最终用了满满一烧瓶的鲍曼不动杆菌繁殖了3.6升噬菌体混合物。16小时的高速离心之后，这3.6升混合物被浓缩成大约10毫升具有活性的噬菌体制剂。这大约两茶匙的噬菌体制剂，或者叫作细菌裂解液，将被用在汤姆身上。

我只在大学期间的一门课上与噬菌体打过交道。除了我们在噬菌体实验中用过的那些细菌培养物的强烈气味之外，这门课并未给我留下多少深刻的印象。那些培养皿是被放在一个类似微波炉的培养箱里，在体温环境下进行培养的。当你打开培养箱的门，会感到一股充满奇怪气味的温暖的气体从培养箱里冲出。那种气味就像旧袜子、腋窝和腐烂物混合在一起的味道。那天我听到比斯瓦吉特开玩笑说，现在他的实验室里臭气熏天，我忍不住笑了。我想起了大学时代小心摆弄一盘盘细菌"肉汤"的漫长夜晚。但对于一个热爱噬菌体研究的科学家来说，这就是希望的味道。比斯瓦吉特正是这样一个视噬菌体研究为生命的人。他说，他家不远处恰好有一家污水处理厂。在炎炎夏日里，当气温刚刚好的时候，他偶尔会闻到一丝丝熟悉的味道，然后忍不住想到："啊，这是一个寻找噬菌体的好日子！"

当我以汤姆妻子的身份办理正式的审批手续时，一些小事不断提醒着我作为科学家和患者家属的奇特的双重身份。现在，如果我的专业能力能够有助于获取信息或者加速审批流程，我会毫不犹豫地这样做。与此同时，每一份批准汤姆治疗或干预的表格都需要我以"患者的妻子"的身份签字。光是看到这几个字，我的胃就忍不住收缩。每一天、每一分钟，我的神经都绷得紧紧的，仿佛在高压线上行走。我只想着把一只脚放在另一只脚前，只要不往下看，就能够一步步走下去。只专注于下一步要做的事情，对我来说这仿佛很奏效。只有这样，作为科学家的我才能保持一种客观性和超脱性，而作为妻子的我也才能暂时不去想汤姆也许会死亡的可怕后果。

我又想起了几个星期前的那场噩梦。我一个人拿着卢克索的破便盆，在腐烂的沼泽地里游荡，像一个老加州淘金者一样寻找噬菌体。当时我满头大汗地醒来，把这当成不祥之兆。现在，梦境仿佛正在被重新描绘。现实生活中的画面以我想都不敢想的方式在眼前展开。现实里，我不再孤单。这些优秀的人，这支由陌生人组成的志愿军，从世界各地我曾经一无所知的遥远角落里走出来。他们就是金子。他们夜以继日地工作，寻找那些同样如金子般珍贵的噬菌体。

我知道实验室是如何运作的，无论是人员和资源方面的压力，科学研究准确性和精确性方面的要求，还是这项任务所带来的大量计划安排和繁重工作本身，对两个实验室来说一定也是一场噩梦。一个不知从何而来的项目，还带着一个绝望而紧迫的最后期限，不但突然间打乱了原本的一切工作安排，而且需要更多人力、物力、精力的投入，而这一切性命攸关。我当然可以感同身受，因为这是我的丈夫，但汤姆对他们来说仅仅是个陌生人。同时，这也是一场押上一切但赢面极低的豪赌。无论从专业角度还是个人情感角度来说，各种迹象都预示着惨淡的前景。但即便如此，他们还是挺身而出了。

偶尔有人会说起，他们是带着个人情感参与到这个项目中的。每一个科研工作者都抱着这样的希冀，希望自己奋斗多年的工作能够在有朝一日挽救生命。但是，在基础研究实验室里的科学家很少有机会成为第一急救者，在当下挽救别人的生命。

阿德瑞娜后来说，她曾经花了很长一段时间来研究噬菌体之间的差异，经历了无数令人沮丧的失败时刻，当终于搞明白应该将哪一种噬菌体添加到对抗汤姆的噬菌体混合制剂中时，她欣喜若狂。

"我给这个噬菌体混合制剂取名叫 Mago，"她说，"在我的母语西班牙语中，它是魔术师的意思。"

太好了，我们正需要很多的魔法。

同一天，在得克萨斯州的雅各布和阿德瑞娜给我发来了一张包裹的照片，上面是他们要以当日配送方式寄送到 UCSD 实验室的噬菌体制剂。我知道他们已经不眠不休地熬了好几个通宵了。来自马里兰和得克萨斯州的噬菌体都在路上了，这是属于我们的一路向西的加州淘金潮。

在所有人都在以最快速度工作的同时，医院里，大家也仍在轮流守护着汤姆。他已经好几天没醒来过了。我一边在心里惦记着雅各布和阿德瑞娜发来的照片，一边将一条湿毛巾敷在汤姆的额头上，让低热中的他能够稍稍舒服一点。

"坚持住，亲爱的，"我靠得很近，说，"噬菌体就要到了！"呼吸机和升压药都被设定到了最大值。我使劲捏了捏他的手，可他没有回应。

19. 旅行

2016 年 3 月 12—15 日

"我想他的灵魂可能在什么地方游荡吧。"弗朗西斯若有所思地说着，一边给自己倒了一杯茶。这是她用几种我叫不出名字的黑色中草药熬的茶。当她端着两杯热气腾腾的茶走向沙发时，一股像烧焦甘草一样的气味从厨房弥漫出来，飘荡在她身后。她把其中一杯茶递给我："来，斯蒂芬妮，喝点茶。对你的身体有好处。"

"谢谢你，弗兰。"我坐在长沙发上我最喜欢的一角对她笑了笑。"希望它喝起来比闻起来好一点。"我对她眨眨眼，皱了皱鼻子。弗朗西斯对草药很了解，她上过一门草药学的课程，正打算报考传统医学专业。我抿了一小口茶，那味道像糖浆一样，还不错。

"我也觉得汤姆的灵魂去旅行了。"卡莉说。她从卧室里走出来，跌坐在我和她妹妹身边。她把长长的马尾辫松开，摇了摇。

卡莉和弗朗西斯几天前就已经回来了，我们轮流守在汤姆的床边，屏息等待着噬菌体的到来。可就在那天早上查房的时候，我们原本满怀期待的心情一下子跌到了谷底。看完汤姆的病历后，费尔南德斯医生盯着我的眼睛，问我们 3 个人能不能参加当天下午的家庭会议。我们把汤姆留给朋友查克和朱迪照顾，回家待了几个小时。

我们都在用不同的方式应对汤姆的病情。

每天早上，卡莉都会躲到客房里，插上耳机，一边听着萨满教的鼓声，一边在脑海里冥想："我该怎样帮助我的爸爸？"她形容说，自己在冥想中会进入一个沐浴在光辉中的世界。在那里，她会遇到一个像向导一样的人。在她最近几次心灵旅行中，她说自己好像处在一个巨大的离心机中，离心机启动，把悲伤情绪都甩掉，这样才能去除心理负担，时刻做好帮助父亲的准备。然后，鼓声会把她引到父亲的病床边。她会扶起他，然后和他一起走到一个可以俯瞰太平洋的长椅上，坐在那里闲谈。

"也许老爹正在准备跟我们说再见。"弗朗西斯说，同时给我的杯子续上茶。她也刚刚做完冥想，试图用平静的声音掩藏内心深处强烈的难过。过去的几小时里，我一直来回踱步，一边不停地与奇普联系，一边一遍遍刷新着网上的包裹追踪网页，想知道什么时候噬菌体能够被送到医院药房。除非小猫崽趴在我的腿上，否则我根本坐不住。幸好，帕拉迪塔现在正顺从地趴在我的腿上，咕噜咕噜地叫着，用它那小手术刀一般的爪子揉搓着我的天鹅绒浴袍。

卡莉和弗朗西斯坐在沙发的两端。我们一起透过横跨一整面墙的落地窗望向外面那迷人的海景。过去，汤姆和我常常在后院待上好几小时，看着太阳一点点从海面上落下。他总是试图寻找绿色的闪光，那是日落时阳光折射造成的一种罕见的自然现象。茶喝得差不多了，我把茶杯倾斜了一下，拣出一片粘在杯底的碎叶子。

不到一个小时后，奇普打来电话，告诉了我一个坏消息。在注射噬菌体之前，我们需要进一步降低噬菌体制剂中的内毒素浓度，降得越低越好。FDA对其他种类的药品和疫苗都对内毒素浓度有相应的指导意见，但对噬菌体制剂却没有。

"FDA在这方面经验相当多，我一直在问他们，我们应该将内毒素降到多低的浓度。"奇普说。

这些即将用来治疗汤姆的噬菌体是在得克萨斯农工大学和海军实验室里利用从汤姆身上分离的鲍曼不动杆菌大规模培养出来的。当细菌被不断繁殖的噬菌体破坏时，会释放出人类免疫系统识别细菌入侵的关键信号之一：内毒素。内毒素是人体免疫反应的重要诱因，也是严重感染时发热和低血压的主要驱动因素之一。FDA的顾虑是，如果我们用来治疗汤姆的噬菌体制剂中有大量的内毒素残留的话，可能会导致败血症休克。我在过去几周临时突击学习的噬菌体知识也告诉我，大多数噬菌体治疗带来的死亡都是由于在噬菌体纯化过程中没有充分去除内毒素而造成的。然而，在治疗中，由于噬菌体也会在杀死细菌的过程中将这些细菌的内毒素释放出来，因此同样可能导致败血性休克。所以我和奇普都在犹豫，是否值得为去除噬菌体制剂本身残留的内毒素而进一步延误治疗时间。最后，奇普决定还是把内毒素水平进一步降低，以防万一。小心驶得万年船，谨慎总好过遗憾，更好过死亡。

得克萨斯农工大学送到UCSD药房的是噬菌体混合制剂，但UCSD只能对单一种类噬菌体进行纯化检测。更麻烦的是，得克萨斯农工大学实验室和海军实验室使用了不同的技术进行噬菌体纯化。但由于系统地给人注射噬菌体是一种全新的治疗方法，没有人知道哪种纯化方法是合适的，甚至也许两种都不合适。

怎么办？这些新的问题不知道又会将治疗开始时间推迟多久。

我沮丧地结束了与奇普的通话，但马上又接到莱兰打来的电话。

"我听说了奇普与FDA关于噬菌体制剂中内毒素含量问题的讨论，"他说，"这个问题其他人在尝试噬菌体治疗时也都遇到过。我不确定我们能不能及时克服这个问题来拯救汤姆，但必须得放手一搏。你们运气不错，我认识一个噬菌体研究团队，就在圣地亚哥州立大学（San Diego State University，SDSU），离你们很近。"

我又一次被这种难以想象的巧合惊呆了，这些我们需要的人刚巧就在圣地亚哥，却由于各种各样的原因，之前居然没有被我们搜索到。他们也许从来没想过自己的研究工作能够与治病救人相关，但现在一切都不同了。

"是不是觉得有点冥冥中注定的感觉？"莱兰说，他也觉得有点不可思议。

能够遇到上天降临的好运气，要感谢佛瑞斯特·罗沃尔（Forest Rohwer）

博士和他在SDSU的研究团队，包括他的科研合作者和生活伴侣安卡·斯加尔（Anca Segall）博士，他们的博士后研究员杰洛米·巴尔（Jeremy Barr）博士，以及博士生尚恩·班勒（Sean Benler）。佛瑞斯特的研究领域是噬菌体的生态生物学，这是他和杰洛米共同建立的新领域。他们主要以噬菌体作为模型，研究DNA、基因工程、CRISPR和其他基础科学问题，但并不关注噬菌体的医疗用途。佛瑞斯特非常擅长"清洗"噬菌体，尽管这一过程复杂而繁复，令大多数人望而却步。他的太太安卡是分子生物学家，也是SDSU的教授，有自己的实验室。两人经常合作研究海洋噬菌体。说来也巧，杰洛米对于在噬菌体制剂中去除内毒素特别在行，有一套非常特殊和专门的方法，而且最近刚刚完成了一个长达一年的相关项目，现在，整个实验室简直就是专门为去除噬菌体制剂的内毒素打造的。

"我已经给他们打电话留言了，看他们是否愿意帮我们对噬菌体混合制剂进行纯化，进一步去除内毒素，"莱兰说，"他们人很好，但他们需要的试剂盒比我们这里的内毒素纯化试剂盒质量更高。希望上天保佑他们能愿意帮忙，否则的话，你就得找到另一家能够立刻做这个检测的实验室，或者把噬菌体制剂再运回来，我们再试着重新纯化一遍。"

任何拖延都是在挑战汤姆的运气，噬菌体需要再次纯化这件事让我们更加担心汤姆坚持不了那么久。

"莱兰，真谢谢你再次挺身而出，"我边说边大声呼出一口气，"我也会给SDSU的团队打电话，希望他们能同意帮这个忙，因为我们的时间真的不多了。"我看了看手表，上午11点整。"医院的医生让我们今天下午再去开个会。我有种不好的预感，我觉得他们不会带给我们什么好消息。"

我的预感不幸应验了。午饭后，我留了一条语音留言给佛瑞斯特，就和卡莉、弗朗西斯一起出发去了医院。在医院的一个小会议室里，医疗队的3个熟悉的面孔在等我们。

"今天会议的目的是讨论一下下一步的计划。"主持会议的米姆斯医生首先说。他用手捋了捋自己有些早秃的头顶，继续说："过去几个星期，我断断续续地负责着汤姆的病例，我想在座的各位也都清楚，他的病情没有任何好转的迹象，或者说，一直在恶化。"

"是，我们都清楚，"我心里想着，"说重点吧。"

重点来了。

"当然，没有人知道之后会发生什么，"米姆斯医生继续说，"但根据我的经验，一旦出现这种临床表现，患者几乎不可能好转。我们想知道你是否准备给汤姆进行肾脏透析。如果汤姆在透析之后康复了，他可能一辈子都要靠透析维持，并且还需要一年多的高强度康复治疗。当然，我觉得他能够康复的可能性微乎其微。"

"但，他还没有肾衰竭吧？"我试探着问，"我记得你说他的肌酐指标还没有高到需要进行透析的水平？"我的胃一阵阵缩紧，好像之前喝的糖浆茶在胃里发酵起来。

"肾内科的人早些时候来会诊了，他们觉得情况不乐观，"费尔南德斯医生委婉地补充道，"他的肌酐水平现在超过3.5，应该很快就需要透析了。"

我坐下来，闭上了眼睛，在心里慢慢消化这一切。肺，心脏，现在到了肾脏，全部衰竭了。这是我最害怕的情形。汤姆已经走到多器官衰竭的边缘，而噬菌体还没有准备好，现在，医生们其实是在问我们要不要放弃了。

"如果他需要透析，而我们决定不透析，他是不是会死？"弗朗西斯问。她重重地停顿了一下，努力咽了咽口水。米姆斯医生看着她，点了点头："是的，而且会很快。"

"那么，"卡莉说，"能不能让我们把他带回家去，别让他在医院离开？"

费尔南德斯医生平静地看着她，温柔而娴熟地回答："如果我们把呼吸机撤下来，停用增压药，他可能只能活几分钟。没有这些机器和药物的帮助，他的心脏会立刻停跳。"

卡莉像泄了气的皮球："这么说的话，他再也没有办法和我们说话了，最后一次也不行？"

"恐怕不行。"第三位医生说。我有些看不清他的脸，才发现自己哭了。

这时候绝不能后退，我告诉自己。"我们不放弃。"我坚定地说，语气里的冷静和信心把我自己都吓了一跳。"噬菌体已经准备得差不多了，虽然我们现在还没有得到FDA的批准，但我相信会很快。所以，如果他需要肾脏透析，那就请给他透析吧。"

女儿们也点头表示赞同。

"好，我明白了，"米姆斯博士说，"噬菌体治疗计划你和奇普说了算。但我必须提醒你，现在留给汤姆的时间不多了。"说完，3位医生都站起来，离开了。他们的白大褂飘动着，反射着荧光灯的白光，忽然显得异常刺眼。

走出会议室，我查看了一下我的手机，它之前被设置成了震动模式。有一条未接来电的语音留言，根据来电号码来看，就来自本市。电话是佛瑞斯特从SDSU打来的。他说他已经收到了我和莱兰发来的信息，并已经将实验室准备就绪，随时可以帮我们进行内毒素检测和纯化。我松了一口气，膝盖一软，几乎要跪在地上，我赶紧抓住栏杆，定了定神。一个穿着蓝色制服的卫生保洁员从我身边走过，停下来问我还好吗。我摆摆手，淡淡地笑笑。还好，还有希望。

又打了几通电话之后，我向奇普汇报了这个好消息。我查到得克萨斯的噬菌体制剂刚刚被送到了UCSD药房的研究室。我怕快递员不够快，于是让同事娜塔莎（Natasha）直接开车把箱子从UCSD药房送到了佛瑞斯特的实验室，好让他们立刻准备进行检测和纯化。

"别忘了，噬菌体需要用冰块包裹好，保持在4摄氏度，"我提醒娜塔莎，"不然噬菌体会死掉的。"说完，我意识到这句话说得太不专业了，因为严格来说，病毒是没有生死可言的。它们的存在方式很特殊，在接触到细菌宿主细胞之前，它们一直处于一种生死之间的中间状态，就像昏迷一样。

在奇普和医疗团队努力治疗潜在胰腺炎的同时，一波又一波的并发症使汤姆的情况不断复杂化，巨大的挑战近在眼前。首先，这里没有人有噬菌体治疗的经验。我们不但没有确定的治疗方案，甚至连一个粗略的草稿也没有。但奇普接下了这个任务，他通过电话和电子邮件与贝塞斯达的卡尔·梅里尔和布鲁塞尔的玛雅·梅拉比什维利讨论了数小时，然后又通过他们向其他人咨询了噬菌体剂量、使用频率和其他使用建议。但是，正如CPT的杰森事后所总结的那样，这些标准"众说纷纭"。

在SDSU和海军实验室按照FDA的要求全力提纯噬菌体混合制剂的时候，奇普仔细考虑了我们手头所有的数据和证据，对方案的风险和可能结果进行评估。汤姆的感染已经扩散到了全身，但无法准确判断出细菌究竟在汤姆体内的哪些地方。是应该把噬菌体注射到他腹部的导管吗？这是最接近感染源的地方。还是应该静脉注射？应该如何配制噬菌体？用什么浓度？每次的剂量多大？频率又如何？

如果将噬菌体通过静脉输液送达汤姆体内，好处是噬菌体能够通过血液系统进入汤姆全身各个地方，到达细菌藏身的各个角落。噬菌体是不能自主移动的，所以它们在进入人体后并不能主动出击。但是，由于它们的个头很小，可以很容易地在人体内扩散。然而与此同时，静脉输液也是最危险的做法，因为噬菌体在破坏细菌后，也会同时将碎片释放到汤姆的全身各处，使汤姆完全暴露在内毒素的环境下，这可能再次刺激免疫系统，引发败血性休克。

正确的剂量是关键因素，既要尽量降低患者的风险，又要最大限度地增强对细菌的杀伤力。每一次给药都要让细菌措手不及，避无可避。但是，当药物是一种生命体时，你怎么知道该用什么剂量？噬菌体不是化学药品，而是病毒，它们会自行寻找并消灭猎物，还会根据实际情况，修改自身状态，以达到最佳攻击效果。

"噬菌体是唯一能够自我复制的药物，也是唯一可能在起作用的过程中发生变异的药物。"莱兰带着一丝敬畏的语气，淡淡地说。我忽然想到，这么多年以来，包括我在内的科学家们与致命病毒的交战之所以如此惨烈，正是因为这些病毒的手段实在是太高明了。现在，我暗自祈祷这些高明的技能和手段能够让噬菌体战胜鲍曼不动杆菌。

"在美国，噬菌体治疗的结果好坏不一，喜忧参半。"在周末的会诊上，奇普带着保守的语气严肃地说。动物实验是一回事，一旦将不同类型的噬菌体应用到人体上，哪怕只是局部外用，都完全是另一回事。

如果汤姆熬过了最初的治疗，接下来又该怎么办？后续治疗中使用哪些噬菌体？使用多少？治疗多久？鲍曼不动杆菌势必会在治疗中产生耐药性，在没有办法预测耐药性会向什么方向发展的情况下，应该如何修改噬菌体制剂的配方来抵抗这种耐药性？另一方面，噬菌体的浓度、剂量和使用频率还关系到现有的噬菌体制剂可以撑多久。未知的比已知的多得多。幸好奇普最擅长对付这类复杂问题，计算风险因素。他就是这样特立独行但值得信赖的人，头脑聪明，心地善良。只要是为他的患者好，他愿意冒别人不愿意冒的风险。

剖析风险，挖掘数据，综合分析，做出正确的决策。此时此刻，汤姆命悬一线，不容丝毫差池。

佛瑞斯特很少在深夜打电话打扰别人，尤其还是周日。因此，当他的博士后研究员杰洛米·巴尔在深夜接到佛瑞斯特的电话，并从中获悉汤姆的情况，知道我们亟须他们帮忙净化得克萨斯的噬菌体时，他一下就明白了事情的紧迫性，并立即进入待命状态，随时准备工作。佛瑞斯特在电话里提出了很多问题，但其中最关键的问题是：杰洛米是否有信心能够使用他们的噬菌体处理方式将噬菌体纯化到 FDA 要求的水平？这在以前还没有人尝试过。另外，整个过程能在 24 小时内完成吗？

杰洛米快速心算了一下这个过程所需的时间，需要纯化和预处理的噬菌体数量，以及 FDA 所要求的内毒素水平，然后给出了他的答案：是的，这是有可能的。尽管这次纯化的噬菌体制剂不是用于一般的基础科学实验，而是将用在重症患者身上，这让杰洛米心里有些打鼓，但并不会改变所需的时间，整个流程也是他熟悉并擅长的。从几年前杰洛米从澳大利亚来到美国做博士后研究开始，这么长时间以来，他一直专注于开发和改进这一独特的噬菌体纯化流程。他的研究工作已经基本完成，并计划在几个月后返回澳大利亚。但现在还没到收拾行李的时候。

SDSU 的实验室设备先进，但毕竟只是个基础实验室，也从来没有准备过任何将要用于人体的制剂——当然，那些大家带到实验室休息室里的零食不能算。第二天一早，佛瑞斯特实验室全员聚集在一起开了个会，制订计划。安卡也加入了，尽可能让流程中的每一步都能在最短的时间内完成。

他们制订的纯化方案中，首先要浓缩、清洗噬菌体，然后再浸泡、冷却，并通过离心分离去除内毒素，最后再次测试，确定噬菌体仍有活性。这样的流程要对4种不同的噬菌体各做一次，所需的试剂盒需要从德国连夜运来，再加上为了去除顽固内毒素所需的额外步骤，每个人都担心时间不够，更担心汤姆的运气会耗尽。

幸好，每个步骤后，噬菌体都保持了高度活性。他们还进行了无菌测试，确认噬菌体制剂没有被细菌、真菌或者其他微生物污染。接下来，关键时刻到了——最后一轮内毒素检测。他们将前几步的数据输入分光光度计，这种仪器能够利用光来测量噬菌体制剂中内毒素颗粒的密度。按下"读取"按钮后，每个人都在紧张地等待着结果。屏幕上显示的数字看起来还不错，但好到足以给汤姆用了吗？为了进一步确认，他们又对这些原始数据进行了额外的分析，并绘制出图表。30分钟后，最终答案终于揭晓。

从得克萨斯实验室送来的噬菌体制剂的内毒素浓度是61 965单位/毫升。而FDA要求，为了在较高噬菌体剂量下保证人体安全，用于人体的噬菌体制剂中的内毒素浓度要低于1000单位/毫升。在SDSU的进一步纯化后，这一瓶噬菌体制剂的最终内毒素含量为667单位/毫升。佛瑞斯特实验室成功地将内毒素含量降至之前的近百分之一，而这一切都在不到24小时内就实现了。团队成员们激动得击掌相庆。

周二上午，佛瑞斯特和安卡将纯化好的噬菌体制剂放在小瓶中，用气泡垫仔细包装好，放在箱子里，交给了UCSD桑顿医院药房研究室的孙吉（Ji Sun）博士。噬菌体混合制剂终于来到了这段旅程的终点，它的最后一站将是——汤姆。

汤姆独白：插曲 6

茫茫的沙漠犹如一片红沙海，散落着无脊椎动物的尸骸。我的尸体很快也会在其中。我正走在一张由化石、肉、皮毛、粪便历经千年形成的地毯上。我的嘴是一条干裂的缝隙，我的血液是一条河流，动脉的血液缓慢地流动着，浓稠得快要凝结。在时间的长河中，从有机到无机，从活着到死亡，都仅仅是刹那间的转变。如果体内的水都蒸发掉，我们每个人也都仅仅是一种碳基形式的物质存在。然后，身体里的所有元素将重新回到大自然，那是一个没有疼痛和苦难的世界。我渴望着那个世界。

尽管我感觉不到自己的双腿，但我知道，我的脚正在向着一个未知的目的地前进。我又想起了我的曾祖父。长辈们告诉我，他是切诺基人，曾独自一人从俄克拉何马州沿着"血泪之路"走到了得克萨斯州。我被一种深深的惆怅和绝望笼罩着，那是一阵阵来自亘古祖先的风。从那时起，我世世代代的族人就都是被遗弃者。

我抬起头。天空中看不到太阳，但周围的温度却炽热难耐。夜晚迟迟没有降临，所以月光无法给我指引。爬上沙丘，站在高处。我看到远处似乎有一片绿树成荫的灌木丛。那是真的绿洲还是海市蜃楼？闭上眼睛，那想象中的每一幕都像玻璃碎片一样刺入我的眼睛。我发烫的脑子是个骗子，高声尖叫着捉弄我。我应该冒着丧失一切希望的风险，试着走向那片绿洲吗？还是应该紧紧攥住我那裹尸布一般的灵魂，无论周遭是敌是友？不，我希望自己是文明的一部分。我希望自己是个正常人，而不是像个麻风病人一般与世隔绝。

我忽然顿悟。如果我尚且能够感觉到孤独，那么我一定还活着。如果说信仰的定义是知道自己想要什么，即便那东西虚无缥缈，那么我想我并没有信仰。但我依旧唤起我仅存的最后一点力气，向着绿洲蹒跚前行。每一步，每时每刻，我的双脚都灼热难耐。当我距离那片绿洲稍近一些时，我看到那些树是真的，是活的，尽管并不茂盛。光合作用仿佛出了什么问题，那些树的树顶是绿色的，但下面却是枯萎的黑色。树的周围有一小潭水，我身体里的每一个细胞都渴望着它的滋润。潭里的水黑如墨汁，泛着金属光泽，看起来像一滩浓浓的原油。但我得喝下它。我必须要喝，我快渴死了。

在我抵达水池边时，凭空出现了三个人，他们围着池子莲花状盘坐着。其中一个人是给我和斯蒂芬妮赠送叶子的圣人。另外两个也是老者，声音低沉，皮肤像漂过的珊瑚一样，几乎和他们的长袍一样白。同样洁白的还有他们的头发，长长的，披在肩上。他们冷冷地看着我，仿佛一直在等待着我的到来。就在这时，一只绿头苍蝇飞了出来，落在了我的眼角。它也一直在等待着我，不知道是为了寻找盐分还是产卵的地方。它忽然飞进了我的嘴里。我想把它吞下去，却被呛到了。咳嗽的声音把三个人吓了一跳，他们开始用我听不懂的语言互相对话，然后又对着我说话。我一下子明白，自己的命运正掌握在他们手里。他们问了我三个问题，但我一个也听不懂。

第一个人忽然开始用英语对我说话，但他的眼神却看向别处："你吃的叶子不够，"他责备地说，"而且没有回答我们的问题。你必须在这里再待七年。"

另一个人开口了，空洞的声音仿佛从遥远的地方穿过隧道而来："你没有通过考验……"

三人起身离开，长长的白袍随风飘动。顿时，池塘中的水全部化作一团嗡嗡作响的绿头苍蝇向我飞来。蝇群盘旋而起，如同一团黑色的光晕向我移动着。一只公羊的骨架从水池中显露出来。它的肉被啃得干干净净，只留下骨头。它的犄角畸形地扭曲着，下巴像镰刀一样张开。这是这群苍蝇的上一顿饕餮大餐，现在，1000只复眼都盯在我的身上。它们的前腿相互摩擦着，如同盛宴前的祈祷。它们的嘴角流出了口水，那是帮助分解食物的消化酶。我想要自己了结这无尽的痛苦，但没有任何工具。情急之下，我抓起一把沙子吞了下去。砂砾划伤了我的咽喉和食管，我一低头，看到那些沙子正从我的肋骨之间流出来，倾泻在沙地上。我跪倒在地，仰天大哭，绝望崩溃。

第四部分　达尔文之舞

没有什么事是令人恐惧的，除了未知。

——玛丽·居里（Marie Curie）

20. 血橙树

2016年3月15日

　　第二天，3月15日。这一天将永远烙在我的记忆里。日出前，我在厨房的水槽边冲洗咖啡杯。安静的光线下，一对巴洛克黄鹂（Bullock's Oriole）落在汤姆8年前种下的血橙树上。它们是候鸟，冬天待在墨西哥，春天则飞往北边的南加州繁殖，到了初秋才离开。每年，当它们飞回来在我家后院的棕榈树上筑巢时，我和汤姆都会关注它们的一举一动。雄性巴洛克黄鹂的羽毛是鲜艳的黄色和黑色，漂亮极了。雌鸟有时会在我们的喂食器前觅食。可这是我第一次在这个季节看到它们，我总觉得这好像预示着什么。

　　大概早上7点，我到达医院，这比我平时去的时间稍微早一些。一出电梯，我就发现一大群医生围在汤姆的床前。我立马慌了，脑子里立刻浮现出最坏的情况——是不是汤姆在夜里死了？然后我认出了人群中的几个人，他们是肾内科的人。其中一位资深的肾内科医生是肾内科主任乔·艾克斯（Joe Ix）医生，一年前的一个研究项目中我与他共事过。看来汤姆还活着，但他们的到来只能说明一件事：他们马上要开始给汤姆做透析了。我穿好防护服，进入11号病房，站在汤姆身边。

　　乔惊讶地看着我。"斯蒂芬妮！你怎么来了？很高兴见到你。"他先是热情地跟我打招呼，然后好像意识到了什么，脸色忽然变了："呃，但愿你来这里是因为工作上的原因，而不是个人原因。"

我把手放在汤姆的手上，抬起头来，用布满血丝的眼睛看着他。

"你好，乔。这是我的丈夫。"

"我就怕是这样，"他轻声说，然后安慰地把手搭在我的肩膀上，"真的非常抱歉。我无法想象你所经历的一切。"从他的语气中我听出来，他觉得汤姆快死了。我进而意识到大多数医生应该也是这样认为的。"我知道你已经见过我们科的一些住院医生了，"乔继续说，"我们需要你在这份肾脏透析同意书上签字。我们几小时后可能就要开始透析了，最迟也不会超过明天早上。时间紧迫，到时候找不到你的话就麻烦了，我们不能冒这样的风险。"

我向乔道了声谢，颤抖着在同意书上签了字。

"如果运气好的话，我们今天也许就可以开始进行噬菌体治疗了。"我告诉他。乔之前听说过我们的计划，并祝我好运。他答应我，如果他们开始透析，他会亲自打电话告诉我。

在这群医生离开后，我用哭得红肿的眼睛看着汤姆。这有可能是我最后一次摸着他温热的皮肤了。我用手指抚摸着他的脸。即使隔着蓝色的橡胶手套，我也能感觉到他眼眶和颧骨周围明显的凹陷。旁边的白板上，护士潦草地写下了他的体重：85千克。这对于一个1.95米的人来说堪称瘦骨嶙峋。生病这段时间以来，他的体重已经减少了50千克。

汤姆一直在发热，为了降低体温，我们在他的腋下垫上了冰袋，还支起了小风扇。我还拿来了一条可以保持数小时低温的运动毛巾，我记得那是去年夏天，我们在卢旺达的维龙加山脉（Virunga Mountains）徒步看山地大猩猩时我给他买的。现在想来，这些真像是上辈子的事了。

也许每个随机事件的发生都并非偶然，而是有原因的。潘多拉音乐盒开始播放玛黛琳·蓓荷（Madeleine Peyroux）演唱的莱昂纳德·科恩（Leonard Cohen）的经典作品《与我舞向爱尽头》（*Dance Me to the End of Love*）。就在他病倒前几个月，我和汤姆才一起去过玛黛琳的音乐会。我闭上眼，随着音乐对汤姆唱着这首歌。想到现在与几个月之前戏剧性的巨大反差，我的心绞痛着，声音也早就走调了。

我小心翼翼地避开那些蜿蜒的管子，把头尽量靠近他的胸前。他的胸口上下起伏，我知道这是呼吸机的作用，他自己的肺早就不工作了。11号病房的推拉玻璃门忽然吱吱作响，我转过身，看到奇普站在门口。他的神情略有些尴尬，觉得自己好像打扰了我与汤姆难得的亲密时刻。我示意他进来。

虽然奇普故作镇定，但我看得出他那边有消息要告诉我。说话的时候，他几乎兴奋得跳了起来："杰洛米刚刚完成了内毒素检测。这一次，内毒素含量远低于FDA要求的安全标准。"他像挥舞旗帜一样挥着一张纸，"所以我们的eIND通过了。杰洛米正在路上，他正与佛瑞斯特和安卡一起把噬菌体混合制剂送回UCSD的药房。"

"啊！"我发泄般地喊了一声，低头看向汤姆，可他连一丝动静都没有。奇普又说，海军那边也已经完成了纯化和内毒素检测，马上就可以把他们的噬菌体运到我们这里来。另外，奇普还告诉我，FDA做出了一个前所未有的决定。过去，FDA要求每种药物都必须签发单独的eIND。这也就是说，对于我们的这种情况，混合制剂中的每一种噬菌体都需要单独的eIND。但他们经过协商，决定可以为每一种噬菌体混合制剂签发eIND。虽然这听起来不是什么大不了的改变，但对于简化流程却起着至关重要的作用。

"至少汤姆不会被FDA的行政官僚体制害死了，"奇普打趣说，"玩笑归玩笑，他们确实帮了很大的忙，而且对汤姆的治疗结果很感兴趣。"

奇普带来的真是个振奋人心的好消息。我也赶快告诉了奇普刚才乔·艾克斯带来的新情况：肾脏透析迫在眉睫。

"是的，我已经隐隐感觉到事情会这样发展了，"奇普回答，"不过，只要药房那边把噬菌体制剂按所需浓度稀释配置好，准备好缓冲液，我们随时可以开始进行噬菌体治疗。"他向我保证。

功夫不负有心人，我们终于等到了最后的好消息。现在，只要混合、搅拌，再送到楼上汤姆的病房，就大功告成了。

"所以，如果你同意的话，我的计划是将得克萨斯的噬菌体注入汤姆腹腔内的引流管，让它们直接到达那些感染的脓肿。"奇普解释道。一旦噬菌体被注入，我们可以将引流管暂时关闭，将噬菌体和鲍曼不动杆菌关在一起，让噬菌体发挥作用。

"不过，关于海军的噬菌体，我得和你商量一下。它们的噬菌体制剂作用更强，卡尔的建议是，既然汤姆现在已经全身感染了，我们应该通过静脉将那些噬菌体注射进汤姆体内。"

奇普一边说一边看着我，像是在确定我是否明白这一问题的重点。我当然明白。

"我猜到你会这样建议，"我长出了口气回答道，"莱兰提醒过我们，汤姆的鲍曼不动杆菌每隔30分钟就会繁殖一代，一旦一些细菌产生抗药性，就会迅速繁殖，并占领整个身体。所以，如果我们的治疗方案太过保守，只在他的腹腔内注射噬菌体，我们可能会错过那些引流管到达不了的细菌的藏身之处。"

"正是如此，"奇普对我的回答很满意，他松了一口气，继续说，"当然，静脉注射噬菌体会大大增加败血症休克的风险。如果我们从腹腔给药开始，先确保汤姆能够耐受，那么我觉得我有信心把静脉注射作为第二阶段。这样做利大于弊，值得冒险一试。"

我不需要再考虑了。这是救汤姆的最好机会。即便他死了，这也将是美国第一例通过静脉注射噬菌体治疗全身性超级细菌感染的病例。我们仍将从中获得重要信息，帮助到其他患者。尽管汤姆不能说话，但我知道这对于他来说也有着至关重要的意义。我知道他会坚持的，绝不后退。

"就按照你说的做吧。都到这个节骨眼上了，没什么好犹豫的了。"

奇普点了点头。我猜想他可能觉得要费一番力气才能说服我。

为了纪念这意义重大的一天，我拿出了一个小礼品袋递给奇普。他惊讶地看着我，然后从袋子里掏出了一小盒巧克力。那是我从前的一个学生送给我的，他现在在肯塔基州，我现在把巧克力转送给奇普。

"你仔细看看盒子上写着什么。"我笑着跟奇普说。

"波本威士忌巧克力！"他大喊了一声，笑了起来。

"是的。我知道你们亚拉巴马州人都喜好这一口,"我说,"看来有人跟你嗜好相同。"

汤姆的肾脏已经开始衰竭,因此他的护士克里斯现在每小时记录一次尿量。我紧张地看着每一滴尿液从导尿管流进一个细口的塑料尿袋里。我知道,一旦尿量低于某个阈值,肾内科的人就会立刻像蜂群一样飞奔而来,开始透析。这个至关重要的阈值是每小时30毫升。如果汤姆的尿量低于这个值,就意味着他的肾脏功能还不到正常值的15%。

每隔一段时间,汤姆会忽然做出一些扭曲、痛苦的表情,眉毛也会皱起,如果他的四肢没有被约束的话,他还会在空中挥舞双手,好像在反抗某些只有他能看得到的无形威胁。除此之外,他只是一动不动地躺着,处于深度昏迷状态。

等待药房将噬菌体制剂调配好送上楼的这段时间格外难熬。此时此刻,我面前的所有时钟仿佛都定格了,这种感觉我在卢克索等待空运急救时曾经有过。纯化好的噬菌体几小时前就已经送到药房的研究室了,我以为它们很快会被测定剂量、稀释分装,然后送上来,但事情好像并非按照我所设想的速度进展。难道又出了什么问题?我试着把注意力集中在汤姆身上,关注眼前的细节琐事,幸好,还有音乐在陪伴我。

我听着潘多拉音乐盒里不停循环播放的歌曲,跟着旋律摇摆着身子。此时此刻,音乐盒播放的是清水合唱团(Creedence Clearwater Revival)的《你见过太阳雨吗》(*Have You Ever Seen the Rain*)。我抬起汤姆的导尿管,让新形成的一滴尿液滴入袋中。那颜色不是正常的淡黄色,而是更暗的橙红色,就像放久了的南瓜灯一样。我想将来有一天,我一定要用今天的这一幕好好地奚落汤姆一番,给他讲讲如何通过尿液的性状来"读懂"其化学成分。尿量、清澈度、颜色、色泽、亮度、泡沫状态,这些都能够用来判断肝肾功能,以及是否存在炎症、感染、糖尿病、心脏病等各种身体问题。

不容否认,汤姆现在的情况并不好。尤其是最近一段时间,他的尿液浑浊,颜色越来越深,引流管里的液体也是棕黄色的,但他的肾脏还没有糟糕到需要透析。现在唯一的希望是，汤姆的肾脏能够再坚持一下，撑到噬菌体治疗开始，但愿噬菌体能够改善他的状况。我们要竭尽全力避免肾衰竭，因为一旦肾衰竭，人体产生的代谢废物就会在血液中积累，接下来，电解质平衡被破坏，包括大脑在内的各个器官开始一个接一个衰竭、死亡。

"这个小时的尿量是 40 毫升。"我小声向克里斯报告汤姆的生命体征，他则将这些数据输入电脑。血压：90/55 mmHg，这还是在 3 种升压药支持下的结果。心率：133 次 / 分，心动过速。呼吸频率：29 次 / 分钟，这是呼吸机的最大通气量。汤姆最新的肌酐水平是 3.9，这是衡量肾功能的最佳指标。汤姆的肌酐水平意味着他的肾功能正在迅速地从急性肾损伤向全面肾衰竭恶化。总之，此时此刻，汤姆的心脏、肺部和肾脏都濒临崩溃。当时 9 号床的患者就是这样去世的。前一秒还只是重感冒，下一秒心脏就衰竭了。

嘣！死亡就在一瞬间。

流行病学家以计算数字为生，所以他们通常会从统计数字中寻找慰藉，我也不例外。全美每年大约有 400 万患者会进入重症监护室，其中五分之一左右的患者死亡。我祈祷汤姆不会是其中之一。重症监护室的平均住院时间只有 3 天，但汤姆已经在重症监护室待了将近两个月了，比平均时间长得多。另外，这已经是他第二次住进重症监护室了。虽然 TICU 的工作人员轮流值班，但现在我和女儿们都对大多数护士、医生、理疗师、护工，以及保洁员了如指掌，而他们也知道我们的名字。我们现在几乎好像一家人，彼此坦诚相待，有时候坦诚到令人讨厌。尤其是我，我总是高度专注于汤姆的状况，并且习惯性地不断提问。有时，听到自己在一直追问一些没有答案的问题，我自己都讨厌自己，但依旧无法停止。

我看了看手表，现在已经是下午 3 点多了。就在我急得快要发疯的时候，奇普出现在了汤姆房间的门口。他是汤姆噬菌体治疗的主持者，他需要为整个计划负责。我很少看到他不笑的样子。可是今天，他的雀斑在苍白的脸颊上更显突出。看得出来，他非常紧张。

"奇普，那些药剂师们在干什么？怎么这么久？"我搓着双手，带着哭腔问道。

"我理解,这种等待对我来说也很难熬,"奇普坦诚地说,"但药房的研究室擅长准备的是临床试验的药物,而不是病毒。想想吧,他们也从未见过噬菌体制剂。他们不仅需要正确地稀释这些噬菌体,还要确定每一袋噬菌体制剂都精确地含有10亿个噬菌体,然后再贴上标签,标上内容物和eIND号。与此同时,他们还需要配制缓冲液,使噬菌体在注射到体内后仍然能够保持在一个中性pH值的环境下。我们目前的计划是每2小时注射一次噬菌体,因此他们还需要确保供应给我们足够的剂量。"

好吧,我想起之前看到过相关的文献报道,也和莱兰打电话聊起了这个问题。一旦把得克萨斯州的噬菌体制剂注射到汤姆腹腔内的引流管中,噬菌体可能会面临来自胆汁、腹水和胃酸的酸性环境,所以我们准备了水和碳酸氢钠的缓冲溶液来中和这一酸性环境。高中化学课上我们就学过,如果溶液太酸了,那就找个碱中和一下。缓冲溶液的功能就像是中和胃酸的泡腾片,只不过没有气泡,也没有嘶嘶声。

我突然意识到,噬菌体治疗过程中还有一个关键的细节被我忽略了。"你是依据什么决定让药房准备的噬菌体浓度的?"我一边问奇普,一边在脑海中快速掠过之前读过的各类文献。我不记得曾经读过任何相关文章。奇普一边搓弄着手里的一张纸,一边思索着如何回答我的问题。他的立场有些为难,因为我不仅是他的朋友、同事,也是他患者的妻子,是在这场前所未有的实验中,整个噬菌体界、海军研究实验室和FDA都在关注着的零号病人的妻子,他肩上的压力怎么能不大呢?

"卡尔和玛雅提供了很多有帮助的信息,"奇普回答说,"但事实上,没人知道什么浓度能够让噬菌体发挥最大的作用,同时尽可能地减少败血性休克的可能性。静脉注射噬菌体只在动物模型中尝试过,至今为止,没有任何人体使用的文献记录。"

奇普的目光从他手中拿着的纸上移开,与我对视了一下。"我们用的是标准静脉注射测量法,考虑到了汤姆的体重、内毒素的含量,以及噬菌体的效力。

所以，我们可以相当精确地估算出我们向汤姆的引流管或血液中注入了多少噬菌体。但噬菌体进入人体后繁殖到什么程度就不得而知了。这是一把双刃剑：我们希望它们繁殖，这样才足以杀死全部鲍曼不动杆菌，但与此同时，我们无法预测它们在汤姆体内繁殖后会造成什么后果。你也许简单地将噬菌体治疗看成了一场战争，在这场战争中，每一方都在使用全新的武器。但实际上，这更像是一场适者生存的游戏。噬菌体的杀菌效力，汤姆免疫系统的反应，以及逃过一劫的细菌是否能够迅速地增殖并反攻，这些因素之间存在着复杂的相互作用。我们知道的太少了，无法推测事情将会如何发展。说实话，我们现在都在摸着石头过河。"

我站在那里频频点头，内心却渐渐麻木。真的好像是在刀尖上跳舞，进退两难——什么都不做，汤姆必死无疑；做了，他依旧有可能会死。

"所以，你的意思是说，我们现在只能全凭猜测了？"我直视着奇普的眼睛问道。艾萨克·牛顿爵士（Sir. Isaac Newton）说过："任何一个伟大的发现，背后都是大胆的猜测。"我们现在就要检验他的理论是否正确了。我记得青霉素第一次在临床中被使用的时候，给安妮·米勒进行青霉素治疗的医生也不知道该用什么剂量。这样看来，我不是一个人。

奇普深吸了一口气，将手中一直在搓弄的文件朝我推了推。"我需要你阅读一下这个噬菌体治疗的知情同意书。如果你有什么疑虑或问题，告诉我，如果你同意的话，请在上面签字。"他说。

紧急注射噬菌体用于治疗多重耐药的鲍曼不动杆菌感染的同意书

我了解我的丈夫感染了一种或多种耐药的鲍曼不动杆菌菌株，目前生命垂危，在给予多种抗生素治疗和引流治疗后，他的病情仍然很严重。

我有兴趣并愿意通过实验性噬菌体疗法对我丈夫的感染进行治疗。我了解细菌噬菌体是一种"攻击细菌的病毒"，在实验室条件下，用这些生物体治疗人类和动物感染已经有了一些经验，但这些制剂并未在美国或西欧被批准用于临床。我了解加州大学圣地亚哥分校、得克萨斯农工大学、安普利菲公司和其他研究实验室的医生和科学家已经通过合作在实验室研究中确定了对我丈夫所感染细菌有活性的噬菌体。我了解他们在进行这些研究和制备治疗我丈夫所需的噬菌体制剂的过程中非常谨慎，并尽力试图保障其使用安全，但由于这些工作都是在很短的时间内完成的，所使用的方法和试剂都是用于基础研究的，其中一些可能并不适用于制备临床用药。因此，参与这项工作的实验室、生物技术公司、医生或科学家都不能保证这种方法的安全性和有效性。

噬菌体治疗细菌感染的潜在益处和副作用尚未在人体临床试验中进行广泛研究。虽然这些噬菌体有减少我丈夫腹部或其他部位鲍曼不动杆菌数量的可能性，但没有人能够保证这种情况会发生。由于使用噬菌体治疗人类细菌感染的经验有限，目前还不能预测这项治疗的所有潜在副作用。给予噬菌体治疗有导致患者病情恶化甚至死亡的可能性。我了解我的丈夫可能会对噬菌体制剂或材料中可能存在的其他物质（包括细菌内毒素或其他物质）产生不良反应。这些副作用可能包括血压下降、心率变化、器官损伤等，包括（但不限于）肺、肝脏和肾脏的器质性损伤。

我了解，为了使用这些噬菌体来治疗我丈夫的感染，在实验室中被证明对我丈夫所感染细菌具有活性的一种或多种噬菌体将通过之前放置的引流管注射到我丈夫的腹部。根据他的身体情况和对腹腔注射噬菌体的耐受性，接下来，一种或多种噬菌体可能通过静脉注射、腹腔注射或口服的方式进行给药。

我了解，护理我丈夫的医务人员在噬菌体注射过程中以及注射结束后都将密切关注他的临床状况，并将对我丈夫身上的细菌感染进行采集、培养和实验室检测，以确定噬菌体治疗是否减少了他所感染的鲍曼不动杆菌细菌（或其他细菌）的数量，或改变了其性质。这些研究将在UCSD医学中心临床微生物学实验室、UCSD、得克萨斯农工大学或其他研究机构的研究实验室进行。

我已经收到了这份表格的副本，并有机会对任何方面提出疑问。我被告知随时可以提出任何其他问题，并可以通过UCSD医疗中心或移动电话与斯库里医生或塔普利兹医生联系。我了解，我的丈夫将要接受的噬菌体治疗是一项在紧急情况下，根据美国食品药品监督管理局（FDA）发布的紧急性单一患者新药研究申请（eIND）进行的。根据FDA的要求，UCSD人类研究保护计划将在治疗开始后接到通知。

我了解，我丈夫病情严重，无论是否接受实验性噬菌体治疗，都有很高的发病率和死亡率。由于我的丈夫目前没有足够的意识和能力做出决定，我同意代表我的丈夫接受这些治疗。我了解，除了进行这项研究性治疗之外，我可以选择根据我丈夫的临床情况和治疗团队的建议继续进行医学治疗。我了解我可以在任何时间以任何理由撤回本同意书，并且了解无论我决定进行噬菌体治疗或终止噬菌体治疗，我的决定都不会影响医疗团队对我丈夫的治疗和护理。

托马斯·帕特森（Thomas Patterson）博士委托人，斯蒂芬妮·斯特拉次迪（Steffanie Strathdee）博士 ＿＿＿＿＿＿＿＿

日期 ＿＿＿＿＿＿＿＿

证明人 ＿＿＿＿＿＿＿＿

日期 ＿＿＿＿＿＿＿＿

我读了一遍知情同意书，整个胃都搅在了一起。几天前，在奇普准备FDA审批噬菌体疗法所需的文件时，我见过这份文件的早期版本，因此它的内容并不让我感到意外。但在当时，读过这份文件的是作为科学家的我，而这一次，我是以汤姆妻子的身份读的，并要以委托人的身份在上面签字。

我意识到一个新的现实：如果汤姆死于噬菌体治疗导致的败血性休克，那将是我的责任，因为这是我寻求并发起的治疗方法，尽管是在奇普和其他人的帮助下进行的。如果这一疗法最终造成他的死亡，他的女儿们如何能够原谅我，我自己又如何能够原谅我自己呢？沉重的压力和责任让人窒息。这一切都不像真的。就在3个月前，我和汤姆还在探索金字塔，享受着人生中最美好的时光。而现在，他陷入了长久的昏迷，而我则要给他注射病毒来拯救他的生命。我的内心沉痛不已，无法相信生活真的会开这样的玩笑。汤姆常说，我们总走狗屎运，那正是我们今天需要的，当然除此之外，还需要一些能扭转局面的噬菌体。

我在文件上签了字，递回给奇普，眼睛里闪着泪光，那是混合着恐惧和希望的光芒。"我不知道为什么，也不知道该怎么解释，"我坚定地说，"但直觉告诉我，这一定会成功的。"我没有丝毫确切的证据。也许只是一种本能、一种直觉，或者说是一种从与罗伯特的谈话中获得的点滴预感，他始终坚信汤姆的命数未尽。

"我也这么认为，真的。"汤姆微笑着，但看得出来，他也十分紧张。

科学家芭芭拉·麦克林托克（Barbara McClintock）在1983年因发现转座子（transposon）而获得诺贝尔奖。她发现并证明基因可以"跳跃"，并通过这样的"跳跃"改变细胞的物理特性。她的大部分研究工作是在20世纪40~50年代进行的，但之后的几十年，她的科研成果一直没有受到科学界主流的认可。她很聪明，她相信自己的直觉。我依旧记得她在1983年获奖之后说过的话："如果你知道自己是正确的，如果你真的清楚地知道这一点，那么，任何人都无法阻止你……无论他们说什么。"是的，前辈，我懂您。

再说，我们也已经没有时间再去仔细推敲了。卡莉告诉我，前几天有一位医护人员把她拉到一边说："如果再没有什么有效的治疗措施的话，我们真的很难再维持汤姆的生命了。"我们一直心存希望，但事实是，如果不赶快采取行动，汤姆只有死路一条。我们唯有背水一战。

奇普离开了一会儿去照看他的其他患者。我看着克里斯清空了连接在汤姆腹部引流管上的五个引流袋。每隔几小时，这些袋子里就会被黏稠、混浊的脓性液体充满，颜色有时候是淡黄色的，有时候是褐色的。那是脓液、腹水、胆汁和别的什么东西的混合物。它的气味难以用任何医学术语形容，就像沼泽的味道。从上一轮细菌培养结果来看，至少有三个引流管里的渗出物中含有大量的不动杆菌，这些不动杆菌已经取代了大部分正常肠道菌群。

　　　　　　　　完美捕手：与超级细菌搏斗的惊魂之旅

"呃，先别扔，"我在克里斯准备清空引流袋的时候叫住了他，"我们需要留一些作为基准样本。"他朝我扬了扬眉毛，皱了皱鼻子，似乎在说："你是在开玩笑吗？这时候你不应该好好把握和你丈夫在一起的最后时光吗？"但克里斯是个冷静、专业，也很有礼貌的人，他并没有把这句话说出来。又或许他根本就没有这样想，只是来自我内心的声音在毫不留情地斥责着自己的麻木无情。

我清了清喉咙，向他解释了一下我的想法："我知道这听起来很疯狂，但我除了和汤姆是夫妻，骨子里更是科学家。"我停顿了一下，深吸一口气，意识到这也是作为科学家的我在向那个作为妻子的我解释自己为何如此客观和冷静。"即使汤姆死了，我们也要从这一次噬菌体治疗中吸取教训。如果它成功了，我们更需要尽可能仔细地记录下来，这样将来才能更好地帮助别人。要是我们没有这么做，我想如果汤姆现在是清醒的，他的临终遗言也一定会是：'什么，你忘记了取基准样本？你是哪门子科学家啊？'"我笑起来，声音有点歇斯底里，"所以，不管怎么样，先留一些做基准样本吧。"

克里斯点了点头。他在TICU做护理工作有一段时间了，虽然大多数人可能不会在亲人处于类似情况的时刻提起这种事情，但他知道，这个病例会作为医学研究被记录下来，因此，数据收集是必须要做的。

时间一点一滴地流逝着，噬菌体还是没有出现。我知道，不断给所有人打电话和发短信询问最新进展对现在的情况并没有什么帮助。不仅如此，对于那些正一丝不苟地监测汤姆生命体征的人来说，对于那些正在药房里小心翼翼地稀释噬菌体制剂，为注射做准备的人来说，这样做无疑只会增加他们的负担。

汤姆则不同。他是个哪儿也去不了的观众，只能不停地听我跟他唠叨各种有关没关的事情——噬菌体、黄鹂鸟、牛顿、小猫崽……好像只要我不停地跟他说话，就能把他留在这个世界上，留在我身边。如果在昏迷中的汤姆能听到我声音的话，估计很可能已经烦躁地跳起来逃跑了。我仿佛能够看到我自己，那是个狂躁不安的女人，一个绝望的女人，但我无法让她冷静下来。

就在这时，我看到一个熟悉的身影，她留着红色的波波头发型，拉着行李箱在走廊上走来走去。那是我在温哥华的好朋友米歇尔，是一名空姐。她想办法搞到了紧俏的直飞航班的最后一个空位，特意前来拯救我。从她探身进入病房时的表情来看，不光是汤姆，我可能也像个行尸走肉了。

"嘿，亲爱的！"米歇尔开口问候，并将目光转向我身边的汤姆。看得出，她被汤姆的样子吓坏了。

"你得穿上防护服、戴上手套才能进来！"我尖声地喊出来，那严厉的语气把我自己都吓着了。我甚至连招呼都还没打呢。

"哦。"她回答道，举起双手表示遵命。她一边将一件黄色的长袍套在头上，戴上蓝色的手套，一边说："你绷得太紧了，需要好好休息一下。"

我的眼睛里又一次充满了泪水，我已经记不清这是第几次流泪了。

"真对不起。"我对她说，对自己厌恶地摇了摇头。和身边的所有人一样，米歇尔也在竭尽全力帮助我。我跟米歇尔说起了今天原本计划好的噬菌体治疗，以及目前无休无止的拖延。

她蹑手蹑脚地走近汤姆，拍了拍他的手。"嘿，汤姆，"她说，"我是米歇尔，你能听到我说话吗？"

她转过身来对我说："我简直认不出他了，他看起来，他看起来……"她的话没有说完，但我们已经相识20年，看着彼此的孩子长大成人，一起经历过无数欢笑和泪水。她回头看了看我，表情已经将后半句话补完："他看起来……像一具尸体一样。"

"你吃饭了吗？"她问。

我仔细回忆了一下才想起来："今天早上开车过来的时候，吃了一根香蕉。"

玛丽莲出现在我身后的门口，向米歇尔介绍自己。"我有个主意，"她轻快地说道，"要不，你和米歇尔一起离开，休息一会儿。卡莉和弗朗西斯都是今天下午要来的吧？如果噬菌体治疗开始，我会让她们给你打电话的。"

玛丽莲用期待的目光看着我。她的发型和冷静的举止让我和米歇尔都想起了在温哥华的另一位朋友海瑟（Heather）。我看了看米歇尔，又看了看汤姆，然后慢慢点点头。玛丽莲说得对，此刻的我什么忙也帮不上。弗朗西斯随时会过来，卡莉也是。汤姆不会是一个人。此时此刻，我需要调整好自己的心态，为接下来的几天做好准备。

我请她们俩给我几分钟时间，让我和汤姆吻别。我不知道已经这样做了多少次了，太多了，数也数不清。没人知道哪一次会是最后一次。

"你知道的，我爱你，我永远和你在一起，"我在他耳边轻声说着，一边抚摸着他的脸颊，"我们还在等噬菌体，我离开一会儿，马上回来。"

好，就这样吧。

如果汤姆的灵魂真的像女儿们说的那样在旅行的话，我祈祷他能找到回来的路。此刻的汤姆仍然一动不动，像一具裹着裹尸布的木乃伊。他的身上，静脉输液管、引流管、贴片和传感器交织在一起。我感觉不到能量之神"ka"，那正是汤姆现在最需要的。我又想到了哈立德。他不仅是个有耐心的老师、金字塔向导，更是我们的救命恩人。多亏有他，我们才在卢克索的医疗危机中渡过难关。那时候他给我们讲的那个关于太阳神"Ra"的神话是怎么说的来着？他说太阳神"Ra"每天都到地下世界，与反对他的恶魔和地下神战斗。混沌之神阿波菲斯每天晚上都会吞噬"Ra"，带来日落，再在黎明时把他吐出来，带来日出。今晚很可能是汤姆的最后一个日落，但我希望他能够撑到下一个黎明。

21. 揭晓时刻

2016 年 3 月 15、16 日

晚上 7 点左右，电话铃忽然响了，我惊得差点从椅子上摔下来。那时，我正和米歇尔在后院的露台上喝着第二杯霞多丽，看着夕阳，努力让自己不去想那些无法逃避的事。黄昏是一天中汤姆最喜欢的时间，天色不是很亮，也不是很暗，也许就像他现在所处的那个阴阳两世之间的世界吧。我喂了喂小猫崽，还热了一些墨西哥玉米卷，那是我们的一位同事阿吉缇娜（Argentina）这个星期早些时候送来的。我和女儿们曾经试图轮流准备晚饭，但几天以来，我们白天都很累，有时汤姆的情况恶化，我们还会在医院待得更久。所以，我们的朋友和学生们经常主动准备晚饭带给我们，而我们也欣然接受了。我们的一个博士后还制定了一个轮值时间表，轮到的人会把饭送到医院或家里。从尼泊尔菜到印度咖喱饭，从菲律宾春卷到墨西哥玉米卷，大家的慷慨相助为我们带来巨大的慰藉。

我替自己和米歇尔各倒了第二杯酒。没有什么能让今天的我感到一丝轻松，但至少暂时用酒精麻痹一下被咖啡因刺激了一天的神经吧。手机铃声忽然响了，我接通电话，电话那头的高声说话声把米歇尔都吓了一跳。那是卡莉。

"来了！"卡莉的声音充满兴奋，"噬菌体终于准备好了！"

她飞快地把过去几小时里发生的事情告诉了我。汤姆那边一直有排尿，这意味着肾脏透析也许能够被推迟到第二天早上。但汤姆能不能坚持那么久，谁也说不准。

后来，随着傍晚的临近，奇普也终于坐不住了，他每隔一小时就会打电话到药房询问进展。奇普曾经告诉我，他不喜欢患者在晚上做手术，因为夜里的人手少。所以我之前才会推测噬菌体治疗要到第二天早上才会开始。但现在听起来，奇普这一次破例了。后来我才知道，他是因为担心汤姆坚持不到早上。那种情况下，真的是一秒钟也不能耽误。

"你要我们等你赶过来吗？"卡莉问。

现在是7点钟，从我们的后院看过去，5号公路向南方向依旧是一串红色的汽车尾灯，交通高峰还没有结束。我的天啊，我为了这一刻努力了这么久，现在居然要错过了！我懊恼极了，因为我现在无法立刻出现在汤姆身边，但噬菌体治疗刻不容缓，绝不能再拖了。卡莉和弗朗西斯一刻不停地给我发短信，随时向我通报现场情况。一旦情况不乐观，我就叫辆优步（Uber）尽快赶过去。

暗沉的天色中突然掠过一只游隼，栖息在隔壁院里的棕榈树上，在树枝后面探出头来，寻找鸽子和松鼠的踪迹。如果汤姆在的话，他一定很喜欢在这一天中他最喜爱的时间欣赏游隼捕猎的熟悉身影。一物降一物，眼前这残酷的弱肉强食场面反而让我心安不已。此时此景，这只飞行速度可达每小时300千米的游隼是最完美的捕食者。而现在，我们正等待着另一个完美的捕食者开始工作。

在接下来的几小时里，11号床成了重症监护室里最忙碌的地方，但这一次终于有些盼头了。不知道从哪里来了十几名医生，各有专长：感染性疾病、呼吸科、消化内科、肾内科、心脏科、介入放射科，等等。除了原本的值班医护人员，其他不在忙的工作人员以及没值班的住院医师和研究员也都聚集在门外。负责协调审批过程的FDA官员凯拉·菲奥里正在马里兰州参加儿子的曲棍球比赛，她也特别给奇普打来电话关心汤姆的状况。没有人想错过这一刻，无论等了多久，无论结果如何，我们都在创造历史。

弗朗西斯和卡莉陪在她们的爸爸身边，轮流握着汤姆的手。我们的整体治疗师马丁也已早早赶来，给了她们每人一个拥抱。他在两个女儿还是小女孩的时候就与她们相熟了。在多伦多的罗伯特发来短信告诉我，他正在与汤姆建立"心灵连线"。世界各地的无数朋友和同事都在祈祷，点燃蜡烛，传递能量，并守在脸书上等待最新消息。后来我才知道，有的人前几天开始已经不敢查看脸书了，因为他们觉得汤姆没救了，他们不想亲眼看到公布死讯的帖子，以此来逃避现实。

7点多的时候，药房研究室的负责人孙博士和他的住院医师阿明（Minh）终于出现在了汤姆病房门口。他提着一个大大的泡沫箱，箱子上面贴着生物危险物的标记。孙医生是个低调的人，不太习惯成为人群中的焦点。当他走进房间时，屋里的几个人压低声音发出一声欢呼，人们看他的眼神仿佛在看王室婚礼中送上戒指的那个人，这让他的脸一下红了。他走到奇普面前，礼节性地微微鞠了一躬，把盒子递给了他。

奇普仔细检查了一下盒子里的东西，确保每个装着噬菌体的真空密封袋外面都贴着正确的标签。这些真空密封袋被小心地保存在4摄氏度的环境中，袋子是深棕色的，以确保噬菌体不受光照，因为它们对紫外线很敏感。兰迪拿出3个注射器，准备将噬菌体注射到检测出不动杆菌的3根引流管中，又拿出另外3个注射器，用来注射缓冲液。

"我们想让马丁来为这些噬菌体祈福。"弗朗西斯突然提议道。卡莉也点了点头表示同意。马丁走上前去，把他那双戴着手套的大手放在箱子里装着噬菌体的棕色真空袋上。他的块头很大，几乎和汤姆一样高。他闭上了眼睛，口中念念有词，念叨着没人听得懂的祷告词。几个医生低下头来，略显尴尬地喃喃说了一句"阿门"，而其他人则静静地看着。房间里仿佛充满了能量，人们的所有注意力都集中在那些噬菌体上，对汤姆康复的每一点滴期待都仿佛汇聚成激光，射进那些袋子里。

兰迪将装着缓冲液和噬菌体的注射器交给了介入放射科医生皮克尔（Picel），皮克尔医生对汤姆的情况了如指掌，因为正是他亲自为汤姆插上的引流管和鼻饲管。就在这时，卡莉拿出智能手机，给站在汤姆病床旁的奇普和兰迪拍下了一张照片，两个人脸上都带着紧张的微笑。然后她唱起了幸存者乐队（Survivor）的歌曲《揭晓时刻》（*Moment of Truth*）中的旋律。此刻大概是卡莉和弗朗西斯这辈子经历过的最恐怖的时刻了，但她们依旧能够用出其不意的幽默感面对这一切，这让我深感佩服。她们的幽默感来源于汤姆。如果是汤姆，他一定会用爽朗的笑声迎接这一刻，但他的精神却在别处游荡，在遥远的宇宙深处。房间里的每个人都屏息凝神，看着皮克尔医生将缓冲液和噬菌体先后注入了3根引流管中。四周万籁俱寂，只有汤姆的监护仪和呼吸机发出的滴滴声规律地响着。

"接下来呢？"弗朗西斯打破沉默，问出了大家都想问的问题。

"等，"奇普回答，"只有等待，希望接下来的24小时什么事都不要发生，越无聊越好。"

接下来的24小时是噬菌体与不动杆菌的战争时间。希望它们彼此对抗，而不要与汤姆开战。可不论是科学文献还是高科技的电子显微镜照片都预示着：这场战争绝不无聊。

噬菌体并不会去四处寻找猎物，只是在遇到细菌之后才会探索并确定对方是否是匹配的宿主。因此，如果猎物的浓度不高，它们可能需要花一段时间才能找到合适的宿主。但这一回，由于汤姆全身到处都是不动杆菌，噬菌体简直是来到了自助餐馆，可以大快朵颐。尤其是假性囊肿和附近放置引流管的地方，充满了脓液。所以第一批噬菌体就将被注射在这里，直捣黄龙。但除此之外，微生物培养还在汤姆的肺部和血液中检测到了不动杆菌。

通常情况下，一旦噬菌体找到目标细菌，就会进入并杀死它们。最近的一项研究甚至发现，噬菌体在攻击过程中会相互合作。第一个噬菌体以牺牲自己为代价削弱细菌的防御能力，接下来的噬菌体则对目标细菌进行进一步攻击。但是，一旦噬菌体对目标细菌宿主造成群体性的影响，那些对噬菌体制剂有抗性的鲍曼不动杆菌突变体就会繁殖并扩散。顾名思义，那些存活下来的抗性细菌不会受到现有的噬菌体制剂的影响，这有可能导致再一次全身性感染的危险。对于鲍曼不动杆菌这样的细菌，产生抗性的最简单方法就是删除编码噬菌体受体的基因。一旦受体被改变，噬菌体就无法再进入宿主并对其进行攻击了。

汤姆所感染的鲍曼不动杆菌是世界上最灵巧的超级细菌之一。这不仅因为它积累了许多抗生素抗性基因，还因为它的整体耐受性强。极端的高温、寒冷或其他恶劣环境对它来说都不是问题，鲍曼不动杆菌已经进化出在各种恶劣条件下生存的能力。化学消毒剂和其他用于清洁医疗设备和医院环境的消毒剂也对它束手无策，因为鲍曼不动杆菌的细胞膜对许多这些制剂都不敏感。另外，不动杆菌的细胞膜上还进化出了像"小爪子"一样的东西，可以在光滑的表面上附着。在汤姆身上的鲍曼不动杆菌轻而易举地击败了微生物群落中的其他竞争者细菌。它不再是几十年前我在学生时代第一次遇到的那种温顺的鲍曼不动杆菌了，更不是个容易对付的敌人。

但噬菌体也是不会轻易示弱的。第一轮注入的噬菌体直接到达感染部位，或许可以给鲍曼不动杆菌菌群中相对脆弱的那部分重重一击，稍稍缓和感染状况，让接下来的噬菌体增援部队打破它的防线，让汤姆的免疫系统得以喘息并有机会翻盘。

我们希望这些小到肉眼看不见但威力无穷的噬菌体现在已经在与鲍曼不动杆菌激烈地战斗了。在这个无形的战场上，形势有可能在几分钟或几小时内急剧变化，可我们却只能依赖最原始的通信方式了解前线的情况：血液检测、引流管里的培养物分析，以及布满汤姆床旁的各种生命体征监视器上的显示数字。指挥作战的奇普指挥官最首要的任务是，通过几小时前的信息，解码战争现在的态势，并想办法走在敌人前面。

随着噬菌体的到来和治疗开始，我不禁想象着事态会像涨落的潮水一般有所转机，汤姆可能会挺过来。但当我闭上眼睛，试着用罗伯特建议的视觉化练习方法去想象一波又一波的噬菌体浪潮淹没不动杆菌时，脑海中浮现出的画面却是巨浪奔涌而至，狠狠地砸向冲浪中的汤姆。

整个晚上，汤姆每2小时就被注射一次得克萨斯噬菌体制剂，并没有出现任何不良反应的迹象。我待在家里，但和待在医院也没什么两样，不停地打电话到TICU的护士站，向汤姆的夜班护士或任何一个照看他的人询问他的情况。终于到了第二天，天还没亮，我就出发去了医院，回到了汤姆的身边。

按照治疗计划，每隔24~48小时，医生就会从汤姆的引流管中抽取血液样本，微生物实验室先要从样本中分离并培养鲍曼不动杆菌，然后送到CPT和海军实验室。CPT和海军实验室则对分离的鲍曼不动杆菌使用他们各自的噬菌体进行检测，看这些噬菌体是否依旧具有杀伤力。

我盯着汤姆仔细看，希望能找到任何一丝显示出噬菌体正在发挥作用的迹象，但我一点也看不出来。他的样子没有任何变化，化验结果看起来也和前一天差不多，只是负责抗击感染的白细胞略有增加，血红蛋白稍有下降，所以又接受了一次输血。奇普解释说，这是意料之中的事情，这表明汤姆的免疫系统检测到了新的入侵者——噬菌体。但愿这只是一波小小的友军误伤。

汤姆的生命体征还算稳定。当然，此时此刻的"相对稳定"与"状态良好"完全是两回事，他一直处于昏迷状态，并需要生命支持系统来维持稳定的呼吸和心跳。

肾内科同事乔·艾克斯过来查看汤姆的状况。汤姆现在每小时的尿量稍有增加，达到了每小时60毫升。

他微笑着说："你丈夫的尿量现在像赛马一样多。"这是来自肾内科医生的最高赞扬了。

"是啊，不过到目前为止，他的花费估计也和赛马一样高了。"我带着疲惫的笑容回答道。目前一切安好。乔认为汤姆今天不需要透析，他明天再来看他。

海军的噬菌体傍晚时分会被送到，药剂组医疗团队随时待命，准备进行静脉注射。正如奇普之前警告过的，这种给药方式要危险得多，因为它很有可能引发败血性休克。我知道这种情况一旦发生，进展的速度会有多快。两个月前，当汤姆的假性囊肿引流管滑落时，我目睹了他是怎么一瞬间就陷入休克的。

我们即将进入更加未知的领域了。在接下来的几天里，汤姆可以说是命悬一线。我们都知道，黑暗深处只有两种可能性：

活过来，或者死去。

22. 大胆猜测

2016 年 3 月 17、18 日

在大家七嘴八舌地对诸多不确定因素进行了长时间的讨论后，真的到了将噬菌体静脉注射到汤姆体内的生死关头，一切却反而显得过于平淡了。我还在想他会不会立马就能睁开眼睛，或者突然坐起来，但这些都没有发生。当然，那些愿望也的确不太现实，只有电视上才会这么演。在通过腹腔引流管注射得克萨斯噬菌体之前，汤姆已经昏迷了近两个月。现在，噬菌体治疗已经开始 48 小时了，兰迪·塔普利兹给汤姆通过静脉注射了第一剂海军实验室的噬菌体制剂，这一次的场面并没有像第一次那样大张旗鼓，但当噬菌体制剂的稀释溶液通过静脉输液管涌入汤姆虚弱的手臂时，我和兰迪都不由自主地屏住了呼吸。

我们心里都清楚，这是迄今为止最危险的时刻。按照弗朗西斯建议的，我在没人注意的时候为噬菌体做了祈福——我把手放在噬菌体制剂袋上，轻轻地说了句祷告词。我知道这样很傻，但反正做了也不会有什么损失。我一边祈祷，一边想象着噬菌体成功躲过了汤姆免疫系统的攻击，避开了肝脏和脾脏的过滤（卡尔的工作已经证明，肝脏和肾脏的过滤系统可以清除血液中的噬菌体），游弋到布满感染的脓肿处。我们常将这种混合制剂戏称为鸡尾酒，但它和你在酒吧里喝过的鸡尾酒太不一样了。如果在酒吧里，汤姆会开玩笑说，我的鸡尾酒在做的时候要用摇的，不要搅拌！我举起想象中的鸡尾酒，敬了汤姆一杯。亲爱的，祝你健康，愿你长命百岁。

静脉注射噬菌体的过程本身非常简单——兰迪打电话给药房确认了一下，然后把流程贴在墙上，让团队的其他成员照着做。我看着她按下静脉注射器，想到了那些有生命的微型"注射器"噬菌体也像这样将它们自己注入不动杆菌体内。汤姆如果看到现在这一幕一定会觉得有趣，因为这似曾相识。那时候汤姆还只是个孩子，住在圣地亚哥。当时乔纳斯·索克（Jonas Salk）正在研发小儿麻痹症疫苗，而汤姆正是接受实验性小儿麻痹症疫苗的学生之一。他给我讲过自己三年级时在学校礼堂排队打针的故事。那个针头很大，至少对一个8岁的孩子来说很大，充满了粉红色的液体。当时，小儿麻痹症疫苗还没有进行优化，虽然实验成功地证明了它的作用，但也的确在部分孩子身上产生了一些副作用。汤姆身上没有发生什么副作用，而小儿麻痹症疫苗也几乎将这种威胁了几代人的疾病从地球上抹去。

不管此时此刻注射到汤姆身体里的是什么，我只希望他能活下来，亲口将自己的故事说出来。可现在还没到讲故事的时候，如果噬菌体疗法没有起作用，或者说起效不够快的话，这个故事可能就只能由别人讲了。

无论是周围环境还是在我们的身体里，从出生到死亡，噬菌体都无处不在。尽管它们在各种微生物群落中不可或缺，但令人惊讶的是，人们对于噬菌体在我们体内是如何发挥作用的却知之甚少。你也许可以简单地把噬菌体认为是"好人"，每天像治安官一样在内脏各处巡逻，将鲍曼不动杆菌之类的坏家伙清除掉。我们正是带着这样的目的开发出了现在这些噬菌体制剂。但噬菌体的选择和配制过程异常艰难，因为这个世界上的噬菌体种类多得数不清。据估计，每天就有大约300亿种噬菌体进入我们体内，其中的绝大多数对鲍曼不动杆菌毫无兴趣。

汤姆的医疗团队所能做的就是将那些可能对鲍曼不动杆菌有效的噬菌体混合配制在一起，但没有人确定它们在体内"一线作战"时的作用如何，甚至不知道它们是否能够在汤姆的体内活着遇到敌人。

虽然细菌不像高等生物那样有大脑，但我真的感觉汤姆的不动杆菌仿佛像长了大脑一样与我们较量。如果汤姆在这里并且有意识的话，他大概会对我的比喻嗤之以鼻。毕竟细菌也只是竭尽所能为了生存。我们常常不屑一顾地认为它们处于食物链的最底层，但现在它们向我们展示了我们的目光是多么短浅。

尽管科技进步日新月异，但从费利克斯·德赫雷尔的时代至今，我们依旧在依靠培养皿上的噬菌斑对它们进行研究，那是噬菌体杀死周围细菌的标记。我们都期待着那些像瑞士奶酪一样的斑块，那周围透明的区域就像圣光。我们都在为圣光祈祷。

未来的挑战是双重的。首先，我们需要通过细菌分离物跟踪汤姆体内不动杆菌的变化，一旦鲍曼不动杆菌产生抗性突变，就需要战略性地调整噬菌体的配制以保持噬菌体对细菌的选择压。这是一项艰苦的实验室工作，而且需要时间。得克萨斯和海军实验室的工作人员依旧在马不停蹄、不分昼夜地工作，对于他们来说，上班和下班时间早就没有区别了。

TICU团队对噬菌体治疗方案很快就熟悉了，护士们开始负责噬菌体制剂的注射，将两种噬菌体制剂分别注入汤姆的腹腔引流管和静脉输液管。现在的给药次数已经减少到每天两次。由于无法直接观察噬菌体和不动杆菌之间的交战，我们只能通过观察汤姆的身体状况和定期的化验报告来确定情况是在变好还是在恶化。到目前为止，一切都很好。或者说，至少没有恶化的迹象。

兰迪的笔记中是这样记录的："输液后没有出现急性不良反应。"时间在匆匆忙忙地打探消息和无休无止的等待中一天天过去。到现在为止，汤姆与不动杆菌已经战斗了100多天了。战斗还未结束。

23. 杀菌利器

2016年3月18日

在床旁监视器低沉的蜂鸣声和闪烁的灯光中，汤姆静静地躺着，一动不动，一言不发，就像一个在死亡边缘游荡的游魂。他那憔悴苍白的身体，看起来就像一个世界末日后被遗弃的战场。但实际上，战斗才刚刚开始。在通过腹腔引流管注入得克萨斯噬菌体制剂4天后，海军噬菌体在24小时前也已经开始通过静脉被注射到汤姆的体内。此时此刻，我们都在等着噬菌体治疗开始后的第一轮化验报告，希望能够从中一窥噬菌体战争的进展如何。

奇普把这场微生物世界的生死决战称为达尔文之舞（Darwinian Dance）[1]，但这只是对这场血腥残酷、拳拳到肉的战争的唯美比喻。我其实更想用"在遥远的银河系尽头"来形容这场战役，但事实绝非如此。它就在这里，从里到外摧毁着汤姆的身体。汤姆的身体是战场，在这里，不动杆菌和噬菌体使用着秘密的战术策略和先进的基因武器打得你死我活。从微生物的角度来看，这场战争根本与汤姆无关。这是一场病毒和细菌之间的捉对厮杀，双方都在为了各自的生存而战。

1　达尔文之舞（Darwinian Dance）：通常被用来形容治疗抗性微生物的过程。微生物在治疗过程中发生突变，从而对当前的治疗方法产生抗性。但这一突变同时又有可能使得微生物对另一种治疗方式变得更加敏感。

因为女儿们都回到了圣地亚哥，我通常只在上午陪着汤姆，下午则由女儿们轮班照顾汤姆，有时丹尼也和她们一起。我们白天各自有各自的安排，但到了晚上，就会聚在家里，边喝酒边闲聊。大多数日子里，我们都累得一动都不想动，像行尸走肉一样盯着电视上没完没了的《法医档案》。可是今晚，连电视也没办法让我们暂时放松一点。我们仿佛感觉自己被困在了矛盾的"阴阳魔界（Twilight zone）"。我们都急切期盼这种全新的噬菌体治疗方法能奏效，但又无比担心它会失败。

我们常常明显地感到与现实脱节，活在自己的世界里，然后不知道什么人忽然说的一些话又会猛然将我们拉回现实。许多我们从医学角度上提出的担忧，在了解汤姆情况的外人看来一定愚蠢极了。几个星期前，我们对于持续使用阿片类药物止痛表达了担忧，因为我们不希望汤姆将来产生药物上瘾。但当我们向梅根提到这个问题时，一向直爽的她立马摇了摇头说："这是我们现在最不需要担心的问题。"

然后是那天下午我和兰迪的谈话。我其实大概预感到了问题的答案，但还是问了出来，因为这对于汤姆很重要。

"如果汤姆死了，他的器官可以捐献吗？"

她看我的眼神就像看怪物一样。

"不行，"她说，"太危险了，他的器官都被严重感染了。"

"连眼角膜也不行？"

"不行。"她回答说。

这些混蛋不动杆菌竟然如此蛮横霸道，不但想要夺走他的生命，还要剥夺他最后一个愿望——汤姆一直希望他死后能够通过器官捐献的方式来为社会再做出一点贡献。几个月前，汤姆还是多么健康和健壮的一个人，可现在，他的每一个器官都在一点一点死去，并终将被丢弃。

前一天的黄昏时分，我和女儿们围炉而坐。卡莉和弗兰西斯又一次感叹说，我们可能再也没机会听到汤姆的声音了。听了这话，我掏出了手机。

"我保存了一些汤姆的语音留言。"我坦诚道。女儿们也纷纷表示自己也存了。于是，我们围在一起，一个接一个地在手机上播放这些留言。

有一条留言卡莉视作珍宝。她爸爸经常装着怪里怪气的口音给她讲一些好玩的事。但这一条不同，它只是一条再普通不过的信息，告诉她我们刚旅行回来，让她方便的时候给我们打个电话。她很喜欢这一条，因为那是来自"正常老爸"的信息。再次听到那个熟悉的声音，我们所有人都心如刀割。

听着听着，我不禁感慨。几个月前，他的声音还那么充满生命力，而现在，哪怕他能抬抬眉毛或者捏捏手，我们都感到激动不已。只要能听到汤姆再一次用最平常不过的声音说出最平淡无奇的话，我愿意付出一切。甚至哪怕只是让我这一刻相信还能再听到他的声音，我也愿意拿一切交换。

我告诉过奇普，直觉告诉我噬菌体治疗会有效。说的时候，我是认真的。但每当黑夜降临，我就感觉夕阳把我的灵魂和汤姆的灵魂都拉到了冥界，在那里，恶魔正等待着我们——痛苦，沮丧，悲痛，内疚。这次治疗是我的主意，是我的错。这一点化为沉重的压力，几乎将我压倒，不知道前方的路该如何走下去。几年前，我的前夫史蒂夫去世的时候，我痛苦不已。罗伯特告诉我，从心灵层面来讲，我已经在这一巨大变故中经历了各种巨大的挑战，无论将来遇到任何困难，我都能应付自如。他说："如果你能够将任何新的挑战都看成曾经经历并克服过的挑战的化身，你就一定能够战胜它，并在这个过程中获得新的启迪和领悟。"此时此刻，我还没有开悟。黑暗中的我泪流满面，觉得自己是个傻子，竟然以为噬菌体计划有一线奏效的可能。

但24小时后，我反而觉得那个曾经对噬菌体治疗心存疑虑的自己简直愚蠢极了。

下午1点，与往常一样，卡莉按照轮班安排去了医院，但她这一次却没有像往常一样按时回来。我抱着小猫伯尼塔在沙发上打盹，弗朗西斯在卧室里冥想，卡莉忽然兴奋地冲进前门。我一下子都没有反应过来，因为在我身边已经太久没有人像这样兴奋过了。汤姆醒了，他从昏迷中醒过来了！尽管他一直昏昏沉沉的，并且因为气管插管的缘故，说不出话来，但他把头从枕头上抬起来，吻了吻卡莉的手，还向站在她身边的丹尼点了点头，然后就又精疲力竭地睡着了——只是睡着了，而不是昏迷，卡莉强调。尽管只有短短几分钟，但汤姆醒了。他回来了。

不管哪里的重症监护室，都有一种神奇的能力，能够将所有戏剧性事件平息下来，无论是医学上的还是其他方面的，将一切都维持在能够掌控的水平。在那里，声音、温度、交谈的语调，全部都处于平静状态。一旦波动出现，专业的工作人员将第一时间将这些混乱的局面控制住，让波动再次归于平静。喜悦的波动也不例外——即便是一个患者在昏迷两个月后醒来。每当重症监护室的患者病情改善时，对所有人来说都是个好日子。但无论是护士、主治医生，还是其他人，都只是悄悄地击掌、握拳、拥抱，彼此分享着心中的宽慰和喜悦。与此同时，在安静的TICU里，汤姆很快就进入了沉沉的睡梦中。那晚，我们也终于能好好睡个觉了。两只猫咪紧紧地靠着我，而我，则做了一个比想象中更加甜美的梦。

汤姆独白：插曲 7

食腐动物也是要按顺序进食的。这一点绿头苍蝇知道，我也知道。在所有以动物和人类尸体为食的食腐昆虫中，绿头苍蝇总是最早到达的。生物体死后不久就会开始产生微小浓度的气体，比如二甲基三硫醚。满肚子苍蝇卵的母苍蝇对这些气味格外敏感。过不了多久，苍蝇幼虫会从卵中孵化出来，在家蝇出现之前趁机饱餐一顿。蚂蚁或家蝇通常是下一波到来的食客，它们成群结队，鱼贯而来，仿佛婚礼上的迎宾队伍。只不过它们对新郎的兴趣比对婚礼蛋糕更大。有时，埋葬虫也会跟着它们一起出现。埋葬虫身上沾着的小螨虫则趁机在苍蝇幼虫身上捞点油水。由于苍蝇幼虫会产生对埋葬虫有毒的氨气，对付苍蝇幼虫的小螨虫也算是帮了埋葬虫的忙。这是典型的共生关系的例子，投我以桃，报之以李。

绿头苍蝇喜欢吸食腐烂尸体的汁液，所以一群绿头苍蝇现在正在我的上空盘旋，虎视眈眈地等待着。它们鼓动着翅膀发出了震耳欲聋的响声，那是腐烂交响曲。有几个耐不住性子的家伙开始轮流吸吮我的黏膜：眼睛、鼻子、嘴巴、肛门。在沙漠里待了这么久，我的衣服早已破烂不堪，不能提供任何保护。我唯有一刻不停地行走，终于，他们还是放弃了我，怏怏地准备离开，去寻找下一个更容易下嘴的猎物。

我对苍蝇的习性略知一二，因为我曾经跟另一种苍蝇过过招。1972年，我和几个研究生在哥伦比亚丛林中度过了3个月。回到家的时候才发现，我们带回来的纪念品不止明信片。我们每个人身上都爬满了来自异国他乡的寄生虫。我的大腿后侧有几处蚊虫叮咬的痕迹，一开始只是有些轻微的瘙痒，可几个星期后，它们就都变成了高尔夫球大小的感染块，然后又变成了棒球大小。我告诉医生，我不知道那是什么东西，但它们在咬我。尤其是在晚上，我能感觉到它们在一口一口地啃我的肉。有时候，我的腿会忽然不由自主地跳起来，仿佛有个虐待狂在像操纵木偶一样操纵着我的腿。这种情况下，我只要使劲拍打大腿，那东西就会安静下来，蛰伏片刻。一开始，医生以为我疯了，但当我躺在检查台上的时候，从我的腿上忽然钻出一个3厘米多长的蛹，上面还有3道双排的表皮棘，把医生吓坏了。原来，我是被人皮蝇（Dermatobium hominis）感染了，这种人皮蝇能够巧妙地把卵产在蚊子的腹部。当蚊子叮咬宿主的时候，刚孵化出来的人皮蝇幼虫就会趁机爬进伤口里，以宿主的肉为食，然后化成蛹钻出来。真是个又馋又狡猾的家伙。

自然界的法则很简单：吃或者被吃。死了的就会被分解，彻底消失。此时此刻，我意识清楚。我决定了：我想活下去。

我跟随着头顶盘旋的那群苍蝇，让它们带我去寻找救赎，哪怕是另一具尸体。因为只要生命曾经繁盛过，就一定还残存着一丝希望的余波。我在无休止地走着，感觉到脚下沙漠里的沙子渐渐变得松软，空气也湿润起来。我使劲张开鼻孔，鼻黏膜如饥似渴地吸收着周围的每一丝水汽。前面是一片沼泽，苔藓从瘦骨嶙峋的树杈上垂下。我曾经来过这里，但是什么时候来的？阳光不那么炙热了，温度也降了一些。在沼泽的上方，一个磷光球吸引了我的目光。那是鬼火吗？紫色、绿色、蓝色，还夹杂着斑驳的橙色。耳旁传来了音乐声，原来那是音乐的颜色。这是我的联觉，可我已经好久好久没有过这种经历了。"走近些……"球体似乎在向我召唤。我又向着它挪近了一点，那群苍蝇的嗡嗡声忽然变成了哼唱。

那是人的哼唱，不是苍蝇。人，是人。

我的眼睛眨了眨，然后睁开了。我的感官被周遭突然出现的各种刺激轰击着——明亮的光线、写着"生物危险物"的红色塑料桶、黄色的防护服、蓝色的手套、消毒剂……还有心脏监护仪不断发出的哔哔声、呼吸机软管的滴滴声、点滴架反射的光点……天花板上日光灯闪烁着嗡嗡叫个不停，床单在我的皮肤上轻轻地摩擦，TICU病房的棕色窗台上布满了青苔。11号床。我伸了伸后背。我能够感觉到自己的手指，但脚却有一种奇怪的麻木感。

我忽然听到了笑声，接着看到一个瘦削的身影发出欢快的尖叫声。我一眼就认出她是卡莉。她冲向我，我沉浸在她的体香里，一下子想起了她出生那天的样子。

我把头从枕头上抬起来，伸手将她的手拉到我的唇边，吻了一下。

我终于确定，自己还活着。

24. 质疑之音

2016年3月20、21日

"天哪，这是怎么搞的？！"

我妈妈一定不会相信她的女儿会说出这么没有教养的话。但3月20日清晨，当我站在11号床旁边时，我真的控制不住自己这样说。

前一天晚上，卡莉还激动不已地告诉我们汤姆醒来了，尽管依旧虚弱无比，但认出了她和丹尼。几个月以来，我们第一次带着兴奋和激动入睡。今天早上5点，我像往常一样打电话到重症监护室询问汤姆情况的时候，主治护士玛丽莲也说，晚上风平浪静，一切都很顺利。这一切都让我确信这场噩梦即将结束。我从停车场一路小跑来到重症监护室，期望赶快看到醒来的汤姆。

可我看到的与我期待的大相径庭。汤姆依旧昏迷着，脸上毫无血色，像盖在他身上的白床单一样苍白，皮肤潮湿，还发着热。他的心率很快，达到了每分钟135次，血压也在飞速下降。我赶快穿上防护服，冲进病房。

"汤姆！亲爱的，你能听到我说话吗？我是斯蒂芬妮……如果你能听到我声音的话，能不能捏捏我的手或者睁眼看看我？"

汤姆没有任何反应。我唯一听到的是心脏监护仪突然发出的警报声。心率和血压的数字正在拼命闪烁着。负责他日间护理的护士瑞（Ray）立刻从隔壁跑了过来，查看发生了什么事。

　　　　　　　完美捕手：与超级细菌搏斗的惊魂之旅

"到底怎么回事，瑞？"我忍不住有些发火，但突然想到，现在还不到7:30，瑞也刚刚才开始上班，应该也不知道发生了什么。瑞和我一样震惊，用手挠挠头。他的头刚刚剃过，新长出来的灰色小发茬，配上他黝黑的皮肤，看起来时髦又干练。不过从今天的形势来看，他大概又要多长出几根白发了。他没有在意我克制不住的焦急，因为他的注意力一如既往地集中在汤姆身上。他立刻穿上防护服，戴上手套，调整了一下升压剂的剂量，然后跟我一起在电脑上查看上午刚刚出来的化验数据。

"白细胞是69 000！这是打错了吗？还是化验出错了？"我大叫起来。成年人白细胞计数的正常范围是每微升4 500~11 000。汤姆的白细胞计数在噬菌体治疗开始后的第二天略有上升，但那是意料之中的。然而今天却飙升到了天文数字。瑞迅速地在屏幕上一行行查看其他数据，他脸上的表情说明了一切。

"我的老天！"瑞长叹了口气，摇了摇头。"我从来没见过这么高的白细胞计数，而且是一夜之间从14 000增加到69 000。我得把重症监护室的医生们叫过来了。"

我整个人呆若木鸡，在内心深处狠狠地扇自己的耳光。昨天晚上，我应该一听说汤姆醒了，就立刻开车回医院的。就算再累，至少我还能够看到一眼醒着的他。如果昨晚那短暂的清醒是汤姆最后一次恢复意识的话，那我已经错过了。该死！一路走来，汤姆的治疗过程如此崎岖、艰辛，为什么我还会那么天真地以为汤姆已经脱离了危险呢？

我想起了著名的神经科医生奥利弗·萨克斯（Oliver Sacks），他的回忆录被拍成了电影《觉醒》（Awakenings）。萨克斯医生年轻的时候一直致力于治疗昏睡性脑炎（encephalitis lethargica），那是一种神经系统疾病，在20世纪的前二三十年曾大范围流行，据估计，当时有大约50万人受到这种疾病的折磨。昏睡性脑炎的病因一直是一个医学之谜，直到最近才有研究表明，它是由一种通常在肠道中存在的病毒引起的，发病机理与小儿麻痹症很像。昏睡性脑炎患者通常会出现与帕金森综合征（Parkinson's disease）相似的症状，并进入一种类似昏迷的强直性（catatonia）状态。萨克斯发现，通过注射神经递质左旋多巴胺

（L-Dopa），能够奇迹般地唤醒昏睡性脑炎患者，让他们从昏迷中清醒过来。可惜的是，左旋多巴胺的效果只是暂时的。亲人们和医生们只能眼睁睁看着这些患者一个接一个地再次陷入昏迷状态，无助而痛苦。这种看着自己的亲人从眼前消失的个中滋味，我现在真的感同身受。在萨克斯的故事中，患者和亲属们都知道最终的结局是什么，那些最后的告别场景令人肝肠寸断，而这一刻的我可能连最后告别的机会都不再有了。

我一边在脑子里不断思考是什么原因导致了汤姆的状况忽然急转直下，一边在他的房间里快速地走来走去，试着找点什么事情做。我弄了一条湿毛巾，放在汤姆的额头上，把电风扇调到最高档，冲着汤姆的脸，然后在汤姆的两侧腋下各放了一个冰袋。放冰袋的时候我忽然发现，他的引流管上连着的几个引流袋都不正常地充满了液体，和假性囊肿相连的袋子里的液体是深褐色的，并且浑浊不堪，夹杂着咖啡渣似的东西。我举起袋子让瑞也看了看。

"通常假性囊肿引流袋每天排出大概一百毫升的液体，而且一直以来都是黄褐色的。"我滔滔不绝地说着。当看不到希望的时候，我进入了科学家模式，因为这能给我一种错觉，仿佛自己对事态有一丝掌控力。我的声音听起来毫无感情，就像美剧《识骨寻踪》(Bones)里的汤普·贝伦(Tempe Brennan)博士："如果这些袋子是按照惯例在夜里被清空过的话，那么在过去的8小时里，假性囊肿中已经排出了大约500毫升这种深棕色液体。这些现象一定说明了什么。另外，这些褐色的咖啡渣一样的斑点是什么东西？"

"我不是医生，不过那些咖啡渣一样的东西通常是凝固的血液。"瑞回答。他检查着引流袋里的内容物，从每个引流袋中都留出一些样本，然后将袋子清空。当然，我也不是医生，但我猜值班医生或者奇普会要求对这些内容物样本进行培养。我用手机将引流袋的情况拍了下来，然后又对着心脏监测仪的显示器拍了一张照片，一起发短信传给奇普。心脏检测仪显示汤姆的血压75/34 mmHg，呼吸频率35次/分，心率121次/分，这些血液动力学数据看起来太可怕了。我试着让自己不要胡思乱想，但控制不住自己。所有的迹象都显示，败血症性休克又一次卷土重来了。

但那些充满引流袋的可怕混合物同时也让我想起了100年前费利克斯的描述。他写道："细菌对噬菌体的反应非常强烈，所以许多细菌学家一定都观察到过，只是不知道发生了什么而已。"他还提到了印度的一个实验室。那里的科学家观察到他的细菌培养物在24小时后变得澄清了，并将其称为"自杀性培养"。当然，这种说法也不一定是错的，这要看你站在哪一边：一种微生物的自杀便是另一种微生物的胜利。对噬菌体来说，当新复制的噬菌体冲破细菌细胞壁并喷涌而出时，战斗便胜利了。

奇普以最快的速度回复了我的短信，说他换好衣服后马上去TICU。他的短信说他还是认为噬菌体在起作用，并且怀疑"现在的问题另有原因"。问题是，原因是什么？奇普在1小时内就赶到了医院。他看了汤姆一眼，又看了我一眼，额头上冒出几滴汗水。除了这几滴汗水泄了底，眼前的奇普看起来依旧和往常一样冷静而镇定。我后来才得知，他在给戴维的短信中写道："我想我可能杀了汤姆"。

如果这样的话，我想我是共犯。

奇普将全部注意力聚焦到汤姆身上。他要值班医生更换汤姆所有管线，包括每一根插入汤姆血管里用于输送抗生素或方便抽取血液样本的留置管，因为任何一条都可能是新的感染源。奇普还要求将汤姆的所有体液样本都送去化验，包括血液、尿液、痰液，以及引流管中抽取的样本，看看有没有任何新的微生物感染能够解释他急剧恶化的身体状态。奇普又打电话到药房研究室，要求他们送一份噬菌体制剂的样本到微生物实验室，以确保这些样本没有在处理过程中被细菌污染。粪便和引流袋里的样本也要进行检测，看是否含有血液。由于心脏病发作的早期症状也可能包括休克，汤姆被抽血以检测心肌酶水平。值班医生已经安排了CT检查，以确定汤姆是否出现了消化道出血。所有这些检测都被要求加急进行。我们真的是在和时间赛跑。在完成所有取样后，奇普又提高了传统抗生素的用量。他解释说，像汤姆这样在重症监护室的患者身体虚弱，细菌可以通过很多途径入侵，因此他们可能随时被完全不相关的其他细菌感染。奇普说，当患者的情形忽然恶化时，谨慎的做法是一边寻找新的感染源，一边更换抗生素，在等待细菌培养结果的过程中严密观察患者的临床变化。

我在11号床旁的地板上踱步，突然感觉到它像牢房一样的压迫感。肾上腺素在我的血管里乱窜，但我不知道应该将它引去何方。我凑近汤姆，看了看他的脸。他的脸看起来就像一张死亡面具。

"我真的很担心，奇普。你有没有看到那些从假性囊肿中流出来的东西？汤姆的肠道里估计正在打第三次世界大战了吧。"

"我知道。我也很担心，"奇普沮丧地附和，"重症监护室的医疗团队怀疑噬菌体是罪魁祸首，但我觉得他们做出这样的判断是因为噬菌体治疗的经验不足。我怀疑可能有其他微生物在捣乱，我们会查清楚的。不过在找到问题根源之前，我想先把噬菌体治疗暂停一两天，你觉得可以吗？"

"嗯，我觉得可以吧。"我回答道，戴着蓝色手套的手忍不住反复握紧、张开。也许真的是内毒素水平太高了？如果是这样的话，噬菌体治疗也就宣告彻底失败。但是，如果不是噬菌体或者内毒素的问题呢？我知道，在现在这种情况下，暂停噬菌体治疗是再合理不过的，但同时也意识到这样做也有风险。奇普看出了我的挣扎，耐心地等待我继续说下去。

"如果现在停止噬菌体治疗，减少了对鲍曼不动杆菌的选择压，是不是相当于给汤姆的不动杆菌提供了更多产生抗药性的机会？"我终于问出来。

对这个问题，奇普也已经考虑过了。"这肯定是有可能的，"他边思索边回答，"但好在我们有2种噬菌体混合制剂，加起来总共有8种噬菌体。没有人知道我们还有多少时间，但我认为不动杆菌应该不会在几天内对所有的噬菌体产生抗性。当然，我们重新启动噬菌体治疗的时间越晚，细菌变异的风险也就越高。你知道，过早停用抗生素治疗也会导致类似的风险。"

"不过噬菌体还是有点不同，"他继续说，"从理论上讲，如果这些噬菌体已经按照我们所希望的那样找到了不动杆菌的话，即便我们停止给药，它们应该也会继续在感染部位进行复制。"

时间一分一秒地过去了，检查结果陆续传来。汤姆的心肌酶水平正常，表明没有心肌梗死。CT 显示汤姆的肠道刚刚发生过一次出血，所以引流袋里的渗出物呈咖啡色。化验结果还确认了汤姆又发生了一次败血性休克，但要想知道是哪一种微生物引起的，还要等到样本培养报告出来，这又需要 24~48 小时。没有更快的办法。

米姆斯医生又来查房了。他提醒我，即使汤姆从昏迷中醒来，我也要做好心理准备。由于长期卧床，他的神经或肌肉可能已经产生永久性损伤，他可能已经出现神经萎缩或肌肉萎缩，或者两者兼有。唉，究竟还要有多少坏消息呢？

还真的有。像汤姆这样体格的人体内应该有接近 2 加仑（1 加仑 =3.78 升）血液，正常的血红蛋白水平应该不低于 13 g/dL。在重症监护室里的每一天，他都要接受血液检查，以确保血红蛋白水平没有低于 7 g/dL。这是需要输血的临界值。一旦血红蛋白水平低于临界值，血红蛋白将不足以将氧气输送到身体的重要器官，就需要输血。在此之前，汤姆已经经历过几次类似的情况。现在汤姆的血红蛋白水平只有 5.5 g/dL，意味着他体内的血液几乎损失了一半。这主要是肠道出血造成的，与此同时，这几个月来他的骨髓一直忙着制造白细胞，无暇顾及红细胞，这进一步加重了问题的严重性。血红蛋白水平过低也解释了汤姆为何面色苍白。米姆斯医生向红十字会紧急申请了 3 个单位的血液，但还没有到。自从生病以来，汤姆已经接受了 60 多个单位，将近 8 加仑的输血。从红十字会申请与汤姆匹配的血液已经越来越难。我在心里默默提醒自己，今后一定要经常献血。汤姆能够撑到现在，真的要感谢很多无名献血者的帮助。

TICU 的氛围变得越来越阴沉，大家对于奇迹出现的期待渐渐冷却下来。没有人敢与我目光相对，这让我的心情愈发糟糕。我该怎么告诉汤姆的女儿们，他们的爸爸又一次发生了败血性休克？一切都怪我，是我坚持要用一种未经证实的实验性治疗方法，把活生生的病毒放进他的体内繁殖。唯一的安慰是，汤姆的尿量依然充足，肾内科医生还没有坚持要开始透析。就在我觉得自己即将崩溃的时候，戴维出现在 11 号病房的门口。

"嗨，小太阳！"戴维笑着轻轻地问候我，同时给了我一个温暖的拥抱。

"戴维，"我忍不住哭起来，"见到你真好！你对汤姆的情况怎么看？这次胃肠道出血有多严重，对预后有什么影响？"

戴维从电脑上调出CT扫描图，指着屏幕上的黑白图像给我看。随着一张张扫描图层按顺序显示，一团团大小不一的斑点在我们面前变形，就像是熔岩灯的延时摄影。

"我和奇普跟放射科医生一起看了一下汤姆的CT，我现在把我知道的情况告诉你。"戴维一边说，一边在转椅上坐了下来。"我们现在看到的是汤姆腹部的横断面。看到了吗？那是他的肝脏。还有那个小海绵球一样的东西，那是他剩下的胰腺。他失去了三分之一的胰腺，但剩下的三分之二看起来并没有坏死，这是个好消息。"

"好的，"我点了点头，"在我这个外行人看来，那两个东西看着就好像是冥王星和木星。那些浑浊的东西是什么？"我指了指胰腺周围的一个区域。

"那些是炎症，"戴维回答，"汤姆的发炎比较严重，这就是为什么他的腹部有这么多腹水的原因。这些液体进而对他的肺部造成了很大的压力，导致了他呼吸困难。这些肺部周围的浑浊区域是胸腔积液，这里还有更多的积液。但我真正想给你看的是他的胆囊。"戴维指着屏幕上一个形状给我看，那东西看起来像一个正在融化着的曲棍球。这和我想象中的胆囊不太一样。

"胆囊不应该是个球体，看上去更圆一些吗？"

"是的，"戴维回答道，等着我继续说下去。

"那么剩下的部分去了哪里？"我疑惑地问道。

"在这里。"戴维一边说，一边举起汤姆的一个引流袋，那些褐色的黏稠液体夹杂着咖啡色的斑点，还在源源不断地从引流管里流进去。"还有一些可能从他的粪便中排泄出来了，因为他的粪便中也有凝固的血液。"

太恶心了，我不由得打了个寒战，估计以后再也不想喝咖啡了。"所以说，不动杆菌侵蚀了他的胆囊，现在整个胆囊分崩离析，被一点点排出来？"

"这样解释勉强可以吧，"戴维苦笑着说，"但这并不是非常严重的问题，一个人没有胆囊也可以活得好好的，很多人都是这样。现在最关键的是看看他的

　　　　　　　　　　完美捕手：与超级细菌搏斗的惊魂之旅

血液培养结果是什么，希望不是不动杆菌卷土重来。"他的话只说了一半，后一半是：如果汤姆的血液中再次分离出了不动杆菌的话，那很可能意味着噬菌体的治疗无效。如果这些大自然的忍者们现在还没有使出杀手锏的话，恐怕也就永远也不会了。

但幸运的是，大自然母亲和达尔文这一次都站在了我们这一边。到了第二天，汤姆开始退热，白细胞计数也明显下降了。奇普一大早就来到11号病房探视。

"我一猜你就在这里，"奇普向我打了个招呼，"看来事情可能有转机。我们今天下午应该能拿到培养结果，但我敢拿这身白大褂打赌，这次败血症的祸源不是不动杆菌。"

下午刚到，奇普又早早出现了。

"说吧，我准备好了。"我试着显得有礼貌、委婉一些，但做不到。

奇普笑了，脸上的雀斑比平时更明显了一点。

"微生物实验室对汤姆的血液培养结果出来了，跟我预期的一样，汤姆最近一次败血症与噬菌体无关，"奇普说，"他的血液样本中培养出了多形拟杆菌（Bacteroides thetaiodomicron），这是一种常见的肠道细菌，但一旦像这样潜入血液中，就会出现问题。"

和其他的可能性相比，这真是最好的一个了。

"看来汤姆又收集到了一个没有人知道怎么念的微生物了，"我略带挖苦地说，"这个家伙听起来像是个熟面孔？拜托请一定告诉我，我们有对付它的抗生素。"

奇普也和我一样兴奋。"当然，它对美洛培南很敏感。汤姆已经在服用美洛培南了，所以应该没问题，"他回应道，"很可能这就是为什么最近这一次的败血症已经开始缓解了。更重要的是，维克多实验室里的研究员莫妮卡（Monika）对噬菌体治疗之前提取的一种引流管分离物做了进一步的敏感性分析，发现它对米诺环素（minocycline）很敏感，所以我们今天要把米诺环素也加入汤姆的治疗方案中去。我觉得汤姆的状况很快就会回到正轨。如果你同意的话，我想尽快重新启动噬菌体治疗。"

我同意。我们不希望给鲍曼不动杆菌喘息的机会。

对于现状，我有一种闭着眼开车的感觉，车的速度时快时慢，难以把握。奇普对此似乎游刃有余，而我则没那个本事。我们没办法实时监控噬菌体的活动。它们是否已经在对不动杆菌大开杀戒了？它们找得到不动杆菌隐蔽的感染区吗？会不会被肝脏回收并排出体外？ 或者在追击不动杆菌的过程中四处碰壁？这些我们都无从得知。每隔几天，汤姆的样本会被送去海军实验室进行鉴定，但培养和分析都需要时间。奇普似乎有一种特殊的能力，当他处理复杂病例时，总能够心平气和地对待数据收集时难以避免的等待、延迟和人为因素。我对此深感佩服。

"我不希望现在就停下噬菌体治疗，"奇普说，"因为我们还没有对感染部位进行检测，也不确定那些我们认为应该发生的事真的在汤姆身上发生了。"

奇普的表情稍稍柔和了一些，用他那略带南方口音的温柔口吻给出了临床决定。

"俗话说得好，如果船没有在摇晃，就不要认为它会沉下去。12 小时前，噬菌体治疗明显对汤姆产生效果了，现在一下子完全停止噬菌体治疗不一定是明智之举，更何况他的船现在不仅没有在摇晃，反而是在一直上升。"

我把赌注下在奇普这一边。

奇普继续说，目前，介入放射科需要将汤姆的几根引流管扩大。因为引流管里渗出的黏液很黏稠，他们担心管子会被堵塞，导致感染加重。我给卡莉打了个电话留了言。她下午会替弗朗西斯的班，过来照顾汤姆。我不希望对她隐瞒我们继续对汤姆进行噬菌体治疗的决定。几分钟后，她给我回了短信："我希望你们是经过慎重考虑的。他还没有从这波败血症休克中恢复过来。"

她说得对。汤姆还没有脱离险境，没有人知道如果再往前推进，会不会酿成我一生中最大的错误。很久以后我才知道，就在当天，我的肾内科同事乔·艾克斯向他的住院医师询问汤姆的情况，她告诉他："这么说吧，只有奇普认为他的情况有所改善，其他人都不这么认为。"

25. 没有淤泥，何来莲花

2016 年 3 月 22—31 日

第二天凌晨4点，我躺在床上，拿起电话，按下了TICU的速拨键，今天比平时早了一个小时。尽管眼前一片漆黑，但我还是能凭感觉一下子就摸到了正确的按钮。真的很巧，TICU对应的速拨建是7，正是我的幸运数字。这些天来，我对一切代表好运的征兆都照单全收。

"桑顿医院重症监护室……"电话对面传来一个女声，我一下子听出是夜班的护士长玛丽莲。

"你好，我想知道我丈夫汤姆·帕特森昨天晚上情况怎么样？"我躺在黑暗中，另一只手抚摸着帕拉迪塔毛茸茸的肚子。另外几只猫咪也都在我身边：波尼塔趴在我的屁股上，牛顿蜷缩在我的腿后面，轻轻地打着鼾——看来至少它昨晚睡得不错。有这些警报器一样的小家伙们在身边，我知道今天早上是别想再打盹了。

"还没有结束。"玛丽莲说。在她说话的间隙里，我还能听到她在电脑键盘上打字的声音。

"什么还没结束？！"我一惊，从床上一下坐了起来。波尼塔、帕拉迪塔和牛顿吓得四散而去。如果她指的是汤姆的介入手术持续了一整晚的话，那一定是说明出了什么大问题，可为什么没有人给我打电话呢？

"我是指晚上，"她平静地回答道，"晚上还没有过去呢，现在才凌晨4点。"

"哦，也是。"我回答道，语气平缓下来。这个时间大多数人都还在睡梦中。"他也是？"

"是什么？"玛丽莲温柔地问道。她这么问什么意思？是在开玩笑吗？我听不出来。

"是不是也睡得很香？"我着急地说，感觉我们两个的对话快要变成说相声了。

"他睡得像个婴儿一样，可香了。"玛丽莲回答道，然后对我说："倒是你，现在赶紧回去睡觉，这是命令！"

几小时后，我整理好了自己的心情，开车前往医院。早上的那通电话让我神经紧张，有些不安。这听起来不太合常理，但可能是因为我还没有从前一天的阴影中走出来。一开始，所有的化验结果和数据都显示汤姆状态良好，可我到了医院后才发现其实一切都乱了套，以至于现在，虽然听到了好消息，我却很难相信它。收音机里正在播放路易斯·阿姆斯特朗（Louis Armstrong）的歌曲《世界真美好》（*It's a Wonderful World*），那正是我以前最喜欢的歌曲之一。我一边跟着哼唱一边想：要不是因为这些噬菌体专家以及所有医生和护士每天的努力，汤姆现在早就命丧黄泉了。还有像玛丽莲这样，在我情绪失控对她不耐烦的时候能够依旧保持冷静的人。这确实是个美好的世界，或者说曾经是个美好的世界。也许以后也会是吧，如果汤姆能挺过来的话。

我穿过中庭，经过一排排高耸的棕榈树，走向电梯。电梯上升的时间里，我暗自祈祷——上帝啊，无论这一天将会遇到什么，请赋予我力量。门开了，TICU新的一天又开始了。这是汤姆在埃及生病后的第115天了。我看了一眼护士站后面的白板，今天是克里斯负责照顾汤姆。自从得克萨斯噬菌体治疗开始以来，这一个星期里一直是克里斯照看汤姆。我穿好防护服走进病房，克里斯给了我一个拥抱。

"我刚看完汤姆的病历。我知道你最近几天一定很煎熬，但汤姆今天的情况有所好转。"他亲切地说。

克里斯告诉我，汤姆的血压稳定，所以他们将升压药的剂量降了一些，他的心率也降到了100次/分以下，这是这几天来的第一次。克里斯还补充说："而且，他似乎有点意识了。"

我几乎尖叫起来，但还是努力忍住了。

"真的吗，克里斯？不会吧，你确定吗？"我说，"你可不是在跟我开玩笑吧？"

克里斯笑了起来："我没骗你，你来看。"克里斯走近汤姆的床头，俯身对着他的耳边说："汤姆，还是我，克里斯，我想再问你几个问题。你能用左手捏捏我的手吗？"几秒钟后，我看到汤姆的手难以察觉地动了一下，轻轻捏了捏克里斯的手。我倒吸了一口气。

我靠近汤姆的脸："亲爱的，亲爱的，是我，我是斯蒂芬妮。你能睁开眼睛看看我吗？我好想你啊！"上帝啊，求你了，请让他醒来吧。

感觉等了一个世纪，汤姆的眼皮终于闪动了一下，但被一层黄澄澄的分泌物黏住了。克里斯用温热的布帮汤姆擦了擦眼睛，我则用戴着蓝色手套的手抚摸着汤姆的脸颊，期待着他能睁开眼睛。突然间，汤姆的眼睛真的睁开了。一开始，他的双眼不太能聚焦，但过了一会儿，他看向我，淡淡地笑了一下。那一瞬间，我的心都要融化了。我的丈夫又回来了。汤姆的嘴唇开裂，上面沾满黏糊糊的东西，牙齿也脏兮兮的，但我不在乎，俯身给他一个吻。他噘起嘴唇回吻我，用鼻子轻轻摩挲着我的脖子。我听到一阵呜咽声，意识到那是我自己发出的，才发现泪水早已顺着我的脸流了下来。汤姆疑惑地环顾了一下房间，然后又转向我。我看得出来，他不知道自己在哪里，也不知道我为什么哭泣。但至少他知道我是谁。至少我认为他知道我是谁。

"欢迎回来，亲爱的，"我抹抹眼泪，轻声说，"你现在在桑顿医院的重症监护室里。你还记得自己在埃及的时候生病了吗？"

汤姆茫然地盯着我，摇摇头。

哦，天哪，又来了。这是第几次了？他是又要失忆了吗？还是说这次更糟糕，永久性脑损伤？还是说这只是暂时的ICU症候群？我紧张地看着克里斯。

克里斯读懂了我的心思，把手放在我的肩膀上。"别担心，"他轻声说，"刚刚从昏迷中醒来的患者一般都会有些糊涂，或者一时不记得自己怎么会在病房，这很常见。别着急，给他一点时间。现在只要告诉他基本情况就好。"

有道理，我也不想吓到他。我做了个深呼吸，调整了一下心绪。

"亲爱的，你的引流管从假性囊肿中滑脱了，所以超级细菌感染蔓延到全身，你陷入了败血性休克。"好，就先告诉他这些基本信息吧。我又深吸了一口气，用颤抖的声音继续说道："你昏迷了有……有一阵子了。"是啊，断断续续将近两个月了，我在心中暗自计算。但也许他现在不需要知道这些。

"奇普和我决定给你实施一种实验性的治疗方法，就是我之前告诉过你的噬菌体治疗。虽然最初出了些问题，情况危急，我们还以为治疗失败了，但现在看来，治疗还是有效的。亲爱的，我真的好爱好爱你，请你一定要坚持住。你现在做得真的太好了。"

汤姆看起来还是一脸茫然，但我的解释似乎让他安心了一些。他捏了捏我的手，嘴唇动了动。但因为还插着呼吸机，他说不出话来。他的手几乎条件反射似地伸向自己的脖子，好像想把呼吸管拉出来。但这段时间以来，我和克里斯对这一反应已经很熟悉了。他的手还没来得及碰到呼吸管，就被我和克里斯一人一边抓住了。汤姆的眼睛瞪得大大的，看着我们，尤其是我。他的眼神告诉我，他感觉自己被背弃了。

克里斯轻轻地握住汤姆的手，蹲下身子，看着汤姆的眼睛。"嘿，汤姆。为了帮助你呼吸，我们给你做了气管插管，装上了呼吸机。相信我，好吗？别去拉那条管子，放松。"

听完克里斯的话，汤姆的紧张稍有缓解，头沮丧地躺回到枕头上，不再挣扎。他的嘴唇又开始动了起来。不过大概是想到了克里斯的话，又听到自己喉咙里咕噜咕噜的声音，汤姆忽然明白了自己现在说不出话来。我耐心地等着，看汤姆能不能把他想说的话用口型告诉我。他刚刚从长达几个月的昏迷中醒来，也许要告诉我一些重要或者深刻的事。

汤姆的口型说："水。"好吧，并不深刻。

　　　　　　　　　　　　　　完美捕手：与超级细菌搏斗的惊魂之旅

我几乎可以肯定现在的他是不能喝任何东西的，但汤姆刚才看我的眼神是那样杀气腾腾，我决定不要做那个唱白脸的，坏人还是让克里斯当吧。于是我故作不知地问克里斯："他现在可以喝水吗？"

　　克里斯用力地摇摇头表示拒绝。"不行，气管插管的时候不能喝水。"他一边回答，一边意味深长地看了我一眼，好像在说"你明明很清楚"。"不过，这个可以。"他拿着一根棒棒糖形状的小海绵，走近汤姆，想用它来帮汤姆润湿一下嘴唇。汤姆的脸一下涨红了，扭头把脸转开。真是区别对待嘛，我心里嘀咕着。

　　我听到门口有声音传来，那是重症监护室主任金·克尔（Kim Kerr）医生。"除了不能喝水之外，他现在也不能吃冰淇淋，"她对着我们摆摆手，满脸笑容，"不过我们现在竟然可以讨论这个问题了，这本身就是个让人振奋的好消息！"克尔医生刚刚被评为本年度最佳医生（Physician of the Year），我想我知道为什么了，她能够让每个患者和他们的家人都感到被尊重和被重视。在护士台的乔、梅根和雷也听到了汤姆醒来的消息，他们也都格外兴奋，纷纷向我挥手祝贺，竖起大拇指，然后又回到自己手头的工作上。

　　玛丽莲也来到11号病房前，站在克尔医生身边。"你知道吗？你救了他的命。"玛丽莲轻声对我说。

　　"是我们一起，"我回答道，声音有些哽咽，"我们一起救了他。你们真是太棒了。我不知道该怎么感谢你们。"我向后退了一步，端起手机给此刻的汤姆拍了一张照片。我想永远记住这一刻。

　　乔·艾克斯医生站在她的身后。"不会吧，让我看看这是谁醒了？我的天啊！"乔惊讶地张着嘴，"这简直是个奇迹。真的，我还从来没有见过谁的病恢复得这么快过。这个噬菌体疗法，真是太……恭喜你啊，斯蒂芬妮！按照现在的情况来看，他不需要透析了。不过接下来的几天我们还会继续观察，以防万一。"说完，乔向我轻轻摆手道别，和肾内科的同事们一起继续查房。

　　不到一个小时后，弗朗西斯到了。她脸色苍白而憔悴，我突然注意到她最近瘦了很多。在走向11号病房的路上，她看到了门口簇拥着赶来见证这一医学奇迹的医生和护士们，立刻死死地停住了脚步，惊恐地看着我。和我一样，看到这么多人围在这里，她立刻得出了和我之前一样的错误结论，以为最坏的情况发生了。在重症监护室里，这样的人群聚集通常意味着蓝色警报，或者说患者已经死亡。

"弗兰，你爸爸刚刚醒了！"我一边喊，一边小步跑着绕过病床来到她面前，和她紧紧地拥抱在一起。我能感觉到她的肋骨，我知道她的心正在胸腔里疯狂地跳动着。"他现在睡了，不过看来这次是真的好转了。"

"医生说他能活下来吗？"弗朗西斯小声问我，生怕被她爸爸听到。

"他们还没有明确地说过，但这次真的很有希望，我真的好久没有这种感觉了。"我小心翼翼地回答道。

弗朗西斯静静地坐了下来，慢慢在心里消化这件事。几分钟后，她拿起一块用于和不能说话的患者交流的小白板，用黑色的记号笔画上了一朵花。然后写道：没有淤泥，何来莲花（No Mud, No Lotus）。

看到我满脸疑惑，她解释道："这是我最喜欢的一个比喻，是越南的释一行禅师（Thích Nhất Hạnh）[1]的话。"她耸耸鼻子，接着说："我对他名字的发音可能不准，但这句话说的是，就像荷花出淤泥而不染一样，要想获得最终的幸福，必定会经受苦难，我们不应该试图逃避苦难。"

我睁大眼睛看着她。像汤姆一样，弗朗西斯和卡莉也不断给我带来惊喜，她们都有一种与生俱来的能力，在很容易被情绪冲昏头脑的时候，依旧坚定而充满能量。很长时间以来，这是我们第一次充满了正能量。

"那根据我们经历的苦难程度看，咱们大概离涅槃不远了吧！"我回答。

就在此时，汤姆仿佛听到了召唤一样，又睁开了眼睛。他和弗朗西斯轻轻地拥抱了一下，每个人脸上都带着泪水。几分钟后，奇普出现了，他穿着白大褂，里面是一件格子衬衫和一条卡其布的裤子。"我在停车场碰见了金。"他看着病房里的温馨场面，咧开嘴笑着。

1　释一行禅师：出生于越南，临济宗第42代传人，国际现代著名佛教禅宗僧侣、作家、诗人、学者、和平主义者，也是入世佛教的提倡者。

"亲爱的，是奇普的噬菌体治疗方案救了你的命，"我得意地告诉汤姆，"你觉得怎么样？"

汤姆抬起头，向奇普赞扬地竖起两个大拇指，露出了一个大大的笑容。

奇普拍了拍手，开怀大笑。他张了张嘴想说些什么，但泪水让他的眼镜蒙上了一层雾气。他摘下眼镜擦了擦，整理了一下心情，终于开口。

"每每遇到这样的时刻，我都会想起我希望成为一名医生的初衷，"他声音颤抖地说，"我真的太开心了！"

接下来的一周里，汤姆的临床情况持续改善，TICU 的生活也恢复了应有的平静。有一天早上，卡莉让我多睡一会儿，自己先过去陪他。稍晚些时候，我在清晨赶到医院，走近汤姆的病房时，那里传来的骚动声让我的心跳停了一秒，直到我听到呼吸治疗师威尔透出兴奋的声音。

"噢，天啊！他进去了！他在浪管里吗？我看不见他了！"那是威尔的声音，他在汤姆的房间里激动地大喊——是那种愉快的激动。在威尔和汤姆共同热爱的冲浪运动中，"浪管"是海浪前进时卷起的液体圆筒，如同一根不断延伸的管子，那是每个冲浪者都希望征服的地方。

"嘿！发生了什么？我隔着玻璃墙大老远就能听到你们的叫声。"我一边说着，一边穿好防护服走了进去。威尔正踮着脚尖，想让自己的视线更清晰。他手上摆弄着汤姆呼吸机上的设置，但眼睛却紧紧盯着头顶的电视屏幕。卡莉和汤姆也是如此。

他们三个人都盯着屏幕上的澳大利亚职业冲浪赛（Rip Curl Pro Bells Beach）。澳大利亚人马蒂·"威尔科"·威尔金森（Matty "Wilko" Wilkinson）正在向着第一名发起冲击，汤姆满怀期待地抓紧了床两侧的护栏。卡莉一边扭着脖子看，一边在汤姆的脚上擦着润肤油。汤姆的脚现在还在像蛇一样不断蜕皮。电视上，威尔科从后面切浪，熟练地驾驭每一节的波浪。汤姆还要很长时间才能重新回到水里，但卡莉已经开始玩起了徒手冲浪，她很想和父亲一起在海里玩几把。父女俩共同的爱好可能源自遗传。不过在南加州，冲浪不仅仅是一项运动，更是一种生活方式。

"哇呜！"威尔穿着运动鞋，双脚一前一后地站着，张开双臂优雅地挥舞着，身体上下移动，仿佛是乘着前所未有的巨浪。"你看啊！我都不记得上一次高飞脚（goofyfoot）[1]拿冠军是什么时候，威尔科已经萎靡了一整周了，这次真是一骑绝尘啊！是吧，老兄？"威尔把右脚放在左脚前，在他想象中的冲浪板上保持着平衡，模仿着右脚在前的"高飞脚"冲浪者。

"威尔，说点我听得懂的好吗？"我揶揄道，俯身检查了一下呼吸机的设置。然后我本能地开始使用医学用语，这是这里每个人的第二语言："嘿，汤姆这次自主呼吸冲刺多久了？"

克尔医生曾经向我们解释过，人的肺是一块肌肉，汤姆需要每天进行呼吸运动，让肺部肌肉得到锻炼。他们把它称为呼吸"冲刺（Sprint）"，尽管人们不断告诉我，这场治疗将是"一场马拉松，而不是短跑"。汤姆现在终于开始冲刺了，或者至少他的肺开始冲刺了。

汤姆自己举起了两根手指。

"你是说你胜利了吗，亲爱的？"我咧嘴笑了笑，揉了揉他所剩无几的头发。

卡莉插话道："不是，他的意思是，2小时。他今天早上特别厉害。"

呼吸。从鼻子里吸气，从嘴里呼出。吸—呼—吸—呼。放松。

每一天，汤姆自主呼吸的时间都在延长。有一天早上查房后，费尔南德斯医生过来查看汤姆的情况。"今天是你的幸运日，"他说着，戴上手套，"我们今天要拔管了。"汤姆不解地盯着他，眼神里充满疑惑。

"亲爱的，他的意思是，他要把呼吸机的管子从你喉咙里的气管孔里取出来。这一天终于到了！"

"是的，然后我们会把造口盖起来，只留个套管。"费尔南德斯医生一边解释，一边转向正在为他准备设备的住院医师克里斯汀（Christine）。

---

1 高飞脚（goofyfoot）：指右脚在前的冲浪者，因迪士尼动画中的高飞狗在冲浪时右脚在前而得名。大部分冲浪者在冲浪时左脚在前。

"你是说还要留着造口和套管？为什么？"我问道。

"我们不想现在就让造口完全闭合，只是为了防止万一以后需要再给他戴上呼吸机。"克里斯汀解释道。

汤姆的眼睛睁得大大的，疯狂地摇了摇头。"让我再戴上呼吸机？想都别想！我要亲自把这该死的东西拆掉！"我知道他在想什么。

费尔南德斯医生看出这不是我们所希望听到的消息。"我们也不觉得会出什么问题，但考虑到这个病的病程较长，以及这个……这个噬菌体治疗的非常规性，我们需要格外谨慎。时机一到，我们自然会拆掉造口，气管孔也会很快闭合起来，"他向我们保证，"相信我，这个造口几乎就像个耳洞一样不起眼。"

最好是这样。我下意识地伸手摸了摸自己的左耳垂。

几分钟后，汤姆终于不再依靠生命维持系统了。他呼吸到了新鲜空气——或者说，勉强新鲜的空气。毕竟周围尿液、消毒药和其他医院用品的味道并不像芳香疗法那样好闻，况且汤姆已经四个月没洗过澡了。

威尔前两天休了几天假，回来后就看到撤掉了呼吸机的汤姆，惊叹不已。他把手放在自己的衣领上，清了清嗓子，活动了一下脖子，仿佛自己也戴着一个汤姆那样的时髦造口。

"老兄，你看起来状态好极了！"威尔欣喜若狂地说道，"你很快就会回到浪管上的！"

这句话从一个冲浪爱好者的口中说出来，一定让汤姆十分受用。接着，威尔竖起大拇指和小指头，用冲浪专用手语给汤姆打了个"放松"的手势，然后便走向了12号病房。

听说汤姆已经撤下了呼吸机，奇普发来短信祝贺，短信里用了一个笑脸表情。看来他的幽默感也在恢复。我想康妮可能教过他如何使用表情符号，这样孙辈的年轻人们能够对他刮目相看。鲜活的生活迹象随处可见。

现在，我终于可以和汤姆一起拆阅那些朋友寄来的祝福卡和礼物了。有一天，我们拆开了一个紫色的小毛绒玩具。汤姆本来已经差不多要睡午觉了，但他用疑惑的眼神看着那个玩具——因为它看起来像一只蜘蛛。

"宝贝，那是一种噬菌体，"我说，"是安普利菲公司送给我们的一个玩具噬菌体。"

他微笑地点了点头，然后轻轻闭上了眼睛，沉沉地睡去了。

接下来的几天并不轻松，汤姆还有许多功课要做。他要重新学习吞咽、喝水，以及说话。他已经很久没有使用过脸颊肌肉了，需要重新练习如何使用它们。他还必须通过由三部分组成的"吞咽测试"才能开始喝水和吃东西。测试过程大概是这样的：第一天，是一块小小的冰片；第二天，是一勺苹果泥；最后一天，是一块饼干。不光是要吃到嘴里，还要能够咽下去。汤姆都一一做到了。现在，他通过了测试，可以开始吃流食了。

做完气管切开后重新练习说话也不容易，需要在气管造口管上连接一种特殊的阀门，这种阀门连接在气管造口管的外侧开口处，能够让空气进入造口，但不能出来。一位语言病理学家每天过来对他进行两次训练，先从元音开始，然后是辅音。几天后，他终于说出了第一句话。

"斯蒂芬妮……"他低声说。

上这些课的时间里，我一直坐在旁边给他加油打气，但当我第一次听到汤姆再次叫出我的名字时，我像个孩子一样嚎啕大哭。汤姆拍了拍我的手，我们又一起笑了起来。过去几个月来，一直是我在安慰他，现在反过来了。再次笑起来的感觉真好，即使汤姆的笑声听起来像哮喘一样也无所谓。不过对于现在的汤姆，要想讲一整句话就难多了，他说的话听起来更像青蛙呱呱地叫。

"没关系，"我告诉他，"你怎么样我都爱你，我的青蛙王子。"

"咚咚咚。"11号病房的门滑开，我听到一个熟悉的声音，那是物理治疗师艾米。今天的她扎了个长马尾，黄色的防护服下穿着蓝色的刷手服。"现在方便吗？"

汤姆轻轻撇了撇嘴。没有什么时间是"方便"做物理治疗的。现在的汤姆整日训练，没有休息。但他知道只有这样才能够赶快恢复，尽快出院。

艾米站在汤姆的床边。"那么，你今天想做什么练习？"现在的她已经知道，给汤姆适度的控制权是激励他的最好办法。

"走路？"汤姆用沙哑的声音说。

艾米瞪大了眼睛。"走路？你是在开玩笑吗？"

"昨天……走到……走道的……另……一边了……"他断断续续地说，看起来有些不高兴。

艾米惊愕地看着我，我则看着汤姆。自从感恩节以来，他大概只在想象中神游过——后来我知道，他在梦境中去过他家小木屋、沙漠、沼泽，也许还进入过卡莉的冥想中，和她一起漫步。

艾米在汤姆的床角坐了下来，把马尾拉紧了一些，看着他。"汤姆，"她轻声说，"你已经4个月没走过路了。"

汤姆惊慌地看着我。我唯一能做的只有点点头。她说得对，他搞错了。

天知道他在想什么，总之是错乱的，这一点没错。

汤姆独白：插曲 8

这和电影里演的不太一样。在好莱坞电影中，患者从昏迷中醒来，坐在床上，伸展双臂，就像打了一个世纪的小盹，然后问晚饭吃什么。但除非你不幸陷入昏迷，然后又万幸地醒来，否则你并不知道，事实上你得重新学习吞咽，然后才能吃东西、喝水，或者说话。你的大脑会昏昏沉沉的，也忘记了肌肉该如何运动，你甚至可能感觉不到自己的手脚在哪里，也不知道怎么使唤它们。最开始，仅仅保持几分钟的清醒也颇费一番力气。

至少我是这样。

从昏迷中醒来是一个渐进的过程。刚开始的时候，一切都是一片模糊，我感觉自己是一具木乃伊，被一只看不见的手，一层一层地将包裹在身上的布解开。我的视野很窄很窄，如果有人恰好出现在我的视野中，他们就存在在我的世界中，一旦他们离开了我的视线，哪怕只是挪开了一丁点，对我来说，他们就都不存在了。但随着我对周围环境的感知逐渐增加，有时，我的身体会像被闪电击中的树一样被整个点亮。斯蒂芬妮轻轻的触碰或童年记忆的重现，就像电流一样，激活一连串神经元，将我一叶一叶、一枝一枝地照亮。这样的刺激让我很不舒服，但我知道这意味着我还活着，而且很有可能有了些许起色。我能够感觉到络绎不绝的探视者，家人、朋友、学生、医生、护士，很多人都在哭，我知道，他们没有想到我还能活下来。

我到底昏迷多久了？我试着去读护士克里斯在白板上写的日期，但太模糊了，看不清。应该只有几天吧？我不确定。墙上贴着几十张慰问卡，还有几个有些瘪了的生日气球，显然已经挂在那里有些日子了。这是为了庆祝谁的生日？肯定不是我的，我的生日2月才到呢。我的脖子上还连着一个奇怪的玩意儿，克里斯说是呼吸机的管子，那东西让我痒得要命。

老天。我用手摸了摸自己的脸，我的胡子又长又乱，像格林童话里的小怪物。我的头发怎么这么长，从20世纪60年代开始我就没留过这么长的头发了。我还能感觉到脸颊和眼睛旁边的凹陷，我以前可不是这样的。但我的胳膊、腿和肚子都是胖嘟嘟的，从脖子往下，我活脱脱像是皮尔斯伯里（Pillsbury）蛋糕广告里的面团宝宝。戴维解释说那是水肿的缘故，我的血管里有液体渗入组织。医生们已经给我注射了利尿剂以帮助我排出多余的水分，还给我插上了导尿管，这样我就不用每隔几分钟就去上个厕所了。我觉得我整个人都快散架了。

我的嘴巴干得像撒哈拉沙漠一样，也许是因为我刚刚在沙漠里走了好几百年？我真的走过吗？好像没有人能在沙漠中生存那么久。

到底哪些是真实的，而哪些是我想象出来的？

我之前发誓说看到墙上有象形文字，但实际上那只是我的幻觉。但现在窗台上的那个玩具噬菌体是真的吗？就当我已经疯了吧，但它看起来真的很像安卡（Ankh）[1]，埃及的生命之符。

1　安卡（Ankh）：埃及象形文字，解作"生命"。

26. 达尔文之舞与红皇后竞赛

2016年4月1—6日

我真希望凌晨5点打给护士站的电话是个愚人节玩笑，可惜事实并非如此。我在黑暗中躺在床上，就着手机屏幕微弱的亮光，用快速拨号拨通了TICU的电话。电话铃响的时候，汤姆的夜班护士拉瑞（Larry）还在他的房间里，所以我听了好几分钟的等候音乐。过了好一会儿，主管护士玛丽莲才接起电话。

"我们刚才还在讨论要不要给你打电话，"玛丽莲说，"汤姆今晚状态不太好，他的血氧在半夜的时候掉下去了，现在升压药也已经加到了最大剂量。"

"什么？"我的泪水夺眶而出。"血氧掉下去"的意思是，汤姆血液中的氧气含量太低了。其实昨天物理治疗时就已经开始出现这种迹象了。我解开马尾辫，摇了摇头，让自己更清醒一些。"他发热了吗？今天早上化验单上白细胞水平出来了吗？他又接上呼吸机了吗？"

"在发热。化验结果还没有出来。还没有上呼吸机。"玛丽莲娴熟地回答。汤姆的体温飙升到了39.7摄氏度。虽然完整的血液化验报告还没有出来，但他的白细胞计数整个晚上都在上升。我明白了，又是败血症休克。又来了，第六次了吧？我已经数不清了。这次又是因为什么？

我真的想骂人了。

卡莉还在睡觉，丹尼和弗朗西斯前一天已经回到了湾区。我们以为汤姆已经脱离了危险，至少状态稳定，孩子们可以放心恢复自己的正常生活了，为了汤姆，他们每个人都暂时搁置了许多自己的事。我看着洗衣篮里堆积如山的脏衣服，很快决定好了穿什么。我弯下腰，从脏衣筐中掏出那件我最喜欢的灰色连帽衫，闻了闻：应该还可以再穿一天。我又套了一条天鹅绒紧身裤，然后走进厨房。5分钟内，我把昨天喝剩的咖啡热了热，倒进旅行杯里，喂了小猫们，拿起车钥匙。早餐就先不吃了，反正我的胃还在翻腾，一点胃口也没有。

走进 TICU 时，我看到护士站后面的白板上写着，今天负责照顾汤姆的又是护士乔。他是特需护士，一个护士专门照顾一个患者，通常是分配给重症监护室里病得最重的患者的。汤姆在此前好几个星期都不需要特需护士了。我走进 11 号病房，最让我害怕的事情发生了。

房间里空无一人。汤姆不在，汤姆的病床也不在，只有罗茜在里面拖地。这种情况只有两种可能：汤姆死了，或者在做某种手术或者处理。如果是后者，那一定是很复杂的处理，不能在床边进行的那种。

"罗茜，汤姆在哪里？"我慌忙问她。她看了看我，摇了摇头。

"不知道。"她的语气闷闷的，没有抬头，继续拖着地。

我跑回了护士站。护士站没人，这可不常见。我看了看时间。

交接班时间。真烦。

我紧张地来回踱步，几分钟后，实在耐不住性子的我掏出手机开始给奇普发短信。

就在我即将按下发送键的时候，乔走进了重症监护室，看到了站在那里一脸茫然的我。

"乔！汤姆在哪儿？发生了什么？他……他是不是……"

乔抓住我的两只手，看着我的眼睛。

"冷静点，斯蒂芬妮，"他轻声说，"他在做 CT。"

哦，有道理。如果真的是败血症，就要尽快找出原因，CT 是最好的方式。但这意味着他们很可能又给他注射了造影剂，这样放射科医生才能更好地阅读片子。造影剂会对肾脏造成负担，而汤姆现在的肾脏脆弱极了。

我的手机嗡嗡地响了，是奇普发来的短信：你在TICU吗？我马上就到。这次没有笑脸符号了。

几分钟后，奇普大步走进TICU的双层门，我们站在汤姆的空病房里商量着。

"我刚刚和放射科的人一起看了汤姆的CT，"他语气冷静，不带一丝感情，就像在描述他早餐吃了炒鸡蛋一样，"汤姆的胆道引流管滑脱到了肝实质。"

我眨了眨眼。我只听懂了他刚才说的两个词——引流管、滑脱，但足够了。

"你的意思是他的引流管又滑脱了？"我问他。

"是的，"奇普回答说，"这次是5根引流管中的3号引流管，介入放射科会马上重新将它放置回去。"

"这是在搞什么鬼，现在怎么办？1号引流管滑脱的时候，他就昏迷了，差点儿就没命了。"我提醒道，生怕奇普已经忘记了这件事。

"是的，但那是在噬菌体治疗之前，"奇普说，"他现在比那时的情况好多了。不过，关于噬菌体，我还有另外一件事情要和你谈谈。"他的脸色沉了下来。"塞隆和比斯瓦吉特研究了一下汤姆最近的不动杆菌培养物。昨晚塞隆打电话告诉我说，他的不动杆菌现在对得克萨斯的噬菌体混合制剂已经完全耐药了，对海军制剂中的3种噬菌体也都有抗性，也就是说，现在只有海军制剂中的1种噬菌体对汤姆的不动杆菌依旧有效。所以从今天起，我们将停止使用得克萨斯噬菌体。至于海军噬菌体，除了继续静脉给药外，我们还要开始通过腹腔引流管进行给药。"

短短几个星期，两种混合制剂中的噬菌体几乎全军覆没、光辉不再了。

"我的天啊！"我低声惊呼，"怎么会这么快就产生抗性了？"虽然这样问，但其实作为科学家的我知道为什么。一提到进化，我们总认为那要经过数万年的漫长时间，但在微生物世界里，进化可以在一夜之间发生。

"永恒的达尔文之舞，"奇普说，"来自噬菌体的选择压使得一些含有突变、对噬菌体具有抗性的不动杆菌具有了生存的优势，再加上不动杆菌的繁殖速度极快，它们有足够的时间通过突变开发新的机制来逃避噬菌体攻击。我有种预感，这些不动杆菌可能是将自身的荚膜（capsule）去掉了。如果真的是这样，这可能为我们提供了攻击它们的新机会。"

奇普提到的荚膜是覆盖在细胞壁上的保护鞘，包括不动杆菌在内的许多细菌都有荚膜。荚膜对于细菌的致病能力也起着决定性的作用，因为细菌可以通过改变基因来更改荚膜的性质，比如改变或阻断受体，加固细胞壁，或调整其他功能来增强入侵能力，抵御包括抗生素和噬菌体在内的敌人。另外，荚膜中携带水分，可以保持细菌表面湿润，并帮助细菌从遇到的其他微生物中获取新的抗性基因。如果不动杆菌真的为了躲避噬菌体攻击而将自身的荚膜丢掉，那可真是一个重大的决定。

但当时的我被吓坏了，并没有完全理解这些信息。在我看来，即使丢掉了荚膜，不动杆菌这一轮也是完胜。除了一种噬菌体外，它完全战胜了其他所有噬菌体，而如果这些噬菌体不能继续维持现在的选择压，不动杆菌很可能很快卷土重来。

汤姆现在已经再次出现了败血性休克，所以也许超级细菌的反击已经开始了。我不知道我们还有没有时间进行新一轮噬菌体治疗。

"再没有别的办法了吗？"我哀求般地问奇普。

"我们已经在做了，"奇普简短地回答，"塞隆从他的'CO'那里得到了许可，已经开始搜索新的噬菌体，这次是从环境样本中搜寻。"

"CO"？我大脑一片空白。乔刚巧正在我身边的护士站伏案工作，他抬起头来。

"是指他的指挥官（commanding officer）。"他回答说。

我点了点头。差点忘了，乔曾经当过军区护士。

"这么说，行动已经全速开展了？"

"是啊，全员出动，都在粪堆寻宝呢。"奇普故意用夸张的南方口音调侃道。真是奇普一贯的风格。没有想到，在这种情况下，官僚主义竟然神奇地起了正向作用。

奇普又恢复了之前严肃的语气："海军之前给我们的噬菌体试剂是从他们

的噬菌体库里选出来的。现在，比斯瓦吉特已经开始着手对从当地污水样本中获得的噬菌体进行筛选。如果发现了什么，他需要先对它进行鉴定，再按照FDA的标准进行纯化，我们再为这个新噬菌体申请eIND，然后就可以用了。我估计我们可以在一周内得到新的噬菌体制剂。"

一个星期。一个星期后，汤姆可能已经死了。我并不是一个不懂感恩的人，但在重症监护室里，生命的争夺战可能就在短短的一次心跳声中分出胜负。一个星期的时间，我感觉就像永远。我的面色沉了下来，流露出掩饰不住的恐惧。

"如果我推测无误的话，时间上应该没问题，"奇普解释着，再次试图安抚我的担心，"我刚才没有说完。最近，汤姆引流管里的不动杆菌培养物看起来跟以前很不一样，这就是为什么我怀疑它们丢掉了荚膜来逃避噬菌体攻击的原因。比斯瓦吉特和他的几位同事刚刚发表了一篇新论文，讨论了鲍曼不动杆菌与其特异噬菌体之间类似军备竞赛的协同进化现象。鲍曼不动杆菌的荚膜中含有噬菌体入侵细胞所用的受体。"奇普停顿了一下，将大拇指和食指捏在一起，顺时针旋转了一下，就像把钥匙拧进锁里一样。"所以，一旦细菌发生了变异，失去了荚膜，噬菌体就无法再进入细菌细胞。但与此同时，细菌也要付出相应的代价。"

"代价就是，变异株现在的致病性变低了。红皇后假说（Red Queen hypothesis），对吧？"我接着他的话说完。

奇普扬起了眉毛表示赞许。我给了他一个得意的微笑——那篇论文我也看了。

"一点儿没错。"奇普说。红皇后指的是《爱丽丝梦游仙境》（Alice in Wonderland）中那位盛气凌人、不可一世的红桃皇后，她告诉爱丽丝："你必须全力向前奔跑，才能停留在原地。"进化生物学家用这句话来类比解释捕食者和猎物的关系：无论捕食者还是被捕食者，都必须不断地适应和进化，才能生存下来。汤姆自己在进化生物学方面研究颇深，要不是他自己的身体现在就是这场无形战争的战场，他一定会津津有味地参与这场讨论。

就在这时，重症监护室的双层门被猛然打开，护工们推着汤姆的病床走进

完美捕手：与超级细菌搏斗的惊魂之旅

TICU，回到11号病房。汤姆发着热，脸色潮红，显得疲惫不堪。他看到我们，虚弱地笑了笑。乔将心脏监护仪重新接到汤姆身上，调整了升压药的设置，我和奇普则分别站在他床的两边。

"哦，亲爱的，"我喃喃地说着，捏了捏他的手，"又让你受苦了，真抱歉。"

"我也是，汤姆，"奇普说，"但我们已经搞清楚原因了。你胆囊里的一根引流管开小差跑到你的肝脏上溜达了一圈。介入放射科一会儿就会帮你重新定位这根引流管，你应该很快就能恢复过来。"

汤姆看着奇普，下嘴唇微微颤抖。

"我不知道我还能不能撑下去。"他紧紧地捏着我的手，小声说。我知道他正使劲忍着眼泪。

"我知道，我知道，"奇普轻声安慰他，声音里充满了同情，"行医30年以来，你是我所见过的忍受痛苦最多的患者。不仅仅是噬菌体，是你的力量和精神让你撑到现在。"他把手坚定地放在汤姆瘦削的肩膀上："你一定能撑过去的。"

汤姆微微点了点头。"谢谢你，"他虚弱地低声说，"你的话对我很重要。"

我和奇普交换了一个眼神。我们俩都明白，现在汤姆不需要知道他的感染已经对噬菌体产生了抗性，鲍曼不动杆菌正在他体内变异。我们只能寄希望于新的变异细菌菌株真的没有那么强的致病性，期待他的免疫系统能够有所恢复，在海军团队研制出新的噬菌体制剂之前，控制住形势。

当天下午，介入放射科的皮克尔医生和他的团队一起重新调整了汤姆的引流管。在皮克尔进行手术的时候，我想象着他小心翼翼地把管子绕过汤姆的肝脏，连接到他残存的胆囊里。希望这根引流管能够从那里继续不断排出胆汁淤积物。我不知道，每当进行这样的手术时，皮克尔医生是否觉得自己更像一个机械师，而不是医生。

汤姆还是勇敢地挺过了这次败血症，尽管依旧发了两天热。48小时后，他的血液培养结果出来了——果然，可怕的鲍曼不动杆菌拒绝让步。

27. 最后一支舞

2016年4月7日—5月31日

比斯瓦吉特的新噬菌体并非来自海军图书馆或者某个异国港口，而是来自马里兰州劳雷尔县（Laurel County, Maryland）一个污水处理厂的污水池。尽管噬菌体鉴定的后半程工作依赖于在实验室进行的复杂科学实验，噬菌体收集的第一步却并没有什么科技含量，它更像是哈克·费恩（Huck Finn）的顽童历险[1]。你唯一要做的就是找一个半加仑的空塑料牛奶壶，在里面装满石头，绑在绳子的一端。带着它，比斯瓦吉特和实验室技术员马特跋山涉水来到污水处理厂——他们最喜欢的噬菌体狩猎场之一。他们蹲在水边，马特握着绳子的一端，把壶甩出去。等壶沉下去，灌满了浑浊的污水后，再把它拖回来，把打进来的水倒进6个有盖的大试管里。如果你觉得这不太像淘金的话，你也可以把它想象成"钓噬菌体"。

他们就这样在污水池里找到了一个合适的噬菌体。尽管它的官方命名为"AbTP3Φ1"，但人们很快就封它为"超级杀手（Super Killer）"。这名字很不错，因为它正是对付超级细菌的完美天敌。

---

1 指《哈克贝利·费恩历险记》（*The Adventures of Huckleberry Finn*），马克·吐温(Mark Twain)著，讲述了哈克贝利·费恩为了追求自由的生活，在逃亡过程中与黑奴吉姆经历的种种奇遇。

在实验室里，当超级杀手被投放到汤姆的细菌分离物中时，它用开花的透明斑块回应了每个人的祈祷。我想起了德国医护人员安妮可和英格，她们来到卢克索帮助汤姆急救转运时，汤姆迷迷糊糊地以为她们是穿着战靴来拯救他的天使。当时的安妮可和英格是名副其实的天使，现在，也许这个新的噬菌体也可以不辱使命，赢得属于它的光环。

超级杀手其实也没什么特别。唯一不同的是，原来混合制剂中的几个噬菌体都是肌噬菌体（myophage），有着标志性的可以伸缩的长尾巴，而这一种是体形小巧的短尾噬菌体，尾巴短而且不能收缩，在进化上来源于古老的短尾噬菌体科（Podoviridae），自复制短尾噬菌体亚科（Autographivirinae）。虽然只是在混合制剂中增加了一个噬菌体，但初步测试表明，这个小家伙对不动杆菌的活性着实不低——超级杀手有效地杀死了汤姆体内最初的细菌分离株（TP1）和在第一轮中产生抗性的2个变异株（TP2和TP3）。比斯瓦吉特怀疑，它的受体可能与肌噬菌体不同，如果这是真的话，新的混合制剂对鲍曼不动杆菌的效力将大大增强。不仅如此，新噬菌体还被证明与其中一种第一轮噬菌体具有协同作用，使后者对汤姆分离物逐渐减弱的活性得以恢复。至少在实验室条件下，它们的协同作用阻止了鲍曼不动杆菌的生长——它的生长曲线是平的。

大约10天后，第二代噬菌体混合制剂被清洗干净，配置完毕，并注入汤姆体内。我们密切观察，屏息等待，一刻不敢放松，生怕汤姆再次陷入险境。几小时过去了，几天过去了。汤姆再次出现败血症，但这一次很快恢复了。他的免疫系统越来越强，不再需要输血了。接下来的几周里，其他好消息也接连出现：假性囊肿和引流管中的培养物显示，鲍曼不动杆菌生长速度在减慢。其他测试也表明，汤姆的分离物中不动杆菌的杀伤力也已大不如前。奇普这一次又对了。

我希望这一次新的噬菌体能够给汤姆的不动杆菌一记重拳。事实证明，"超级杀手"不仅做到了，而且比我期待的做得更好。

在TICU的每一天都是相似的。测量生命体征、吃药、抽血、会诊、物理治疗、身体清洁、睡觉、噬菌体治疗……

当然，他是唯一接受噬菌体治疗的患者。

"亿万噬菌体！"汤姆夸张地喊着，"这是真的病毒式传播（going viral）！"

所有人不禁莞尔。果然，恢复速度最快的就是汤姆的幽默感了。

我们都不在乎这种治疗是不是怪异，只要有效就行。事实上，它也的确有效。

然而奇普、海军和CPT团队依旧在不断地交换来自抗菌最前线的消息。他们通过血液检测和分离样本实时监测汤姆体内的战壕里正在进行的活动。海军的生物学家尽职尽责，每隔15分钟就会对汤姆的分离样本和新的噬菌体制剂进行一次分析，绘制图表，监测细菌的敏感性和噬菌体的毒性。达尔文之舞如火如荼地进行着，一轮又一轮。随着超级杀手的加入，噬菌体军团一直保持着火力压制，不动杆菌已经快要撑不下去了。

到了4月中旬，汤姆的病情进一步好转，不再需要升压药来维持心脏跳动。TICU的医生将他的护理状态降为"中级"，这意味着他不再需要"重症"护理。这大概是我们第一次对于"降级"如此欢呼雀跃吧。但是考虑到汤姆之前的情况比较复杂，医生们还是决定把他留在TICU，便于医护人员对他的情况进行继续观察。

松了一口气的人不止我们。我和莱兰、杰森以及CPT团队一直保持着密切的联系。杰森曾经坦言，他一直担心，即使噬菌体完全清除了细菌，恐怕汤姆的身体也很难复原。因此，整个CPT团队也全都屏住呼吸，生怕我们最终还是会失去汤姆。他们唯一能做的就是一心一意地为我们提供源源不断的噬菌体，让我们能够持续配制噬菌体混合制剂。现在，杰森说："我想我们终于可以重新开始呼吸了。"

从濒死状态中恢复并非一个简单的线性过程。像汤姆这样病程长、病情重的患者，长期以来一直忍受着随之而来的身体上和心理上的双重痛苦，心理创伤的存在几乎是必然的。然而，当汤姆每天徘徊于生与死的边缘时，持续的心理创伤更多的被当成背景般的存在，而非亟待解决的临床问题。导致精神失常的因素有很多：代谢因素、抑郁、用药或是无法控制的感染。这些身体上的紊乱会在精神层面上表现出来。很久之后，我们才对创伤后应激障碍（Posttraumatic Stress Disorder, PTSD）有了更深的了解。无论是重病患者还是他们的家人，特别是那些在ICU中待过的人，都可能被诱发出持续焦虑、抑郁或一系列与压力有关的行为。如果不加以妥善治疗，这样的情绪会反复出现。每个人都以为，只要足够坚强，忍耐一时，这阵"情绪"过去就好了，但其实，对其视而不见并不是真正的解决之道。

事实也确实如此。有一天，汤姆以精神病学教授的身份向我描述了他的PTSD。大脑是由大约20万亿个神经元组成的，这些神经元彼此联结，分工合作，一起处理认知、情感、记忆等涉及大脑不同部分的诸多任务。通常情况下，爱、恐惧这样的大喜大悲会激活一些大脑回路，而理性和记忆则会通过其他回路来保持人情绪的稳定。但在创伤后应激障碍下，每当汤姆想到某个幻象时，就像在调用大脑中的某个记忆回路，而当那些记忆涌出时，"就好像我大脑中的200亿个神经元都被捆成了一根高压线。一旦我触碰到那根线时，除了情感之外，我的大脑一片空白"。PTSD让他没有能力理性地区分过去的创伤和现在的现实，没有办法让自己保持稳定。试图忘记记忆只能暂时让这条高压线隐藏起来，但触电不免依旧会发生。只有进行适当的心理干预，汤姆才能够以不同的方式处理创伤，将它当作记忆保存起来，彻底去除高压线。

有些时候汤姆会变得特别沮丧，有些时候却又会十分开心。大多数情况下，他都因为自己还活着而感激万分，并且对日常生活中的平凡小事充满了新的敬畏感。他不得不重新学习如何做最简单的事，比如刷牙和梳头。他和卡莉一起打牌，和弗朗西斯一起翻阅西布里（Sibley）的《西北美洲鸟类野外指南》（*Field Guide to Birds of Western North America*），这都是他在两个女儿小时候陪她们一起做过的事。更多的时候，当我到达医院时，我会发现女儿们依偎在他的床边，和他一起看某一部老电影。一天下午，当两个女儿都离开后，汤姆偷偷跟我抱怨起他自己来。

"你看看我。"他忧郁地说着，伸出双臂，一脸不敢相信地盯着它们，而我也努力掩饰自己的震惊。他的肾功能有所改善后，医生开始给他注射利尿剂。这种被我奶奶叫作"水丸"的东西可以防止身体吸收过多的盐分。随着多余的液体被抽走，他从一只肿胀的河豚变成了一个泄气的气球。

他的手臂本来粗壮得像树干一样，现在却成了火柴棍。当他移动头部时，垂在下巴下面的皮肤褶皱也会跟着摇来晃去，而他腿上的皮肤则像老奶奶的连裤袜一样松松垮垮地耷拉着。

"我现在是个老头子了！"他生气地说，"我刚刚跟女儿们玩牌，简直像个两岁的孩子，手里的牌不断地往下掉，因为我的手根本握不紧！"

我们都很庆幸他还活着，看到他意识清醒、交谈自如，我们都欣慰不已，松了一口气，至于他的外表如何，都不那么重要。但这的确是事实：那个健壮的汤姆，那个三步并作两步登上红金字塔的汤姆，已经不见了。医学上有一个词来形容这种情况：恶病体质（cachexia）。它常常伴随着极端的体重下降和肌肉萎缩，通常与营养不良、重大疾病，以及死亡相关。我还记得第一次看到恶病体质的人，是在凯西之家，那个艾滋病临终关怀中心。在艾滋病流行的最初几年，我曾在那里做志愿者。如今，我的丈夫也变成了一副皮包骨的样子。但不管其他什么东西消失了，他那倔强的意志力还在。

"好不容易走到这一步，我绝不会放弃的。"汤姆说。

是啊，绝不后退。

我给汤姆买了一些可以戴在手腕和脚踝的沙袋，他非常认真地用它们来锻炼以恢复肌肉力量，而我则在一旁哼着史泰龙（Stallone）的电影《洛奇》（Rocky）的片头曲鼓励他。

噬菌体治疗开始一个月后，我第一次把他推到病房外，那感觉就好像我们要去参加舞会。我将那顶我父母送给他的绅士帽戴在他头上，那是他最喜欢的帽子，然后将毯子盖在他身上。助理护士卡门帮我把两个枕头垫在他的屁股下面，让他坐得更舒服一些。

"亲爱的，我们出发了……"我低声说，松开轮椅上的刹车，把他推出TICU的双开门。护士卡门推着输液杆跟在我身边，主管护士玛丽莲则点头看着我表示许可。

"15分钟后回来。"她像个监护人一样叮嘱道。

"难道如果回来晚了我就变成南瓜？"汤姆回嘴。

我推着汤姆，穿过大厅里的棕榈树，经过那位穿着双排扣制服的帅气门卫，来到圣地亚哥的阳光下。那一刻，汤姆脸上的表情复杂得难以形容。他后来告诉我，当他再一次呼吸到真正新鲜的空气时，每一个分子都轰击着他的感官：绽放的樱花，刚刚修整过的草坪，餐车上传来的浓缩咖啡的香气。当再次听到熟悉的麻雀叽叽喳喳地呼唤伴侣的声音时，他不禁流泪了。这位充满激情的鸟类学家，一个对鸟鸣比对周遭他人的喋喋不休更加敏感的人，已经有近5个月没有听到鸟声了。

渐渐地，生命维持装置一个接一个消失，这是一个令人欣慰的迹象。汤姆的生命之神"ka"正在复苏。一周后，在艾米和护理小组的帮助下，他开始练习走路，并迈出了几个月来的第一小步。新的CT显示，他的胰腺假性囊肿不再是一个足球的大小，用消化道医生汤姆·萨维得斯（Tom Savides）的话说，"剩下一个垒球大小了"。5月1日，心电监护仪被撤掉，从11号病房推了出去。

"真不容易！"汤姆大声感叹着，还仪式性地行了个道别礼。

5月中旬的一个下午，距离汤姆第一次生病已有6个月的时间。奇普站在汤姆的床边，仔细阅读着他最近一次血液检测的化验报告。他喜形于色，很显然有好消息要与我们分享。

"我很高兴地正式向你们宣布，我们现在已经彻底把不动杆菌打跑了，"他笑得合不拢嘴，"事实上，有2种噬菌体与米诺环素有协同作用，其中之一是我们几周前新添加的那种。"

汤姆惊讶地看着奇普："这是不是说，超级杀手噬菌体实际上是在帮助抗生素发挥更好的作用？"

"正是如此，"奇普说，"这是协同作用的一个教科书式的例子。无论是抗生素还是噬菌体，单独使用都效果不大，但一旦放在一起——砰！两个都变强了。这正是协同作用的定义。"事实上，少数在动物中进行的研究曾暗示，噬菌体与抗生素一起使用的作用可能比单独使用任何一种都要大。现在，汤姆的临床案例对此提供了直接的人体证据，证明抗生素与噬菌体的协同作用不仅是可能的，而且非常值得期待。

汤姆的免疫系统也已经恢复了。

"看起来比斯瓦吉特的体外结果在体内也成立，"奇普解释说，"协同效应使细菌对其他杀菌剂更加敏感，这些'杀菌剂'包括药物，也包括你的免疫系统，或者可能两者兼而有之。"

奇普继续解释说，关于协同作用的科学文献仍然匮乏，但为了对抗超级细菌，这是现在迫切需要关注的一个领域。研究人员一直在寻找药物与药物，以及药物与细菌之间相互作用的微妙关系，现在看来，噬菌体可能是这个方程中的重要一项。

听着奇普的描述，我为这些可能性兴奋不已。这正是他独特的前沿探索方式：用新的数据拯救一个患者，并由此推动新的临床试验，收集更多的数据来拯救更多的患者。

"从噬菌体治疗的角度来看，我们上周抽取的系列样本提供了迄今为止最好的噬菌体药物动力学数据。"奇普说。药物动力学（Pharmacokinetics）研究的是人体如何吸收、代谢、分配和最终排出药物的。在汤姆的案例中，所谓的"药物"也就是噬菌体制剂。这些数据也证实了噬菌体与抗生素的持续协同作用能够提升药物效力。另外，我们关于剂量的大胆猜测——多久进行一次噬菌体注射，以及每次注射多少噬菌体——似乎也是正确的，奇普富有远见地准确预测了噬菌体进入人体后复杂的相互作用。

"还有不少细节需要理清，"他的语气谨慎但充满信心，"显然，仍有一些细菌对噬菌体存在一定的抗性，这意味着噬菌体对不动杆菌的战斗并未完全结束。"

事态的发展就是这样耐人寻味。在那个过山车式的周日早晨，当汤姆的血压因为细菌感染而突然下降时，如果我们就此放弃了噬菌体疗法，汤姆也许根本不会活下来，而这段故事就会成为噬菌体疗法历史上的又一件奇闻异事。反过来，如果不能意识到抗生素的协同作用等其他作用因素，我们对噬菌体疗法的成功也只停留在一个简单的结论上。

奇普还说，无论汤姆病例的新数据是什么，仔细地将它记录下来本身就是一个值得庆祝的临床举动。

"虽然噬菌体疗法已经出现了很长时间，但通过汤姆的病例，我们克服了很多阻碍它在格鲁吉亚、俄罗斯和波兰以外的地区更广泛地用于治疗多重耐药细菌感染的障碍。"

"怎么说？"汤姆瞪大眼睛问。

我理理思路，将自己读到的医学史学家比尔·萨默斯（Bill Summers）的文章娓娓道来，我告诉汤姆，50多年前，由于政治因素、偏见和对科学证据的歪曲理解，美国关上了噬菌体疗法研究大门。奇普补充说，卡尔·梅里尔曾对那些以可预测的细菌耐药性为由，全盘否定噬菌体疗法潜力的人表示失望，他们选择性地忽视了噬菌体也可以通过突变来应对耐药性这一重要事实。达尔文的舞蹈，这是其他药物根本无法做到的。

"FDA估计也开心坏了，"奇普说，"他们正需要这样的数据来制定新的监管模式。这样，也许将来的某一天，其他患者能够更加容易地使用噬菌体疗法，而不必为每个噬菌体制剂都专门申请eIND了。"

"那样的话真是太好了！"我和汤姆异口同声地欢呼。

"我想这还需要一些时间，"奇普继续说道，"但汤姆案例的成功激励了海军，他们看到了噬菌体疗法的市场需求和潜力，正在加紧推进噬菌体计划。他们认为，最理想的状况是建立一个不断扩大的噬菌体库，通过与工业界的合作，为更多的平民提供噬菌体治疗，而不用像我们现在这样大浪淘沙。汤姆，如果你同意的话，我想将你的病例报告发表出来，以推动这个领域的发展。"

"当然可以！"汤姆举双手赞成。

我开玩笑地嘲笑汤姆："你是我认识的人里唯一一个在昏迷状态下做出科研生涯中最重要贡献的科学家。"

"说起科研……"汤姆带点狐疑，又有点得意地问道，"我是 $N=1$ 吗？"

$N=1$ 是临床研究上的术语，指的是只有一名患者参与的临床试验。

"我是第一个接受噬菌体治疗的人吗？"

我摇摇头说不是，随即又一次意识到，汤姆对于昏迷时我告诉过他的这些东西几乎完全没有印象。那些噬菌体的历史、科学，我们大胆的猜测、冒过的巨大风险……这些造就了汤姆医学奇迹的事，他一概不记得。他总是取笑我，说我一逮着机会就转换成教授模式长篇大论、旁征博引，所以这一次我试着只是简单地回答他的问题。

"不完全是。费利克斯·德赫雷尔一百年前就发现了噬菌体。他也是第一个尝试噬菌体疗法的人，从给自己接种开始……"

"跟我是同一类人！"汤姆打断我的话，对这位神交的新朋友赞扬不已。

"说到你的同类……"奇普一边说一边掏出手机，在相册里搜索了一会儿，才找到了他要找的东西，把手机递给我和汤姆。那是一张颗粒状的黑白三联画，是噬菌体的电镜照片。我在网上看过很多噬菌体的图，这似乎与其他典型噬菌体的照片差不多，都有棱角分明的头和细长的腿，看起来真的像是个外星蜘蛛，或者月球登陆者飞船。这是个大腹便便的短尾噬菌体。

"来认识一下这位新朋友，"奇普说，"这些是塞隆给你的噬菌体拍的电子显微照片。这儿还有一张。"他边说边滑动着他的智能手机。"这张是塞隆同事发给我的扫描电子显微照片。你看，海军噬菌体正在攻击你的伊拉克菌。"

汤姆瞬间定住了。想象一下，你被人绑架并被扣为人质6个月，几乎性命不保，然后忽然见到了拯救你的超级英雄，一个肉眼看不见的超级英雄，是什么感觉？我自己也是瞪大了眼睛，这些小东西也救了我们一家。

"来自黑湖妖潭[1]的小怪物！"汤姆惊叹道，他对科幻片里的各种怪物如数家珍。

"是啊，"我沉思着，"但至少它们是站在我们这边的怪物。"

---

1 《黑湖妖潭》(*Creature from Black Lagoon*) 是好莱坞经典怪兽科幻电影，讲的是一群深入亚马孙丛林的地质科考队员发现一头史前鱼怪的故事。

不久之后，我们就又一次领略到了这些小怪物究竟有多漂亮。一天下午，SDSU的佛瑞斯特和安卡过来看我们。当初，正是他们二人在关键时刻挺身而出，第一时间协助我们重新纯化了得克萨斯噬菌体。他们给我们带来了一本图文并茂的书当作礼物，书名叫作《噬菌体世界中的生命——地球上最多样化的物种：百年野外指南》（Life in Our Phage World: A Centennial Field Guide to the Earth's Most Diverse Inhabitants，以下简称《野外指南》），这本书是佛瑞斯特与几位噬菌体生态学和历史方面的专家共同撰写的，书中的插画由本·达比（Ben Darby）所绘。那一系列生动的噬菌体素描画引起了我的兴趣。就外观看，我们的超级杀手短尾噬菌体长得和肠杆菌噬菌体T7像极了，圆滚滚、胖嘟嘟，相当可爱。但实际上，越是可爱的外表越具有欺骗性。

"那个胖乎乎的沙滩球就是我们的超级杀手？"汤姆调侃道。毫无疑问，他也觉得短尾噬菌体的长相十分可爱。

正如《野外指南》中所描述的，T7噬菌体的特征之一是它能够"以一种缓慢、高度控制的方式将其基因组注入宿主细菌体内，从而躲避宿主的防御系统"。这就对了，这正是我们超级杀手的杀手锏之一。它的栖息地是哺乳动物的肠道和污水管。

这本书中绘制的其他噬菌体更是千变万化、丰富多样，然而这些还不足以涵盖漫游在哺乳动物肠道、海洋和下水道中数以万亿计的噬菌体的一隅。链球菌噬菌体2972身形瘦长，腿似流苏，以能够躲避CRISPR防御而闻名；芽孢杆菌噬菌体Φ29和芽孢杆菌噬菌体PZA看起来就像《权力的游戏》（Game of Thrones）里的生物，呈尖尖的棒状，没有腿，善于躲避；假单胞菌噬菌体Φ6，喜欢寄生于植物病原体中，长得就像一个挂满小足球鞋的槌球。

噬菌体被称为"病毒界的暗物质"，可见我们对它们和它们身上携带的约20亿条遗传密码的了解是多么匮乏。但与科幻小说的剧情不同，佛瑞斯特的书以及我们的个人经历都让大家看到了这个生生不息的大千世界光明的一面。佛瑞斯特出版《野外指南》一书是为了纪念噬菌体生物学诞生100周年，但现在，他又把这本书送给了"接下来100年的噬菌体探索者们"。历经艰难险阻之后，对于这一探索者徽章汤姆受之无愧。

佛瑞斯特和安卡看到汤姆醒着并且精神奕奕，都非常欣慰。从第一次亲自送来第一轮得克萨斯噬菌体开始，他们常常来探望汤姆。有时是来拿汤姆的取样，有时则是送来刚纯化好的新噬菌体。

"'治疗前'和'治疗后'的变化太惊人了。"安卡告诉汤姆。

在这场达尔文的舞会上，噬菌体正在进行最后的舞蹈——胜利之舞。

28. 佛祖的礼物

2016 年 8 月

这一天终于到来的时候，我却难以置信地一直偷偷掐自己的大腿：我们是在做梦吗？住院将近 9 个月后，2016 年 8 月 12 日，汤姆终于出院了。从在卢克索出现症状开始，至今已经 259 天。从卢克索到法兰克福，再到 2015 年 12 月 12 日入住桑顿医院。这真是充满奇遇又令人难以置信的一年。

我们已经开始为各种小小的里程碑事件庆祝了。几周前，他的最后一根引流管被拆除时，我们简单地庆贺了一番。对于汤姆病情的变化方向，我们都十分满意。

"很高兴看到你们现在在拆除引流管，而不是加装引流管了，终于换了个口味嘛。"汤姆·萨维得斯操作完毕，我跟他调侃。手术结束，汤姆拉起病号服给我看最后两根引流管撤掉后留下的孔。

"看起来像是被吸血鬼咬了一口。"我打趣道，一边调整了一下他手腕上沙袋的尼龙搭扣带，防止它们摩擦他的皮肤。"不过，我想我们向医生证明了，在比赛还剩不到一分钟的时候，被蒙住眼睛的四分卫也能够成功做出万福玛丽传球，逆转战局。"

"那你就是那个四分卫了。"汤姆打趣道。

"还有奇普，还有——"

"我们应该给团队的每个人都买一件T恤，"汤姆开心地说，"上面写着'我们打败了伊拉克菌！'"

我们的确做到了。两轮噬菌体治疗从3月15日开始，到5月12日结束，持续了8周时间。治疗结束时，血液检查显示，鲍曼不动杆菌虽然依然存在，但被维持在了汤姆的免疫系统能够控制的水平。这全靠第二代噬菌体混合制剂，它不断捕食鲍曼不动杆菌，并与汤姆服用的其中一种抗生素协同作用，增强了其杀菌效力。这是一记重拳，让汤姆的免疫系统得以喘息，并重新开始反击。

8周的时间，让之前肆虐了近4个月的致命感染刹住了车。这样一种多抗生素耐药的超级细菌，像一颗破坏性极大的巨石一样在汤姆的身体里四处碾压，好不容易才被最终阻止。我们永远无法确定到底是什么原因、在何时引发了胆石性胰腺炎以及假性囊肿，我们也永远无法准确知道汤姆在哪里感染了鲍曼不动杆菌。但从法兰克福的左泽姆医生发现了那个足球大小的假性囊肿和多重耐药鲍曼不动杆菌的那天起，各种强效抗生素的大量使用对汤姆的身体造成了难以估量的伤害，抑制感染的效果却微乎其微。汤姆至少尝试使用过15种抗生素，大部分都在他患病的前6周，但所有抗生素都没能阻止鲍曼不动杆菌的肆虐，而无法控制的感染又进一步导致了其他一连串的并发症，将汤姆一次次推向鬼门关。现在的我们不禁回想，如果我们能够早一点开始这种个性化的噬菌体疗法，也许汤姆就不必经受那么多折磨，他的身体也不会受到这样严重的伤害，康复时间也会更短、更顺利。

这正是卡尔·梅里尔几十年前就有的设想，直到现在也没有改变过。在确定汤姆的情况确实好转后，我与卡尔开始了笔友般的书信联系。

"我不知道谁更加开心，汤姆还是我。"他写道。多年以前，他和比斯瓦吉特就开始为推动噬菌体疗法的发展而不懈努力奋斗，可直到他退休，噬菌体疗法似乎依旧在死胡同转圈，而比斯瓦吉特也心灰意冷地转向了其他工作，就像我在这段旅程中认识的许多其他科学家一样。卡尔告诉我，汤姆的案例对他来说有着非同一般的重大意义，甚至可以追溯到他的青年时期。卡尔对科学的热情可以说源于他的祖父——一位出色的电气工程师。多少个祖孙二人共度的夏天里，祖父教他阅读，特别是读一些物理书籍，还教他数学，从微积分到矩阵代数。另外，祖父对跑车设计的热爱也深深地影响了卡尔。直到现在，拆卸并重新组装那些高性能的发动机并驾驶汽车测试它们，始终是卡尔最大的爱好。这不但磨砺了卡尔对待科学时专注和严谨的态度，更成为他放松和排遣压力的重要渠道。

"在汽车上，我至少感觉自己是有掌控力的。如果有什么东西坏了，我可以把它修好，"卡尔在信中这样写，"我在医学研究或基础实验中都无法达到这样的控制程度。所以在某种程度上说，汽车给了我逃避世界的机会，在那里我有更多的控制权。"退休后，卡尔对跑车热情不减，醉心于为孙辈制作汽车模型，他的模型总能让孩子们欣喜不已、爱不释手。但对他来说，看到这次高风险、高难度的噬菌体治疗最终成功，看着自己的贡献终于有了用武之地，才真的让他感到由衷开心、欣慰不已。

出院后，在家里照顾汤姆也并不是一件简单的事情。流动护士、物理治疗师、职业治疗师和助手都会按照安排定期探访。为了治疗方便，我们还在客厅里摆了一张病床。汤姆的发小艾伦（Allen）为他搭建了一条临时的轮椅坡道，并在浴室里安装了栏杆。汤姆是坐着轮椅回家的，但没过几周，他就可以开始挂着拐杖走路了，一个月后更是连拐杖也不需要了。日子一天天过去，汤姆的情况不断好转，但距离真正康复还有很长的时间。

"其实我们应该对此有所准备，"我对汤姆说，"你还记得在你到桑顿医院几周之后，汤姆·萨维得斯医生告诉过我们，一般来讲，每住院1周，需要5个星期才能恢复。还记得吗？"

"我不想知道住院9个月需要多长时间恢复。"汤姆深深地叹了口气，回答道。

令人欣慰的是，卡莉和丹尼在那个夏天从旧金山搬到了圣地亚哥。卡莉经常来看望我们，她和汤姆去散步，玩各种各样的纸牌游戏。其他孩子、苏茜、我的父母，以及源源不断的朋友、学生和工作人员也频频造访，我们享受其中。

我真后悔没有录下汤姆和我们的缅因猫牛顿重逢的那一刻。几个月前，牛顿也几乎丧命，起因是我强行制止了它偷吃小猫恩的食物。那一阵我在医院里忙得不可开交，没有注意到它居然因此彻底不吃东西了。它患上了肾衰竭，然后和它的主人一样，被安上了一根喂食管来维持生命。在汤姆出院修养的第一年里，牛顿常常蜷缩在汤姆的肘部，轻轻地打着鼾。他们彼此照应，陪伴着对方恢复健康。

9月的一天下午，奇普带了一位特殊的客人来看望我们。当我打开门的时候，门外站着一位穿着海军制服的年轻人，他面容俊朗，长得就像年轻时的汤姆·克鲁斯（Tom Cruise）。他是来自美国海军BDRD实验室的塞隆·汉密尔顿中校，领导了汤姆的两个静脉噬菌体混合制剂的制备。我们一直叫他"了不起的塞隆"，多亏了他对奇普最初的求救信号反应迅速，还为我们打通了军方各个渠道，我们的正式请求才得以及时通过所需的各级审批。随着时间推移，我们对塞隆的敬畏更是与日俱增。他在军方的官僚体系中巧妙周旋，毫不犹豫地与比斯瓦吉特合作，不惜牺牲原本安稳的生活，打乱原本井井有条的实验室计划，倾力协助我们对抗鲍曼不动杆菌。这是一场在实验室里打赢的意义重大的海战。

汤姆出院后，我们见过奇普几次，但当他和塞隆一起走进屋里时，所有人都立刻兴奋起来。能够见到塞隆本人，汤姆和我都感到无比激动。他很早就果断地启动了海军程序，敦促海军上将批准，然后在每一个环节都对比斯瓦吉特和他的实验室给予全力支持，这一切都让我们深受鼓舞和感动。后来，比斯瓦吉特有一次在科学研讨会上介绍汤姆案例时，形容他的老板"英勇无比"。我不知道这种勇气是否在招兵广告中进行过宣扬，但显然这种勇气深深地根植在海军科学家的队伍中。长期以来，塞隆在我们心目中一直是一个坚毅、聪明的超级英雄的形象，但原来这位超级英雄同时也是一个温情、温柔的绅士。一开始，3个男人都眼含泪水，但转眼间，他们又都开怀大笑起来。

奇普也恢复了。那个风趣幽默、充满活力的奇普又回来了。在这段充满考验的旅途中，他从来没有放弃过。他全天候地扑在工作上，却从来没有喊过累或者失去耐心。或许他也有过那样的时刻，但从来没有对我们表现出来。他从未失去幽默感，但当他紧张的时候，他的幽默也蒙上一层黑暗的阴影。看到他现在放松的样子，我们才意识到，原来所有人都已经在阴影中生活很久了。

汤姆回家后不久，我们开始真正谈论这段时间以来所发生的事情。这让我们意识到，尽管经历了同样的磨难，我们却有着完全不同的体验。我和汤姆已经结婚12年了。汤姆住院期间的每一天，我们几乎都是一起度过的。但当我们了解到对方在过去9个月的所见、所感、所思竟然是如此大相径庭时，依旧震惊不已。

汤姆回家几周后的一个早晨，我扶着他在早餐桌前坐下，然后问他："还记得吗？那次在法兰克福的重症监护室里，你讨了一大堆食物，吃完之后却马上都吐了出来，把黑色的呕吐物喷得到处都是。我当时跟你说，如果你的脑袋能转180度，不用化妆就可以出演下一部《驱魔人》电影了！"

汤姆瞪大了眼睛："是吗？"他顾不得吃早餐了，眼神呆滞，好像在将乱成一团的记忆线团理顺。

"那时候，我是一尊佛，"他喃喃自语，"我当时坐在莲花蒲团上，感觉非常好，就像在另一个空间里。"他伸出双臂手掌向上，闭上眼睛继续说了下去："我的心里平静极了，想赐予这个世界一份礼物，于是张开嘴，这些银色的丝带全部旋转着飘散出来。它们落在地上的时候是那么美丽，在斑斓的光影里闪闪发亮。每个人都在跑来跑去，边跑边捡起这些银色丝带，所有人都很开心。"

他是认真的，没有开玩笑。我目瞪口呆地看着他，然后嗤之以鼻："礼物？那叫哪门子的礼物！整个房间都被你搞得乱七八糟！"

我们俩都大笑不已，然后笑声化为泪水，我们相拥而泣。接下来的几年里，每每回顾起当时的状况时，类似的情景时常发生。

"对不起。"汤姆低声说，把脸埋在我的脖颈。

"有什么对不起的？是我不好，让你经历了这么多痛苦！"我紧紧抱住汤姆的肩膀，好一会儿之后，抬起身，重新细细观察我的丈夫。他现在已经是个完全不同的人了，身体上、心理上、精神上都和过去不同。我试图尽可能地了解和理解他的经历和感受，但我永远不会真正知道这几个月来他的大脑和身体里究竟发生了什么。

在生病之前几年，汤姆就开始收集佛像。他对"饿佛（Starving Buddha）"尤其着迷。每一尊饿佛都是一副皮包骨的模样，这描绘了佛祖在开悟前经历了极端痛苦的禁食。也许汤姆还没有达到真正超脱的境界，但在长达数月的"断食"中，他的意识肯定已经超越了一般状态。或许他还碰上了自己的饿佛，内心的饿佛。

"我们得重新认识对方，"我低声说，"而这要从知道发生了什么开始。"

"写下来吧，"汤姆说，"我也想告诉你我的幻觉，我的梦。"

于是，我们就这样开始写作了。在学术休假（sabbatical）那一年，我每天早上5点起床，然后就开始写，废寝忘食。我会回过头查看我当时在脸书上更新的状态，那些状态加起来整整有52页。对照这些记录，我会从我的角度将故事写下来。有时我会询问卡莉和弗朗西斯，或者向奇普和戴维请教相关的医疗细节。汤姆则会稍后起床，一边喝着他最爱的咖啡，一边进入恍惚状态，在那些他极力想忘却的，痛苦又灼热的记忆深处寻觅他的幻觉，然后将它们生动地讲述出来。

我们把其中一些内容与我的父母、卡梅伦和女儿们分享，或者大声地读给吉尔的女儿听。现在汤姆已经渡过了难关，大家纷纷问起一些他们一直想知道，却又不好意思问，或者不敢问的问题。

"超级细菌是什么？"我给12岁的外甥女摩根（Morgan）和她姐姐雷莉（Rylie）读了一条我的脸书状态后，摩根问道。

"如果我也感染了，会不会也差点死掉？"刚满15岁的雷莉也接着问。

"不一定，"我解释道，"但是很多以前很容易治愈的感染，现在却越来越难对付了。这就是为什么汤姆和我从一开始就决定，无论他这次治疗究竟能不能起效，我们都要将数据收集、保留下来，这样才能够推进科学研究，从而进一步帮助其他人。"

卡梅伦的问题则更加直接。下半年，我们在汤姆出院后第一次回温哥华，与卡梅伦共进晚餐。

"在昏迷中是什么感觉？"他一边问一边大口将意大利面条塞进嘴里。

汤姆想要解释，却马上哽咽了。虽然他的身体状况逐渐好转，但他对幻觉的恐惧与日俱增，晚上也经常做噩梦。

"我无法不去想我的梦，"他坦言，"它们实在是太真实了。但一想到它们，我仿佛立刻回到了 TICU。"

我也是。

"分不清真实与幻觉，无法相信自己的大脑，这真是非常可怕的事情。"汤姆说。

如今，汤姆终于能够亲口将自己的经历讲给我们听了，这让他略有慰藉。他现在也理解了疾病（disease）与病痛（illness）的区别：前者包括不动杆菌感染和各种各样的并发症，是属于他自己的，而后者则是我们每一个人的经历。

"每个医疗案例实际上都会发生两次：一次在病房里，一次在记忆中。"医生作家辛达塔·穆克吉（Siddhartha Mukherjee）引用越南裔美籍作家阮越清（Viet Thanh Nguyen）的话说。

对于一对夫妻或一个家庭来说，每一个医疗案例还要再多发生两次：个人的和共同的。对于汤姆的这场病，我们每个人都有自己的版本，因为它对每一个人的影响都各不相同。而作为一个家庭，我们的共同版本则只能借由时间和对话一点点拼凑起来。这些碎片会慢慢组合在一起，复原成我们的家庭版本。这也是另一种治疗与慰藉。

29. 病例研讨会

一年后

奇普正在做他最得心应手的事。或者应当说，他在做最得心应手的事之一。因为无论是在 UCSD 这间恢宏的大演讲厅当众做报告，还是在病床边陪着患者，无论是在莫桑比克帮忙会诊，还是带着新的住院医师在 UCSD 偌大的医学院和大学校园迷宫般的道路里穿行，他都游刃有余。现在，他正在台上主持这场具有里程碑意义的病例研讨会，第一次向 UCSD 临床部门的同仁报告汤姆的病例。他口袋里还装着一张今晚飞往华盛顿的机票。他计划明天在那里与美国国立卫生研究院的官员会面，讨论临床研究试验的资金问题，以便有朝一日能够让噬菌体疗法为更多的人带来最大的好处。

从汤姆坐着轮椅离开桑顿医院回家的那一天到现在，已经一年多了。今天早上我们也驱车前来参加这场病例研讨会。从停车场下车，穿过草地，来到利保大礼堂（Liebow Auditorium），汤姆已经完全不需要任何协助。为了纪念这一历史性的时刻，我们将和奇普一起参与这场研讨会，在报告的开始和结尾与听众们分享我们作为患者和患者妻子的经历。

走向讲台的上坡并不陡峭，但我们都不得不屏住呼吸，因为看到了许多熟悉的身影，他们中的许多人都曾参与到拯救汤姆生命的行动中。兰迪·塔普利兹、金·克尔、莎伦·里德、阿图尔·马霍特拉、艾瑞克·斯科尔滕和几位

TICU护士。奇普的太太康妮·本森也来了。我们知道她在整个过程中都支持、陪伴着奇普，哪怕奇普把家里的客厅变成了作战室，在那里日以继夜地制订战略行动计划，对抗不动杆菌。我的朋友和邻居利兹·格里尔（Liz Greer）也在这里，她在附近的退伍军人事务部担任心脏起搏器护理师，也在百忙之中抽出了时间。再往后几排，坐着一位穿着休闲的人，看起来好像刚冲浪回来碰巧路过的样子，那是佛瑞斯特·罗沃尔，他在噬菌体净化方面拥有高超的专业知识，并在千钧一发的时刻义不容辞地伸出援手，才使我们得以将得克萨斯噬菌体制剂及时送到汤姆手中，打响了对抗不动杆菌关键的第一枪。

他们中的每一个人都直接参与了汤姆这个故事的一部分，现在都等着奇普将这些部分串联起来，将这幅图画完整地描绘出来。

我又想到了噬菌体治疗团队中的其他人。他们因为种种原因不能到场参加这场研讨会，但却在精神上与我们同在：比如在这次危机中与我们紧密合作的两个团队，一个来自得克萨斯州大学城，另一个则在马里兰州的军事实验室。卡尔·梅里尔此时此刻估计要么正在和他的儿子格雷格（Greg）聊天，要么正带着他那只忠实的边境牧羊犬洛基（Rocky）散步。还有行政部门的"小径天使"们，幸好有他们的鼎力协助，我们才能将所需的监管文件和伦理审查文件在几乎不可能完成的期限里完成并交付。过去的一年里，我们之间的电子邮件和短信交流数以千计，以从前难以想象的速度将科学从实验室转移到病房。他们中的每一个人，以及其他我们未曾谋面、不知姓名的许多人，都在其中扮演了至关重要的角色。

我们的朋友，也是临床上的战友戴维今天刚好出差，但我们总觉得他就在身边。汤姆这样形容这两位医生的无间合作以及他们对他的重要性："奇普让我的身体活着，而戴维则让我的精神不死。"

有时候，全面、整体地审视一件事情会让人有着新的感触。在汤姆住院期间，尤其是在那些最为紧张、混乱的时刻，我有时会觉得自己突然灵魂出窍了，以一个旁观者的身份目睹现场，也看着其中的自己。没有评判，只是单纯地观察。看着汤姆的引流管滑落时，那个穿着连帽衫、目光憔悴的女人疯狂地追着医生和汤姆的轮床穿过大厅进行紧急手术。我看着她奔跑，看着她哭泣，看着她在丈夫的床边跳舞，看着她进入科学家模式，有时认真得过头了，不耐烦或愤怒地对人发火。我既是悉心照顾丈夫的妻子，又是斗牛犬一般的科学家。这两个自我之间始终存在着割裂感，就像万花筒中的彩色玻璃碎片一样，在转动中形成无数彼此互不相容的形状和空间。而今天，奇普正在台上讲着汤姆的故事，而我的丈夫就坐在我的身边，周围还有许多人的精神与我们同在。这一刻，万花筒突然停止了搅动，碎片奇迹般地连成了一个整体。作为妻子的我和作为科学家的我终于彼此接受、相互融合。一直以来，两个最重要的任务始终在我的脑海中争斗——拯救汤姆，即使无法救活他也要产生有用的数据。现在，这两者之间的张力也终于释放了，因为两个任务都完成了。

这次病例宣讲会的目的是从临床医学的角度全面分析这次事件。通过对症状的剖析和对病例的探讨，将学到的经验传递给其他临床医生和学生。对于这样一份历时 9 个月，病历记录长达 3981 页的案例而言，这绝非易事。

比斯瓦吉特曾于 4 月在位于巴黎的巴斯德研究所（Pasteur Institute）举行的噬菌体研究百年庆典（Centennial Celebration of Bacteriophage Research）上向同样热情的观众介绍了汤姆的案例。在那里，他遇到了诸多国际知名的科学家和临床医生，包括费利克斯·德赫雷尔的曾孙休伯特·马祖尔（Hubert Mazure）博士。而就在两个月前，美国食品药品监督管理局也在贝塞斯达举办了一个对公众开放的噬菌体研讨会，重点介绍了噬菌体治疗的历史和进展。研讨会邀请了诸多参与汤姆病例的相关人员进行报告，包括比斯瓦吉特和其他几位海军科学家，得克萨斯农工大学的莱兰和杰森，以及奇普。他们都从不同方面对汤姆的病例进行了讨论。汤姆的病例报告计划在即将出版的《抗菌剂和化疗》（*Antimicrobial Agents and Chemotherapy*）杂志上发表[1]，《柳叶刀》（*The Lancet*）杂志也对该病例进行了评论，《美国医学会杂志》（*The Journal of the American Medical Association*）则对奇普进行了专访。汤姆·帕特森案例现在已经有了很

1　该论文已于 2017 年 9 月 22 日正式发表。

全面的记录，静脉噬菌体治疗方案也在全球范围内被允许使用来帮助其他人。

从病例研讨会到社交媒体上大大小小的报道，我们的知识和经验积累为噬菌体治疗提供了新的证据和可能性。

第一，作为一种对抗多重耐药性细菌感染的潜在的个性化治疗方法，噬菌体疗法值得被重新审视。我们需要更多的基础研究和临床试验来推动该领域的发展，而如果这些研究结果支持这种疗法，我们则进一步需要新的监管途径来将其规范化、规模化。

第二，医疗机构和资助机构需要克服对使用噬菌体疗法等非常规治疗方法的隐性偏见。我们应当意识到，由于噬菌体疗法最初是在分子生物学曙光到来之前被提出的，其研究不免受到了当时科学水平和政治方面的限制。

第三，汤姆的案例表明，噬菌体与抗生素联合使用能够增强两者的效果。耶鲁大学的另一个案例报告也提到，噬菌体能够重建细菌对抗生素的敏感性，支持了与汤姆案例相同的观点。

最后，国际间倾力合作来拯救一个人生命是最好的全球卫生外交行动。紧急的全球卫生挑战需要各层级人士采取多种创造性的方法来克服物流和后勤方面的障碍。在汤姆出院一个月后，2016年联合国大会的一份报告呼吁社会所有相关部门，包括人类和兽医学、农业、金融、环境、工业和消费者，进行多部门和跨部门的合作，以应对全球超级细菌危机。所有193个国家都签署了该共识声明。如今，抗生素耐药性的威胁越来越大，数百万人的生命受到威胁，在这种情况下，这种全球合作是必不可少的。

如果单单审视汤姆的案例，你可能会误以为这种复杂的多单位合作看起来非常简单，因为大多数人最后看到的是一个病入膏肓的人在医院里住了很长时间，然后康复回家了。有人称这是一个医学奇迹，也许的确如此，但从我们的角度来看，我们看到的是一系列不可思议的巧合和变数，这些巧合和变数原本很可能将事态带向完全不同的方向，跨学科、长距离的团队合作也完全有可能从一开始就四分五裂、分崩离析。但事实上，一切都奇迹般地向着好的方向发展，关键人物和资源都恰到好处地及时出现，并发挥了最大的作用。可以说，整个过程中的每一个环节都是奇迹。

FDA的凯拉·菲奥里也对这一切惊人的巧合感到惊奇。她告诉奇普，想要获得FDA对噬菌体疗法临床应用的批准，以下几点是必需的：一个濒临死亡的多重耐药细菌感染的患者，一个同意进行噬菌体疗法的护理人员，一个愿意处理各种繁文缛节的医生和医疗机构，以及一群各有专长，愿意一往无前搜寻噬菌体，再按照FDA的严格标准鉴定、提纯和制备噬菌体制剂的噬菌体专家。再没有比奇普交给他们的这个案子更好的情况了。我也认为，再不可能有比奇普更好的人选来领导这次噬菌体临床研究了。只有他有那种惊人的勇气，能够与医学界那些在20世纪30年代受到噬菌体负面评价影响的老前辈们对抗。不仅如此，他也具有现代的眼光，能够游刃有余地协调严谨、可靠、高效的噬菌体治疗研究和临床试验。作为一名领导者，他在医学领域孜孜以求，寻找帮助患者的疗法；而作为一名医生，他也能脚踏实地地将先进的科学技术付诸实践。

作为一名流行病学家，我也从全球卫生的角度审视了这场抗菌战役。奇普和许多与我们一起经历这段长期抗争的人，都体现了全球卫生时代里医学科学应有的精神和潜力。每一个人都在自己的岗位上竭尽全力，而每个人、每件事、每一个地方最好的东西聚集在一起，才带来了这场成功。这一切让我印象深刻，感慨不已。奇普后来告诉我，在汤姆的噬菌体治疗暂停的紧要关头，他给这方面的著名专家查尔斯·迪纳雷洛（Charles Dinarello）打了电话，他是科罗拉多大学的医学教授，同时也是奇普一直以来的同事和朋友。那是一个周日的早上，第一通电话打过去，查尔斯没有接，于是奇普给他发了电子邮件。查尔斯在几分钟之内就回复了他的邮件，他当时正在达美航空的航班上，飞机正飞行在格陵兰岛上空的某处。在长时间的讨论过程中，查尔斯答应帮忙测量汤姆血液中的内毒素浓度。通过内毒素测量，查尔斯最终得出结论，认为内毒素不是汤姆败血症休克发作的原因。正是他的专业结论得以让奇普腾出精力来，考虑了其他的可能性，最终找到了原因。

无数类似的事件中，这支由医生和科学家组成的无国界接力队，让汤姆一次次死里逃生。我也许永远不可能认识他们所有人，但在这场病例研讨会上，我感觉到他们与我们同在这片地球村。

艾萨克·牛顿在谈到自己的成就时曾说过一句名言：如果说他比别人看得更远一点，那是因为他"站在巨人的肩膀上"。我们敏锐地意识到，噬菌体疗法在汤姆身上的成功，靠的正是巨人的肩膀。汤姆并不是第一个在噬菌体疗法下进行治疗并被治愈的人。从100年前的费利克斯·德赫雷尔开始，全世界无数科学家都将一生奉献给了噬菌体的研究及其临床应用，从格鲁吉亚、俄罗斯、波兰，到最近的比利时。在美国，美国长青州立大学（The Evergreen State College）的贝蒂·卡特（Betty Kutter）等噬菌体研究人员曾用噬菌体疗法局部治疗糖尿病足取得成功。费利克斯和他同时代的人没有等到他们的工作被充分认识就去世了，但从当年到如今，所有在噬菌体战线上的人都在积累着不可或缺的知识和专业技术，挽救了汤姆的生命。我们用噬菌体混合制剂对汤姆进行静脉注射治疗的"大胆猜测"最终被证实是正确的，但这只是因为我们从许多人的成功和失败中吸取了经验教训，所谓的"猜测"其实是对这一切信息进行整体评估之后下的决定。

我们也承认，这也是一个关于特权的故事。很多多重耐药性细菌感染的人并没有像我们这样的关系和资源，最终不治身亡。如果我们能够在临床试验中证明噬菌体疗法是有效的，我们的目标是推动它在中低收入国家普及，因为那正是超级细菌危机最紧要的地方。

尽管汤姆很幸运地在与世界上最致命超级细菌之一的斗争中幸存下来，但从他的案例中，我们也能够看到，我们正在全球范围内失去战斗优势的速度有多快，美国医疗和保健系统对危机的准备有多么不足。2015年11月，几乎是汤姆生病的同一时间，中国发现了具有黏菌素耐药性的质粒。在它被发现后，中国停止了在畜牧业中使用黏菌素。但在人们意识到它之前，这一黏菌素耐药性基因已经悄无声息地扩散到30个国家和5个细菌种类。汤姆的情况正是一个极好的例证。当我们在法兰克福等待汤姆的鲍曼不动杆菌分离物的抗生素耐药性报告时，奇普说，如果它对黏菌素抗药，他会感到非常惊讶。但2周之后，当我们到达圣地亚哥时，汤姆的不动杆菌已经对黏菌素完全耐药了。这些超级细菌产生抗药性的速度真的让我们措手不及。

黏菌素耐药性的蔓延反映了我们在抗生素使用上的多方面失败。我们在十多年前就知道，在牲畜中广泛使用这种对人类具有重要医学意义的抗生素，会导致抗生素的抗药性。但由于缺乏检测耐药菌出现的监测系统，这一日益严重的威胁在很长一段时期内悄然滋生。另一方面，由于缺乏快速测试方法来诊断细菌感染并确定对症的抗生素，我们对于感染的反应迟缓，这也使超级细菌抢占了更大的先机。2016年的一份报告发现，在印度、越南、俄罗斯、墨西哥、哥伦比亚和玻利维亚等国家，黏菌素仍然在被用于农业。

在美国，直到2017年，FDA才禁止使用医学上重要的抗生素来促进牲畜生长。尽管现在美国预防性抗生素的使用都在专业兽医的控制之下，但仍有很多抗生素被简单标识为"生长促进剂"而躲避了监管，它们如今成了多重耐药菌传播的主要隐患之一。另外，就算美国禁止使用这些抗生素，我们也无法阻止一些动物制药行业的人在监管和执法比较宽松的国家继续将它们作为"生长促进剂"销售。这不仅使当地的消费者面临更大的风险，也加剧了全球性抗生素耐药性的增长和扩散。

专家们开始承认，我们以为已经战胜了的传染病正在卷土重来，一些曾经用抗生素就能轻松治愈的感染现在几乎成了不治之症。更重要的是，许多现行的常规医疗处理，如结肠镜检查和关节置换术等常见手术，也都存在很大风险，可能被藏匿在医院环境和设备中的抗生素耐药菌所感染。

目前看来，并没有什么新的抗生素有望像当年的青霉素那样拯救全世界。然而，每当灾难来袭，背水一战时，我们总能在科学和医学上取得重要的创新突破。比如，由于战争的紧迫需求，第二次世界大战中出现了许多医学上的进步，青霉素正是这些重大进步中的一个。要不是当时的人们迫于压力，要尽快找到治疗战场创伤的方法，青霉素不见得会那么快进入临床试验并开始量产。当需求压力逐渐增大，而常规方法又无法奏效时，人们就会将目光投向其他的解决之道。这时，往往旧的想法会被再次审视，新的发现和治疗方法也会被开发出来。

我不也是因为走投无路，才展开拯救汤姆行动的吗？现实的紧迫感与未来的可能性也同样推动了其他人的行动。大家一起在已有知识的基础上通过某种方法向前推进，最终造就了汤姆的奇迹。但是，大胆的猜测总会伴随风险，风险-收益比不仅是医生每天都要考虑的问题，也是FDA、医院和大学的伦理委员会需要权衡的，更是做出最终决定的亲人需要面对的。

我与汤姆，以及奇普、戴维和康妮，都曾在艾滋病领域亲身经历过这样的风险-收益权衡。在那个没有任何有效治疗艾滋病药物的年代，研究人员和临床医生致力于推动临床试验，可是艾滋病维权者们则不断要求将尚在试验阶段的药物向普通的艾滋病患者开放。起初，两派人士发生了激烈的冲突。当时，我仍是一名博士生，被夹在中间，同时目睹和感受着两边的情况。1991年在旧金山举行的国际艾滋病大会上，当其他研究员同事们都在会场内听取报告的时候，我甚至和抗议者们一起参加了在会场外的"以死示威"抗议活动。当时，在荷枪实弹的警察的包围下，我们都躺在人行道上，让其他抗议者用喷漆勾勒我们的身体。那时候，我的许多身患艾滋病的朋友们，包括我的博士生导师兰迪，都在艾滋病的折磨下奄奄一息，他们都在等待能够拯救他们的药物，哪怕只能给他们多一点时间也好。可是研究人员却依旧说时机未到，这些药物的安全性仍有待考察，贸然让患者使用这些药物太冒险了。最后，双方都有所让步：临床试验继续进行，但同时建立了怜悯性使用的途径，FDA、伦理委员会、医生和患者可以根据每个患者的特殊情况权衡潜在的利益与风险，决定是否给予怜悯性用药。

这就是我们为汤姆进行噬菌体治疗时希望看到的——提供一些对其他科学家和医生有用的数据。我们知道，噬菌体制剂本身，以及对噬菌体进行静脉注射的给药方式都存在极大风险，这次治疗流程与一般的药物安全使用标准相悖。但我们依旧决定放手一搏，是因为我们希望，哪怕汤姆最终无法活下来，这一病例也能够加深人们对噬菌体疗法的科学理解，并推动所需的临床研究。

让我们又惊又喜的是，这一推动作用发生得如此之快。2017年4月，比斯瓦吉特在巴黎对汤姆的病例进行了汇报，这之后，汤姆的故事首度出现在新闻媒体上，然后很快在社交媒体上传播开来。

几天之内，我接到了第一个求助电话，是一位妇女打来的，她的家人在中国感染了一种多重耐药的不动杆菌。很快，又有慢性尿路感染患者、因囊性纤维化而导致肺部感染的患者，以及手术后出现并发症（如败血症）的患者打来电话。这些人都在被超级细菌折磨，而且都迫切希望得到噬菌体治疗。我向奇普、塞隆和莱兰寻求帮助。有些患者还没等我们获得他们的细菌样本以寻找匹配的噬菌体就去世了，另一些人则去了第比利斯的埃利亚瓦噬菌体治疗中心。但对于大多数病例，我们都竭尽全力地帮助他们。

那一年的晚些时候，让·保罗·皮尔内和玛雅·梅拉比什维利等比利时研究人员发表文章报告，他们使用静脉注射噬菌体疗法成功地治愈了一名危重的多重耐药感染患者。6月初，UCSD 的医生们以汤姆病例为范本，将噬菌体疗法成功用于治疗另一位双肺移植后出现肺部感染的患者。有一天，我和汤姆去 TICU 拜访那里的护士和医生时，与约翰·威尔森（John Willson）和他的家人不期而遇。我们再一次穿上无比熟悉的黄色长袍，戴上蓝色手套，与约翰的几位家人一起站在约翰床边。约翰的女儿乔琳（Jolynn）拥抱了我们，并握住了我们的手。

"谢谢你们的勇气，"她说，"因为你们，我爸爸还活着。"

然而，"巨人的肩膀"也往往是最脆弱的。在汤姆康复期间，奇普同塞隆和比斯瓦吉特在海军的噬菌体实验室合作，使用修改过的治疗方案为一名两岁的男孩治疗。男孩的父母在听说了汤姆的情况后，决定尝试噬菌体疗法。噬菌体疗法效果很好，男孩的感染被清除了。但遗憾的是，他依然死于潜在心脏问题。尽管如此，他的案例为噬菌体疗法的有效性增加了新的证据，证明它值得进一步研究。

就在病例研讨会结束后的几周，我接到了一个年轻女子父亲的电话，他的女儿比卡梅伦大不了多少。马克·史密斯（Mark Smith）问我是否能帮助他的女儿玛洛里（Mallory）获得噬菌体疗法。玛洛里是一位囊性纤维化患者，她感染了一种不常见但很难对付的慢性超级细菌，洋葱伯克霍尔德菌（Burkholderia cepacia），并因此进行了双肺移植手术。可惜的是，移植手术后，感染复发了，现在正在攻击她的新肺。囊性纤维化患者由于基因突变，肺部充满黏液，滋生细菌，通常需要接受大剂量抗生素治疗来对抗感染。而随着时间的推移，抗生素的使用反过来助长了细菌抗药性。

玛洛里的妈妈戴安（Diane）给我发了一张她与马克、玛洛里在匹兹堡医院病床上的合影。玛洛里最近在医院里度过了她的25岁生日。我将我的电脑屏保换成了这张照片来激励自己。奇普、塞隆、比斯瓦吉特、莱兰以及莱兰在得克萨斯农工大学的另一位同事都参与到救助玛洛里的行动中，但其中几个对我们能否找到针对伯克霍尔德菌的噬菌体持怀疑态度。因为伯克霍尔德菌噬菌体与不动杆菌噬菌体不太一样，它们往往是潜伏型，而不是溶菌型的，这意味着即使它们与玛洛里的超级细菌相匹配，也会被整合到细菌的DNA中，与细菌结为一体，而不会立刻杀死它。由于没有时间对噬菌体进行测序，莱兰特别担心这些噬菌体可能携带有害的毒素或抗生素抗性基因。但即便如此，如果能找到匹配的噬菌体，史密斯夫妇还是愿意尝试。他们联系到了来自加拿大艾伯塔省的强·丹尼斯（Jon Dennis）博士，他是唯一一位他们能找到的曾发表过关于伯克霍尔德菌噬菌体研究成果的科学家。他也欣然加入了我们的队伍。但我们需要多种噬菌体，配制成混合制剂，这代表我们的网要撒得更大一些。这感觉似曾相识，是不是？我们还能再成功一次吗？

PubMed论文数据库没有发现任何其他研究伯克霍尔德菌噬菌体的研究人员。在绞尽脑汁之后，我转向了推特。也许我们可以为玛洛里"众筹"噬菌体。我的推特被转发了432次，好几位噬菌体研究者看到我的推特，挺身而出，愿意出手相助。玛洛里的父母将女儿的细菌分离物分别送到了他们的实验室，这其中就包括得克萨斯农工大学和适应性噬菌体治疗公司（Adaptive Phage Thearpeutics, APT）。APT是一家位于马里兰州的初创公司，专注于噬菌体疗法，是卡尔·梅里尔和他的儿子格雷格在目睹了汤姆案例的成功后成立的。经过几天几夜的不懈努力，丹尼斯博士和APT都在比斯瓦吉特和海军实验室的帮助下找到了匹配的噬菌体。我们欣喜若狂，成功似乎指日可待。但就在噬菌体被纯化和扩增之前，马克打来电话，告诉我们一个坏消息。玛洛里的病情严重恶化，医生说，顶多能够再维持几天。马克和戴安决定，就算现在的噬菌体没有完全纯化或扩增，也要铤而走险试一试。于是，几小瓶噬菌体制剂被紧急送往匹兹堡。然而她的医生认为为时已晚，玛洛里只接受了几次微剂量的治疗，就被撤掉了生命维持系统。听到这个消息，我们所有人都崩溃了。

后来，马克在玛洛里葬礼后的招待会上告诉我："当我第一次听说噬菌体疗法时，我就有个想法，是否可以在她进行肺部移植之前就对她进行治疗，这样我们就可以先清除她的感染，让她的新肺能够在一个干净的环境中开始工作。我咨询过玛洛里的医生，但他们从来没有听说过这种治疗方法。他们认为风险太大，所以不接受。但我现在一直在想，如果真的这样做了，也许真的有用。"

后来，我们终于有了一个将马克的想法付诸行动的机会。2018年年初，奇普和UCSD的塞玛·阿斯拉姆（Saima Aslam）博士合作，用噬菌体疗法治疗了另一位囊性纤维化患者，这位女性与玛洛里年纪相仿。但这一次，她在接受肺移植之前先接受了噬菌体治疗。我们希望，如果她的感染能够被清除，她的新肺就能避免再次感染。她的噬菌体治疗效果很好，现在她已回到家中，等待肺移植手术。

无论是玛洛里的死亡，还是汤姆的存活，都教会了我们许多。正如莱兰常说的那样："第二代噬菌体疗法方兴未艾。"

2018年夏天的一个早晨，新闻中传来消息，美国联邦政府计划停止对获得性院内感染进行公告，并同意在农业企业中继续使用预防性抗生素。汤姆和我心灰意冷地坐在那里，沮丧极了。

"这场超级细菌危机已经如此严重，为什么人们还是充耳不闻呢？"我问汤姆。

汤姆若有所思地看着我，过了好一会儿才开口："这样看吧，你是个传染病流行病学家，对吧？但在不动杆菌差点把我干掉之前，连你也没有到处去为超级细菌危机敲响警钟。"

他说得在理。何况在埃及的时候，我还在没有医生批准的情况下给汤姆服用了西普乐，我自己也是滥用抗生素的一份子。在法兰克福，甚至是回到这里之后的很长一段时间里，我都毫无头绪，无法真正理解汤姆和他的医疗团队所面对的挑战究竟是什么。

我总是告诉我的学生，在学术界的象牙塔中待得太久会使科学家们自我封闭，与现实脱节。如果像我这样本应知道得更多的人，在面对超级细菌对人类文明构成的紧迫威胁时仍会视而不见，我们怎么能指望自己的微小行动能够带来全球性的变革？人类作为一个物种，是否忽视了某些征兆和迹象？还是陷入了集体性否定的怪圈？又或者，我们认为人类这一物种是至高无上的，可以战胜任何微生物？

后抗生素时代(post-antibiotic era)——前疾控中心主任汤姆·弗里登(Tom Frieden)和其他一些世界顶级卫生官员这样描述我们现在面临的抗生素耐药性(Antimicrobial resistance, AMR)的全球威胁。到2050年，每三秒钟就可能有一人死于超级细菌感染，这样看来，AMR对人类的威胁比气候变化更直接。

2018年，在世界主要卫生机构的共同努力下，人们阻止了有可能失控的埃博拉病毒暴发，在全球范围内，现在也有超过一半的艾滋病病毒感染者正在接受艾滋病病毒抗逆转录病毒治疗。但在遏制AMR全球蔓延方面，尽管警告连连，呼吁不断，却始终进展甚微。新的抗生素抗药性细菌菌株不断出现并蔓延，当中不乏与结核病、淋病和伤寒等疾病有关的"极度"抗药性细菌。

医疗保健系统和制药业对此也有责任。美国疾控中心最近的一份报告发现，在美国门诊开出的抗生素处方中，几乎有一半都是不适当的。2018年，首次在制药界针对AMR进行的详细分析中发现，处于临床开发后期的28种候选抗生素中，只有两种有计划确保产品将会被合理使用。目前在市场上出售抗生素的公司中，只有不到一半参与了AMR监控，18家主要的抗生素制造商中，只有8家对抗生素废水排放进行了限制。另一方面，因抗生素耐药性造成的死亡人数在过去的分析中被严重低估。最新的估计表明，2010年，仅在美国就有超过15万人因耐药性细菌感染而死，这个数据比之前的报告增加了7倍。在欧洲、北美和澳大利亚发生的感染中，约有五分之一被认为是由抗生素耐药菌引起的。

从某种意义上说，汤姆的故事仅仅是一个偶然事件。但事实上，发生在汤姆身上的事情可能发生在任何获得多重耐药细菌感染的人身上，而且这种概率正在上升。我们承担不起被细菌耍弄的风险和后果。细菌的进化速度远远超过我们开发新抗生素的能力。因此，即使找到了新的抗生素，证明了噬菌体疗法的有效性，并将其规模化，我们依旧不能天真地以为我们已经摆脱了超级细菌危机。我们需要主动出击，而不是被动应付。

为了拯救汤姆，我们汲取了从过去到现在的专业知识，集合了世界各地的力量。噬菌体科学家们的倾力相助，家人和朋友的加油打气，让我第一次感受到我并不是在单打独斗。当所有人共同朝着同一个方向时，能量与爱就围绕着我们。也正是因为如此，我觉得这是一件"更值得做的事情"。它不应仅仅停留在个人层面，而是应该扩大到全球范围内。

我一直想象着余烬中火苗燃烧的样子。在过去的一百年里，人们曾多次试图将噬菌体疗法的火苗点燃，但都失败了。但这一次，一个小小的火星燃了起来。我们不知道噬菌体疗法是否能够在临床试验中显示出疗效，但它值得进行严格的评估。哪怕它只能使一些失效的抗生素重新发挥作用，也将是一个改变世界的发现。接下来，我们的工作是将噬菌体疗法的临床试验开展起来，同时继续帮助其他患者进行同情性使用。我们可能还没有确凿的证据，但我们有着"证据确凿"的希望，并清楚地知道路在何方。

后记

2018 年 11 月

生命永存希望，因为希望蕴藏在科学发现中。

——弗朗索瓦丝·巴尔·西诺西（ Françoise Barré -Sinoussi ）[1]

    我和汤姆在 2017 年 4 月重返工作岗位，这时距离他脱离生命支持系统正好一年，然而一切都与生病前不太一样了。汤姆的康复是多层面的，包括身体和心理的康复。一开始，他的短期记忆还存在问题，有时候会忽然记不起某个词，但后来慢慢好了。他的脚仍然持续麻木，这可能是他服用了强效抗生素或是糖尿病恶化导致的。这次感染让他失去了三分之一的胰腺。经过多次败血症休克，他的心脏也出现了严重损伤，所以他服用了一大堆治疗轻度充血性心力衰竭的处方药。他的体重也很难长上去。所有这些事情我们都可以应对，但出院 4 个月后，很明显，汤姆的创伤后应激障碍并未自行消失。

    我自己也在挣扎。虽然不会回到曾经的幻觉里，但是我的情绪总还是受到曾经噩梦般经历的牵引，就仿佛患上了某种幻肢综合征（phantom limb syndrome）[2]——疾病已经过去了，但我对疾病的反应仍在。只要一有风吹草动，

---

1 弗朗索瓦丝·巴尔·西诺西（Françoise Barré-Sinoussi）：法国病毒学家，因反转录病毒研究获 2008 年诺贝尔生理学或医学奖。

2 幻肢综合征（phantom limb syndrome）：失去肢体的患者感觉被切断的肢体仍在并出现疼痛的现象。

我就会反应过度。汤姆跌了一跤，膝盖擦破了皮，或者早餐时候吐了，都会让我惊慌失措。甚至有一次，仅仅是等出租车等得太久，我整个人就恐慌起来，肾上腺素不断分泌。这种生理性的应激反应被生物学家叫作战斗或逃跑（fight or flight）反应。这是一种求生本能，每当我们感觉自己受到威胁时就会被触发。创伤后应激障碍会触发类似的神经网络，以应对过去的创伤或可怕的事件。我这种由于长期住院或待在重症监护病房所引起的应激障碍被称为重症监护室综合征（post-intensive care syndrome），简称PICS。

重症监护室综合征指的是，当患者的身体从严重损伤中恢复过来后，出现短期或长期的认知能力、心理或生理方面的问题。其最大的特点是在身体恢复后，这些症状反而会越来越严重。一份来自官方的统计资料表明，高达四分之三的ICU患者可能出现认知障碍，高达60%的患者有创伤后应激障碍。仅在美国，每年就有500万人在ICU接受护理，其中有超过75万人像汤姆一样需要机械通气，这一高危人群数量可观，症状明确，一直以来却始终未得到关注。在汤姆病愈一年之后，美国国立卫生研究院认定PICS是"由于相关的神经心理学和功能残疾"而造成的公共卫生负担。但由于之前很少有人关注它，该机构得出结论，"其确切流行率仍然未知"。

我们之前不知道的是，重症监护室患者的家属也会出现PICS。这解释了我自己频繁出现的过激反应。一旦认识到所有这一切都是可以明确定义、诊断、评估的医学问题后，我们反而轻松许多。因为无论多么困难的疾病都是可以治疗的，总会有人可以帮助我们。

这些健康问题乍看上去与超级细菌的故事无关，但其实不然。多重耐药性感染会增加患者的住院概率，延长其住院时间，患者及其家人也必须面对可能出现的严重并发症。这些就是后抗生素世界的真实写照，也是我们都需要清醒面对的现实。

在汤姆的病例成功后，几乎每天都有绝望的患者联系我和奇普。在汤姆之后，他和UCSD的其他感染科医生已经成功地用静脉噬菌体疗法治疗了另外10名患者，并为美国和国际上越来越多的其他噬菌体疗法病例提供咨询。在大家的共同努力下，无论是科研人员、生物科技公司、感染科医生，还是已经无抗生素可用的超级细菌感染患者，都开始更加开诚布公地对噬菌体疗法进行讨论。2018年7月，UCSD校长普拉迪普·科斯拉（Pradeep Khosla）为我和奇普提供了120万美元的种子资金，计划历时3年，打造北美第一个噬菌体治疗中心——创新噬菌体应用与治疗中心（Center for Innovative Phage Applications and Therapeutics，IPATH）。计划启动仪式当天，《科学》杂志发表了一篇评论，引用一位德高望重的微生物学家和医生的话，称IPATH是"该领域改变游戏规则的人"。而让我最为高兴的是，我收到了费利克斯·德赫雷尔的曾孙休伯特·马祖尔博士的祝贺邮件。

2019年，英国的囊性纤维化和肺移植患者伊莎贝尔·卡内尔·霍尔达威（Isabelle Carnell Holdaway）成为全球第一位接受转基因噬菌体治疗并成功的患者。攻击她肺部的细菌与导致结核病的细菌具有很高的同源性，这样看来，也许有朝一日噬菌体疗法有望用在结核病的治疗中。新的噬菌体疗法临床试验也有望在囊性纤维化和植入式医疗设备相关的超级细菌感染患者中进行。收集这些数据可能要花上好几年的时间，但如果这些试验能够证明噬菌体疗法与抗生素疗效相当，FDA将有更多的证据支持噬菌体疗法的广泛使用。还有一些研究人员正在尝试利用噬菌体疗法来"整顿"肠道微生物组，淘汰有害细菌，促进健康细菌的生长。

能够在将噬菌体疗法推向21世纪的进程中尽一份力是令人激动的，而当你的职业和个人生活发生碰撞时，你的整个人生都有可能发生翻天覆地的变化，就像我和汤姆经历过的那样。在我们危难之时，完全陌生的人帮助了我们，现在，到了我们尽全力回馈他们的时候，这也是我们决定写这本书的原因。

作为夫妻，我们不再认为任何一天是理所当然的。我们开始珍视生命，不再为小事而烦恼。就在前几天，汤姆康复后第一次到海里游泳。一个浪头打下来，他消失不见了，我慌忙向离岸较近水域里的卡莉喊道："你爸爸在哪里？"她指着旁边晃动着的一个一头银发的脑袋笑了起来："傻瓜！在这里呢，他刚借着海浪冲进来的！"

去年，我和汤姆又开始了国际旅行，还在感恩节假期去了非洲。汤姆又列了一个新的遗愿清单，卢克索的国王谷依旧在上面。

我一直在思考罗伯特在汤姆生病时对我说的话。他说，我已经经历了一切，获得了所有的技能，足以应对未来的任何挑战。也许真的是这样吧，我所需要的都在那里了，只要努力寻找，相信自己，就能够面对每一天遇到的挑战。我相信对于很多人来说，也是如此。

汤姆也对自己的濒死经历进行了深刻的反思。如果你问他对智者在沙漠幻觉中问他的3个问题有什么看法，他一定会滔滔不绝说得天花乱坠，而且最后一定会说："其中一位智者说，你生命中最重要的两天就是你出生的那一天和你发现生命意义的那一天。"与生病前相比，他还是轻了50千克，但他始终没有失去他的幽默感。2018年7月，他在同事们的热烈掌声中晋升为精神病学系的杰出教授（Distinguished Professor）。当晚，当我们举杯为他的成就干杯时，汤姆举起酒杯说："敬'几乎绝迹（Nearly Extinguished）'教授！"[1]经常有人问我们，身为艾滋病病毒科学家，我们的职业是否为这一年的超级细菌之灾做好准备。我们在这本书的其他地方提到过，在工作中接触到的人、遇到的事、了解的HIV病毒和艾滋病相关的科学知识都在许多方面深深地影响了我们的生活。也许其中最为相关、影响最深远的，是纪录片制片人珍妮特·托比亚斯（Janet Tobias）最近对我们说的话。她说，艾滋病病毒研究人员和维权人士都相信，不可能的事情是可能的。正因为如此，他们才愿意毕其一生，阻止这一流行病在全球范围内的蔓延。

确实如此。汤姆、我、奇普、康妮、戴维，我们所有人都在艾滋病流行病学的试验场历练过。在这场对抗生素多重耐药不动杆菌的作战中，对于奇普和我来说，意味着永不放弃对大胆猜测的坚持和期望，对汤姆来说，则意味着要像与艾滋病长期抗争的斗士们一样，永远保持顽强的生命力。汤姆告诉过我，选择死亡很容易，而在承受巨大的痛苦时选择活下去则要困难得多。

---

1 "杰出Distinguished"与"绝迹Extinguished"英文单词的词根相同。

不是每个人都能选择。我们当然知道，仅靠勇气和毅力是无法将人从可怕的疾病中拯救出来的，否则就不会有那么多人死亡了。勇气和毅力是不够的，作为艾滋病病毒研究者和超级细菌的幸存者，我们清楚地意识到，只有当科学的进步、高超的医术和强大的求生意志结合在一起时，不可能才能变成可能。

致读者

本书中的信息不能代替专业的医疗服务。更多资源请查看https://IPATH. UCSD.EDU 和 ThePerfectPredator.com。

致谢

我们成功地挽救了汤姆的生命，但要向所有在这个过程中帮助过我们的人，以及那些支持我们写这本书的人一一道谢并不是一件容易的事。全球各地的人们都曾向我们伸出援手，为汤姆的治疗尽一份力。有人为我们寄来慰问卡片，传递信息，点燃蜡烛祈福，送来饭菜和护理用品，有人为猎取噬菌体、运送样本不懈努力，也有人坐在床边照看汤姆，为他献血，也对我们一家关爱有加。很多时候，我们甚至连他们的名字都不知道。

我们要感谢卢克索诊所的工作人员，我们的导游哈立德，我们的旅行保险公司联合健康旅游保险公司（United Health Care Services Inc.）的全天候医疗专员，以及法兰克福歌德大学医学院的医疗救援队和重症监护室团队，多亏他们稳住了汤姆的病情，使他能够安全地被运回圣地亚哥。

拉荷亚的桑顿医院［现在的雅各布医疗中心（Jacobs Medical Center）］重症监护室的医疗和护理团队是我们心目中的英雄，尤其是奇普·斯库里和戴维·史密斯。我们由衷感谢加州大学圣地亚哥分校健康科学学院的教职员工、学生、研究员和领导层，特别是医学系的教职员工、研究员和学生，以及肺部和重症监护部、传染病和全球健康部、抗病毒研究中心的教职员工、研究员和学生。很遗憾，限于篇幅，在本书中我们只提到了他们中的一部分。

非常感谢莱兰·杨、杰森·吉尔、阿德瑞娜·埃尔南德斯·莫拉莱斯、雅各布·兰开斯特和得克萨斯农工大学CPT团队的其他人，以及美国海军

BDRD，特别是塞隆·汉密尔顿中校、比斯瓦吉特·比斯瓦斯、马特桑上尉和斯达克曼（Stockelman）中尉、路易斯·艾斯特拉（Luis Estrella）少校、马修·杜安（Matthew Doan）和贾维尔·坤诺斯（Javier Quinones），他们为制备汤姆的噬菌体混合制剂做了不懈的努力。另一位英雄是来自FDA的凯拉·菲奥里博士，她不辞辛劳地帮我们与噬菌体研究人员联系，并帮助我们快速获得必要的批准。我们也要感谢安普利菲生物科技公司捐赠噬菌体。来自印度、瑞士和比利时的其他研究人员也提供了噬菌体。感谢佛瑞斯特·罗沃尔、安卡·斯加尔和他们在圣地亚哥州立大学的实验室，特别是访问博士后杰洛米·巴尔和博士生尚恩·班勒，他们在接到信息后就立刻着手对噬菌体混合制剂进行重新提纯，为我们赢得了宝贵的时间。感谢卡尔·梅里尔和玛雅·梅拉比什维利对噬菌体的剂量、管理和安全性提供了重要建议，查尔斯·迪纳雷洛则对内毒素水平提供了指导意见。

在整个过程中，我们的家人也扮演了关键角色，始终支持着我们。我的父亲阿尔·基思（Al Keith）在本书完成之前不幸去世了。在读完初稿后，他对我们说的那句"太棒了（Bravo）！"成了他最后的几句话之一。我们的女儿卡莉和弗朗西斯，他们的妈妈苏茜，我的儿子卡梅伦，还有丹尼，都是我们的生命线。我的妈妈希瑟（Heather），妹妹吉尔和她的女儿雷莉和摩根，姐姐珍妮弗（Jennifer）和她的丈夫皮特（Pete），以及他们的孩子艾拉（Ella）和纳森（Nathan）也一直陪伴在我们身边。

衷心感谢马丁·菲斯特（Martin Feisst）和罗伯特·林德西·米尔恩的精神支持和直觉建议。无数的朋友、学生、博士后、教职员工纷纷赶来探望汤姆或者打电话关心他的病情，还常常带晚餐给我们，让我们能够专注于汤姆的治疗。我们无法一一列举他们的名字，但他们的情谊对我们来说无比珍贵。感谢脸书和推特上的朋友们给我们的鼓励，是他们促使我们努力完成本书的写作，即使有时回忆这些往事是痛苦的。

特别感谢我们的朋友乔恩·科恩（Jon Cohen）和他的妻子香农·布拉德利（Shannon Bradley）。他们多次前来探望汤姆，关心我们全家，还为本书的出版提供了有益的建议，在他们的帮助下，我们找到了优秀的经纪人和出版商。

在写这本书的过程中，我们尽可能地还原真实的故事。我参考了我在脸书上长达52页的记录、汤姆3000多页的医疗记录、大量的电子邮件，并回忆了当时与相关人员的对话。我们在少数情况下使用了化名以保护他们的隐私，但在大多数情况下，我们保留了真实的名字。

感谢许多人一次又一次帮忙检查本书的草稿以确保其准确性。奇普·斯库里和戴维·史密斯检查并确认了对医疗细节的描述，我们的邻居利兹·格里尔对草稿进行了几次修改。在汤姆回家后不久，利兹的丈夫道格（Doug）就因胰腺癌不幸去世。在这样的情况下，她依旧尽心尽力。卡莉和弗朗西斯·帕特森、卡梅伦·斯特拉次迪、特丽丝·凯斯（Trish Case）、乔·德索姆（Joe DeSommer）、朱迪·奥尔巴赫（Judy Auerbach）、戴安娜·麦卡格（Diana McCague）、史蒂夫·维纳（Steve Weiner）、克莉丝汀·劳（Kristen Rau）和玛格丽特·布劳宁（Margaret Browning）在本书的可读性方面提供了重要建议。休伯特·马祖尔、比尔·萨摩斯（Bill Summers）、贝蒂·卡特（Betty Kutter）、高登·威特（Gordon Wheat）、鲍勃·布拉斯德尔（Bob Blasdel）、莱兰·杨、比斯瓦吉特·比斯瓦斯、塞隆·汉密尔顿、杰森·吉尔，以及卡尔·梅里尔提供了有关噬菌体的历史和科学细节的资料和信息。布莱恩·凯利（Brian Kelly）提供了引文，并获得了必要的许可。罗伯特·波普（Robert Pope）[1]博士提供了汤姆的不动杆菌被海军噬菌体攻击的扫描电子显微照片。（我们将这张照片放大了，用来扔飞镖。）

这本书能够得以出版，也要感谢我们在罗斯-尹（Ross-Yoon）公司的代理人盖尔·罗斯（Gail Ross）和达拉·凯（Dara Kaye）。感谢他们相信我们，从最初的提案到终稿，一直帮助我们。我们同样感谢我们的执行编辑米歇尔·豪利（Michelle Howry）、阿曼达·莫瑞（Amanda Murray）和克里珊·特罗特曼（Krishan Trotman），文字编辑劳瑞·帕克西马蒂斯（Lori Paximadis），艺术总

1　原文误作Charles Pope（查尔斯·波普）。

监阿曼达·凯恩（Amanda Kain），公关乔安娜·平斯克（Joanna Pinsker），以及出版商阿谢特图书出版集团（Hachette Book Group）的莫罗·迪普雷塔（Mauro DiPreta），感谢他们慧眼如炬地选择我们，并抱以坚定不移的热情，以及贯穿始终的支持。我们也要感谢爱莎·布林克（Ilsa Brink）为我们提供了优秀的图书网站：ThePerfectPredator.com。

斯蒂芬妮要特别感谢几位在她早期职业生涯中起到关键作用的导师。迈克·苏克德沃（Michael Sukhdeo），兰德尔·科茨（Randall Coates），斯坦利·瑞德（Stanley Read），以及迈克尔·V.欧沙那希（Michael V. O'Shaughnessy）。斯蒂芬妮在UCSD担任哈罗德·西蒙荣誉讲席教授，她也要感谢这一名誉头衔的匿名捐赠者对她研究的支持。

我们的共同作者特蕾莎·巴尔克（Teresa Barker），不仅仅是写作上的合作伙伴，更陪伴我们一起重温了过去的经历，分享了泪水和欢笑，并最终帮助我们将这本书打磨成现在这样，让我们能够将我们的故事与广大读者分享。特蕾莎现在也是我们大家庭中的一员了。她的丈夫史蒂夫·维纳给予了她巨大的支持，另外我们也要感谢多利·乔恩（Dolly Joern）、克莉丝汀·劳、瑞秋·劳（Rachel Rau）、贝卡·巴尔克（Becca Barker）、阿朗·维纳（Aaron Weiner）、劳伦·维纳(Lauren Weiner)、玛格丽特·布劳宁、苏·莎伦伯格(Sue Shellenbarger)、莱斯利·罗万（Leslie Rowan）、伊丽莎白·雷柏维兹（Elizabeth Leibowitz）、温蒂·米勒（Wendy Miller）以及其他以不同方式支持这个项目的人。特蕾莎的孙女雷雅（Leyna）和孙子阿顿（Aden）时刻提醒着我们必须着眼于下一代。他们的世界处于危险之中，他们的生命依赖于我们在科学、医学和卫生政策方面的努力。我们每个人都应该竭尽全力保护他们免受来势汹汹的超级细菌的攻击。

我们还要感谢玛洛里的父母戴安·夏德-史密斯（Diane Shader-Smith）和马克·史密斯（Mark Smith）的特殊贡献。他们在我们写书的时候给了我们无尽的鼓励。尽管噬菌体没来得及拯救他们的女儿玛洛里，但他们依旧为加州大学圣地亚哥分校的新噬菌体治疗中心IPATH提供了奠基捐款。他们还邀请我为玛洛里的回忆录《灵魂中的盐：未完成的人生》(*Salt in My Soul: An Unfinished Life*) 写序，我倍感荣幸。

我们很幸运，生活在一个科学技术已经发展到一定程度的时代。时代潮流使噬菌体治疗不再仅仅是一种理论上的可能性，而是成为现实。如果没有几十个人冒着不可估量的风险，忘我地投入时间和资源，这个故事将仅仅是每年150万因超级细菌死亡的案例中的普通一个。我们希望借这本书，提高人们对日益严重的超级细菌的危机意识，并推动更多的噬菌体疗法研究。知道我们的经历已经开始对其他人有所帮助，让我们感觉所有的痛苦和折磨都是值得的。对于那些正在与严重超级细菌感染进行斗争的人，请相信，我们与你们同在。绝不后退。

参考文献

3.疑难杂症

· "Foodborne Illnesses and Germs." Centers for Disease Control and Prevention. https://www.cdc.gov/foodsafety/foodborne-germs.html.

· Johnson, Steven. The Ghost Map: The Story of London's Most Terrifying Epidemic—and How It Changed Science, Cities, and the Modern World. New York: Riverhead Books, 2006.

4.第一急救

· McKenna, Maryn. Superbug: The Fatal Menace of MRSA. New York: Free Press, 2011.

5.交流困境

· Lax, Eric. The Mold in Dr. Florey's Coat: The Story of the Penicillin Miracle. New York: Henry Holt, 2004.

7.危险的不速之客

· Lankisch, P. G., M. Apte, and P. A. Banks. "Acute Pancreatitis." Lancet 386, no. 9988 (July 4, 2015): 85–96.

· Stinton, L. M., R. P. Myers, and E. A. Shaffer. "Epidemiology of Gallstones." Gastroenterology Clinics of North America 39, no. 2 (June 2010): 157–169, vii.

8. "世界上最可怕的细菌"

· Boucher, Helen W., George H. Talbot, John S. Bradley, John E. Edwards, David Gilbert, Louis B. Rice, Michael Scheld, Brad Spellberg, and John Bartlett. "Bad Bugs, No Drugs: No Eskape! An Update from the Infectious Diseases Society of America." Clinical Infectious Diseases 48, no. 1 (2009): 1–12.

· Camp, Callie, and Owatha L. Tatum. "A Review of Acinetobacter baumannii as a Highly Successful Pathogen in Times of War." Laboratory Medicine 41, no. 11 (2010): 649–657.

· Rice, L. B. "Federal Funding for the Study of Antimicrobial Resistance in Nosocomial Pathogens: No Eskape." Journal of Infectious Diseases 197, no. 8 (April 15, 2008): 1079–1081.

· Silberman, Steve. "The Invisible Enemy." Wired, February 1, 2007. https://www.wired.com/2007/02/enemy.

· Wong, D., T. B. Nielsen, R. A. Bonomo, P. Pantapalangkoor, B. Luna, and B. Spellberg. "Clinical and Pathophysiological Overview of Acinetobacter Infections: A Century of Challenges." Clinical Microbiology Reviews 30, no. 1 (January 2017): 409–447.

11.头号公敌的隐秘行动

· Blaser, Martin J. Missing Microbes: How the Overuse of Antibiotics Is Fueling Our Modern Plagues. New York: Picador, 2015.

· Chen, L., R. Todd, J. Kiehlbauch, M. Walters, and A. Kallen. "Notes from the Field: Pan-Resistant New Delhi Metallo-Beta-Lactamase-Producing Klebsiella Pneumoniae—Washoe County, Nevada, 2016." Morbidity and Mortality Weekly

Report 66, no. 1 (January 13, 2017): 33.

· Cohen B., S. Hyman, L. Rosenberg, and E. Larson. "Frequency of Patient Contact with Health Care Personnel and Visitors: Implications for Infection Prevention." Joint Commission Journal on Quality and Patient Safety/Joint Commission Resources 38, no. 12 (2012): 560–565. https://www.ncbi.nlm.nih.gov/pmc/articles/PMC3531228.

· Doyle, J. S., K. L. Buising, K. A. Thursky, L. J. Worth, and M. J. Richards. "Epidemiology of Infections Acquired in Intensive Care Units." Seminars in Respiratory and Critical Care Medicine 32, no. 2 (April 2011): 115–138.

· "Global Priority List of Antibiotic-Resistant Bacteria to Guide Research, Discovery, and Development of New Antibiotics," World Health Organization. http://www.who.int/medicines/publications/global-priority-list-antibiotic-resistant-bacteria/en.

· Huslage, K., et al. "A Quantitative Approach to Defining 'High-Touch' Surfaces in Hospitals." Infection Control and Hospital Epidemiology 31, no. 8 (2010): 850–853.

· Lax, S., N. Sangwan, D. Smith, P. Larsen, K. M. Handley, M. Richardson, K. Guyton, M. Krezalek, B. D. Shogan, J. Defazio, I. Flemming, B. Shakhsheer, S. Weber, E. Landon, S. Garcia-Houchins, J. Siegel, J. Alverdy, R. Knight, B. Stephens, and J. A. Gilbert. "Bacterial Colonization and Succession in a Newly Opened Hospital." Science Translational Medicine 9 (May 24, 2017).

· Laxminarayan, R., and R. R. Chaudhury. "Antibiotic Resistance in India: Drivers and Opportunities for Action." PLoS Medicine 13, no. 3 (March 2016): e1001974.

· Liu, Cindy M., M. Stegger, M. Aziz, T. J. Johnson, K. Waits, L. Nordstrom, L. Gauld, B. Weaver, D. Rolland, S. Statham, J. Horwinski, S. Sariya, G. S. Davis, E. Sokurenko, P. Keim, J. R. Johnson, and L. B. Price. "Escherichia coli ST131-H22 as a Foodborne Uropathogen." mBio 9, no. 4 (August 2018); DOI: 10.1128/mBio.00470-18.

·McKenna, Maryn. Big Chicken: The Incredible Story of How Antibiotics Created Modern Agriculture and Changed the Way the World Eats. New York: Penguin, 2017.

·Ofstead, C. L., H. P. Wetzler, E. M. Doyle, C. K. Rocco, K. H. Visrodia, T. H. Baron, and P. K. Tosh. "Persistent Contamination on Colonoscopes and Gastroscopes Detected by Biologic Cultures and Rapid Indicators Despite Reprocessing Performed in Accordance with Guidelines." American Journal of Infection Control 43, no. 8 (August 2015): 794–801.

·Terhune, Chad. "Olympus Told Its US. Executives No Broad Warning about Tainted Medical Scopes Was Needed, Despite Superbug Outbreaks." Los Angeles Times, July 21, 2016. http://www.latimes.com/business/la-fi-olympus-scopes-emails-20160721-snap-story.html.

12.另类现实俱乐部

·Gelling, L. "Causes of ICU Psychosis: The Environmental Factors." Nursing and Critical Care 4, no. 1 (January–February 1999): 22–26.

·Lin, L., P. Nonejuie, J. Munguia, A. Hollands, J. Olson, Q. Dam, M. Kumaraswamy, et al. "Azithromycin Synergizes with Cationic Antimicrobial Peptides to Exert Bactericidal and Therapeutic Activity against Highly Multidrug-Resistant Gram-Negative Bacterial Pathogens." EBioMedicine 2, no. 7 (July 2015): 690–698.

13.转折点：全身性感染

·Burnham, J., Olsen, M., & Kollef, M. (n.d.). "Re-estimating Annual Deaths Due to Multidrug-Resistant Organism Infections." Infection Control & Hospital Epidemiology, 1–2. doi:10.1017/ice.2018.304.

· Chan, Margaret. "Antimicrobial Resistance in the European Union and the World." World Health Organization, 2012. http://www.who.int/dg/speeches/2012/amr_20120314/en.

· Liu, Y. Y., Y. Wang, T. R. Walsh, L. X. Yi, R. Zhang, J. Spencer, Y. Doi, et al. "Emergence of Plasmid-Mediated Colistin Resistance Mechanism Mcr-1 in Animals and Human Beings in China: A Microbiological and Molecular Biological Study." Lancet Infectious Disease 16, no. 2 (February 2016): 161–168.

· Seymour, C. W., and M. R. Rosengart. "Septic Shock: Advances in Diagnosis and Treatment." Journal of the American Medical Association 314, no. 7 (August 18, 2015): 708–717.

· "Tackling Drug-Resistant Infections Globally: Final Report and Recommendations." May 2016. Review on Antimicrobial Resistance, commissioned by Her Majesty's Government (UK) and the Wellcome Trust. https://amr-review.org/sites/default/files/160525_Final%20paper_with%20cover.pdf.

· Walsh, T. R., and Y. Wu. "China Bans Colistin as a Feed Additive for Animals." Lancet Infectious Disease 16, no. 10 (October 2016): 1102–1103.

14.捕苍蝇的蜘蛛

· Fishbain, J., and A. Y. Peleg. "Treatment of Acinetobacter Infections." Clinical Infectious Disease 51, no. 1 (July 1, 2010): 79–84.

· Garcia-Quintanilla, M., M. R. Pulido, R. Lopez-Rojas, J. Pachon, and M. J. McConnell. "Emerging Therapies for Multidrug Resistant Acinetobacter Baumannii." Trends in Microbiology 21, no. 3 (March 2013): 157–163.

· Geoghegan, J. L., and E. C. Holmes. "Predicting Virus Emergence amid Evolutionary Noise." Open Biology 7, no. 10 (October 2017).

· Ghorayshi, Azeen. "Mail-Order Viruses Are the New Antibiotics." BuzzFeed, February 2, 2015. https://www.buzzfeed.com/azeenghorayshi/mail-order-viruses-arethe-new-antibiotics.

· Hendrickson, Heather. "Nature's Ninjas in the Battle against Superbugs." TED Talk, October 6, 2016. https://www.youtube.com/watch?v=p2ngpKBPfF8.

· Kuchment, Anna. The Forgotten Cure: The Past and Future of Phage Therapy. New York: Springer, 2012.

· Merabishvili, M., D. Vandenheuvel, A. M. Kropinski, J. Mast, D. De Vos, G. Verbeken, J. P. Noben, et al. "Characterization of Newly Isolated Lytic Bacteriophages Active against Acinetobacter baumannii." PLoS One 9, no. 8 (2014): e104853.

· Mokili, J., Rohwer, F., Dutih, B. E. "Metagenomics and Future Perspectives in Virus Discovery." Current Opinion in Virology 2, no. 1 (February 2012): 63–77. https://www.sciencedirect.com/science/article/pii/S1879625711001908?via%3Dihub.

15.完美的捕食者

· d'Hérelle, Félix. The Bacteriophage, Its Rôle in Immunity. Toronto: University of Toronto, 1922.

· Doudna, Jennifer, and Samuel Sternberg. A Crack in Creation: Gene Editing and the Unthinkable Power to Control Evolution. Boston: Mariner Books, 2017.

· Merril, C. R., B. Biswas, R. Carlton, N. C. Jensen, G. J. Creed, S. Zullo, and S. Adhya. "Long-Circulating Bacteriophage as Antibacterial Agents." Proceedings of the National Academy of Sciences USA. 93, no. 8 (April 16, 1996): 3188–3192.

·Reardon, Sara. "Phage Therapy Gets Revitalized." Nature 510, no. 7503 (June 4, 2014). https://www.nature.com/news/phage-therapy-gets-revitalized-1.15348.

· Summers, W. C. "Bacteriophage Therapy." Annual Review of Microbiology 55 (2001): 437–451.

· Summers, W. C. "Félix Hubert d'Hérelle (1873–1949): History of a Scientific Mind." Bacteriophage 6, no. 4 (2016): e1270090.

18.淘金

·Henry, M., B. Biswas, L. Vincent, V. Mokashi, R. Schuch, K. A. Bishop-Lilly, and S. Sozhamannan. "Development of a High Throughput Assay for Indirectly Measuring Phage Growth Using the Omnilog™ System." Bacteriophage 2, no. 3 (July 1, 2012): 159–167.

·Kutter, E. M., S. J. Kuhl, and S. T. Abedon. "Re-Establishing a Place for Phage Therapy in Western Medicine." Future Microbiology 10, no. 5 (2015): 685–688.

·Merril, C. R., D. Scholl, and S. L. Adhya. "The Prospect for Bacteriophage Therapy in Western Medicine." National Review of Drug Discovery 2, no. 6 (Jun 2003): 489–497.

·Pirnay, J. P., D. De Vos, G. Verbeken, M. Merabishvili, N. Chanishvili, M. Vaneechoutte, M. Zizi, et al. "The Phage Therapy Paradigm: Prêt-à-Porter or Sur-Mesure?" Pharmaceutical Research 28, no. 4 (April 2011): 934–937.

·Snitkin, E. S., A. M. Zelazny, P. J. Thomas, F. Stock, Nisc Comparative Sequencing Program Group, D. K. Henderson, T. N. Palmore, and J. A. Segre. "Tracking a Hospital Outbreak of Carbapenem-Resistant Klebsiella pneumoniae with Whole-Genome Sequencing." Science Translational Medicine 4, no. 148 (August 22, 2012): 148ra16.

·Young, R., and J. J. Gill. "Microbiology. Phage Therapy Redux—What Is to Be Done?" Science 350, no. 6265 (December 4, 2015): 1163–1164.

20.血橙树

·Keller, Evelyn Fox. A Feeling for the Organism, 10th Anniversary Edition: The Life and Work of Barbara McClintock. New York: Henry Holt, 1983.

21.揭晓时刻

·Bhargava, N., P. Sharma, and N. Capalash. "Quorum Sensing in Acinetobacter:

An Emerging Pathogen." Critical Reviews in Microbiology 36, no. 4 (November 2010): 349–360.

· Borges, A. L., J. Y. Zhang, M. F. Rollins, B. A. Osuna, B. Wiedenheft, and J. Bondy-Denomy. "Bacteriophage Cooperation Suppresses CRISPR-Cas3 and Cas9 Immunity." Cell 174, no. 4 (August 9, 2018): 917–925.e10.

· Erez, Z., I. Steinberger-Levy, M. Shamir, S. Doron, A. Stokar-Avihail, Y. Peleg, S. Melamed, et al. "Communication between Viruses Guides Lysis-Lysogeny Decisions." Nature 541, no. 7638 (January 26, 2017): 488–493.

· Harding, C. M., S. W. Hennon, and M. F. Feldman. "Uncovering the Mechanisms of Acinetobacter baumannii Virulence." National Review of Microbiology 16, no. 2 (February 2018): 91–102.

· Logan, L. K., S. Gandra, A. Trett, R. A. Weinstein, and R. Laxminarayan. "Acinetobacter baumannii Resistance Trends in Children in the United States, 1999–2012." Journal of the Pediatric Infectious Disease Society (March 22, 2018).

· Young, R. "Phage Lysis: Three Steps, Three Choices, One Outcome." Journal of Microbiology 52, no. 3 (March 2014): 243–258.

22.大胆猜测

· Meldrum, M. "'A Calculated Risk': The Salk Polio Vaccine Field Trials of 1954." British Medical Journal 317, no. 7167 (October 31, 1998): 1233–1236.

· Nguyen, S., K. Baker, B. S. Padman, R. Patwa, R. A. Dunstan, T. A. Weston, K. Schlosser, B. Bailey, T. Lithgow, M. Lazarou, A. Luque, R. Rohwer, R. S. Blumberg, and J. J. Barr. "Bacteriophage Transcytosis Provides a Mechanism to Cross Epithelial Cell Layers." MBio 8, no. 6 (November 21, 2017).

24.质疑之音

· Sacks, Oliver. Awakenings. New York: Vintage, 1999.

26.达尔文之舞与红皇后竞赛

· Brockhurst, M. A., T. Chapman, K. C. King, J. E. Mank, S. Paterson, and G. D. Hurst. "Running with the Red Queen: The Role of Biotic Conflicts in Evolution." Proceedings of the Royal Society B: Biological Sciences 281, no. 1797 (December 22, 2014).

·Regeimbal, J. M., A. C. Jacobs, B. W. Corey, M. S. Henry, M. G. Thompson, R. L. Pavlicek, J. Quinones, R. M. Hannah, M. Ghebremedhin, N. J. Crane, D. V. Zurawski, N. C. Teneza-Mora, B. Biswas, and E. R. Hall. "Personalized Therapeutic Cocktail of Wild Environmental Phages Rescues Mice from Acinetobacter baumannii Wound Infections." Antimicrobial Agents and Chemotherapy 60, no. 10 (October 2016).

· Scholl, D., J. Kieleczawa, P. Kemp, J. Rush, C. C. Richardson, C. Merril, S. Adhya, and I. J. Molineux. "Genomic Analysis of Bacteriophages Sp6 and K1-5, an Estranged Subgroup of the T7 Supergroup." Journal of Molecular Biology 335, no. 5 (January 30, 2004): 1151–1171.

27.最后一支舞

· Rohwer, Forest, Heather Maughan, Merry Youle, and Nao Hisakawa. Life in Our Phage World: A Centennial Field Guide to the Earth's Most Diverse Inhabitants. San Diego: Wholon, 2014.

· Summers, W. C. "The Strange History of Phage Therapy." Bacteriophage 2, no. 2 (April 1, 2012): 130–133.

28.佛祖的礼物

· Mukherjee, Siddhartha. "The Rules of the Doctor's Heart." New York Times, October 24, 2017. https://www.nytimes.com/2017/10/24/magazine/the-rules-of-the-doctors-heart.html.

29.病例研讨会

· BMJ 2018, 363 doi: https://doi.org/10.1136/bmj.k4762. (Published 08 November 2018.

· CDC Telebriefing on Today's Drug-resistant Health threats. https://www.cdc.gov/media/releases/2013/t0916_health-threats.html.

· Chan, B. K., P. E. Turner, S. Kim, H. R. Mojibian, J. A. Elefteriades, and D. Narayan. "Phage Treatment of an Aortic Graft Infected with Pseudomonas aeruginosa." Evolution, Medicine, and Public Health 2018, no. 1 (2018): 60–66.

· Davies, Madlen. "A Game of Chicken: How Indian Poultry Farming Is Creating Global Superbugs." Bureau of Investigative Journalism. January 2018. https://www.thebureauinvestigates.com/stories/2018-01-30/a-game-of-chicken-how-indian-poultry-farming-is-creating-global-superbugs.

· Garrett, L., and R. Laxminarayan "Antibiotic-Resistant 'Superbugs' Are Here." https://www.cfr.org/expert-brief/antibiotic-resistant-superbugs-are-here.

· Hall, William. Superbugs: An Arms Race against Bacteria. Cambridge, MA: Harvard University Press, 2018.

· "High-Level Meeting on Antimicrobial Resistance." United Nations General Assembly, September 2016. https://www.un.org/pga/71/event-latest/high-level-meeting-on-antimicrobial-resistance.

· Jennes, S., M. Merabishvili, P. Soentjens, K. W. Pang, T. Rose, E. Keersebilck, O. Soete, et al. "Use of Bacteriophages in the Treatment of Colistin-Only-Sensitive Pseudomonas aeruginosa Septicaemia in a Patient with Acute Kidney Injury—a Case Report." Critical Care 21, no. 1 (June 4, 2017): 129.

· Lyon, J. "Phage Therapy's Role in Combating Antibiotic-Resistant Pathogens." Journal of the American Medical Association 318, no. 18 (November 14, 2017): 1746–1748.

· OECD. "Stemming the Superbug Tide: Just a Few Dollars More."

OECD Health Policy Studies. Paris: OECD Publishing, 2018. https://doi.org/10.1787/9789264307599-en.

· Schooley, R. T., B. Biswas, J. J. Gill, A. Hernandez-Morales, J. Lancaster, L. Lessor, J. J. Barr, et al. "Development and Use of Personalized Bacteriophage-Based Therapeutic Cocktails to Treat a Patient with a Disseminated Resistant Acinetobacter baumannii Infection." Antimicrobial Agents and Chemotherapy 61, no. 10 (October 2017).

· "Servick, K. " U.S. Center Will Fight Infections with Viruses. " Science 360, no. 6395 (June 22, 2018): 1280–1281.

· Stockton, Ben. "Antibiotics in Agriculture: The Blurred Line between Growth Promotion and Disease and Prevention." Bureau of Investigative Journalism. September 2018. https://www.thebureauinvestigates.com/stories/2018-09-19/growth-promotion-or-disease-prevention-the-loophole-in-us-antibiotic-regulations.

· Stockton, B., Davies, M., Meesaraganda, R. "Zoetis and Its Antibiotics for Growth in India."

· Veterinary Record 183 (October 2018), 432–433. https://veterinaryrecord.bmj.com/content/183/14/432.

· Watts, G. "Phage Therapy: Revival of the Bygone Antimicrobial." Lancet 390, no. 10112 (December 9, 2017): 2539–2540.

后记

·Davidson, J. E., K. Powers, K. M. Hedayat, M. Tieszen, A. A. Kon, E. Shepard, V. Spuhler, et al. "Clinical Practice Guidelines for Support of the Family in the Patient-Centered Intensive Care Unit: American College of Critical Care Medicine Task Force 2004–2005." Critical Care Medicine 35, no. 2 (February 2007): 605–622.

· Davidson, J. E., and S. A. Strathdee. "The Future of Family-Centred Care in Intensive Care." Intensive and Critical Care Nursing (March 29, 2018).

· Davydow, D. S., J. M. Gifford, S. V. Desai, D. M. Needham, and O. J. Bienvenu. "Posttraumatic Stress Disorder in General Intensive Care Unit Survivors: A Systematic Review." General Hospital Psychiatry 30, no. 5 (September–October 2008): 421–434.

· "Monitoring Global Progress on Addressing Antimicrobial Resistance: Analysis Report of the Second Round of Results of AMR Country Self-Assessment Survey 2018." http://apps.who.int/iris/bitstream/handle/10665/273128/9789241514422-eng.pdf.

· Palms, D. L., L. A. Hicks, M. Bartoces, et al. "Comparison of Antibiotic Prescribing in Retail Clinics, Urgent Care Centers, Emergency Departments, and Traditional Ambulatory Care Settings in the United States." JAMA Internal Medicine 178, no. 9 (2018): 1267–1269. doi:10.1001/jamainternmed.2018.1632.

· "Tracking Progress to Address AMR." AMR Industry Alliance. January 2018. https://www.amrindustryalliance.org/progress-report.